No.135

目いっぱい貯めて，一滴残らず使い切る！安全かつ長持ち

Liイオン/鉛/NiMH
蓄電池の充電&電源技術

CQ出版社

トランジスタ技術 SPECIAL

No.135

Introduction 1	充電タイプの電池の普及度と本書の構成	梅前 尚	4
Introduction 2	電池の性格丸わかり！ 放電曲線の読み方	宮村 智也	6

第1部 三大蓄電デバイス Liイオン/鉛/Ni-MHの基礎知識

第1章 軽くて大容量！ 繰り返し使ってもOK
トコトン実験！ 小型リチウム・イオン蓄電池　佐藤 裕二 …… 8
■ 基本的な特徴　■ 実験で確認！ リチウム・イオン蓄電池の電気特性　■ 実験チェック！ リチウム・イオン蓄電池を長もちさせる使い方　■ 使用時の注意点…基本的に危ない　■ 絶対にやってはいけない！ 過充電と出力ショート　Column 1 プロは充電電流や放電電流を容量との比率で表す…「C」とは　Column 2 充電受け入れ性…急速充電時のふるまい

Appendix 1 **リチウム・イオン蓄電池のいろいろ**　金子 直樹 …… 16
■ 形状と素材で分類　■ 市販品のいろいろ

Appendix 2 **リチウム・イオン蓄電池のしくみ**　金子 直樹 …… 18

Appendix 3 **電源&充電器作りに！ リチウム・イオン蓄電池の高速シミュレーション**　堀米 毅 …… 20
■ リチウム・イオン蓄電池時代　■ 等価回路を作る　■ 等価回路のパラメータを求める　■ 完成したモデルの使い方　Column 大容量リチウム・イオン蓄電池のモデル

第2章 大容量をゴリゴリ使う据え付け用途向き
基本！ 鉛蓄電池の使い方　赤城 令吉 …… 27
■ トコトン実験！ 放電特性　■ 使える温度範囲　■ サイクル特性　■ ナウ進化中…充電受け入れ性　■ 必要な容量の見積もり方法　Column 1 希硫酸，水素…鉛電池は怪我に注意　Column 2 クルマ用鉛蓄電池のマメ知識　Column 3 発電機と組み合わせて使うには…充電と電池容量と負荷のバランスが重要！

第3章 大進化！ 入れたらもう抜けない
最新！ ニッケル水素蓄電池のしくみ　武野 和太 …… 35
■ 種類と特徴　■ 自己放電しにくく5年後でも70%の容量が残る　■ 大進化！ 継ぎ足し充電をしても電池容量が減らない　Column 乾電池互換タイプの構造

第4章 繰り返し回数が多く放置時間が長いほどダメになる
研究！ ニッケル水素蓄電池の耐久テスト　下間 憲行 …… 39
■ テストの条件と結果　■ 寿命が短く感じるのは規格の充放電条件と違う使い方をしているから　Column ニッケル水素蓄電池の充電を止めないとどうなる？

第2部 超実用！ 充電回路集

第5章 保護機能バッチリ！ 容量2250mAhで18650サイズ
充電式でポータブル！ 実験用リチウム・イオン蓄電池モジュール　佐藤 裕二 …… 44
■ 使用したリチウム・イオン蓄電池　■ 必須！ 保護機能　■ 充電回路の製作　Column 1 電池の種類とエネルギ密度　Column 2 リチウム・イオン蓄電池を長もちさせる秘訣

第6章 2250mAhリチウム・イオン2次電池と充電制御IC MAX8903で作る
5V/500mA出力の充電式USBポータブル電源　中道 龍二 …… 50
■ 製作した充電式USBポータブル電源の仕様　■ 必修！ リチウム・イオン電池の充電方式　■ 充電回路の作り方　■ 制御IC MAX8903の充電時の動作　■ 3.0～4.2Vから5.0V一定を出力する昇圧電源回路　■ 従来の残量管理　■ 専用ICによる残量検出　■ 残量管理ICを使った回路　■ 製作した回路基板と実験結果

第7章 USBホスト付きマイコンとAndroidアプリのプログラミング
フルカラー&タッチ式！ スマホ充電モニタ&リチウム・イオン・チャージャ　後閑 哲也 …… 63

CONTENTS

表紙/扉デザイン　ナカヤ デザインスタジオ（柴田 幸男）
本文イラスト　神崎 真理子

■ システムの概要と全体の構成　■ ステップ1：ハードウェアの製作　■ ステップ2：PIC24のファームウェアの制作　■ USB通信　■ プロジェクトの作成　■ ファームウェアの詳細　■ ステップ3：スマートフォンのアプリ制作　■ アクセサリ・ライブラリAPIの使い方　■ アプリケーション　■ アプリケーション本体の詳細　■ 実験

Appendix 4　直列接続のお供に！ バランス回路　佐藤 裕二 ………………………… 84

第8章　電気代の安い夜間に充電し，いざというときに100 Vを出力してくれるスゴイ奴
手作りだから大容量化も！鉛蓄電池搭載バックアップ交流電源　宮村 智也 ……… 87
　■ 停電時こそ電話やネットを使いたい　■ 製作の三つの基本方針　■ バックアップ電源装置に向く蓄電池を選ぶ　■ システムの構成　■ 実験！ 実際に負荷をかけて性能チェック　**Column 1** おさらい！ C言語すら不要のラダー・チャート　**Column 2** Cを使うまでもない！ ナント1万円のマイコン内蔵多機能リレー

特設　大容量キャパシタ×電池で高速充放電バッテリ製作

第1章　電気二重層キャパシタとリチウム・イオン・キャパシタの応用
最新の大容量キャパシタを使った電源回路設計　秋村 忠義 ……………… 97
　■ 大容量キャパシタの性質　■ 用途ごとに求められる大容量キャパシタの特性　■ 電池と何が違う？　■ 太陽電池を入力とした大容量キャパシタの充電回路　■ キャパシタの内部抵抗の低さを生かす電源回路　■ 内部抵抗の低さを生かす過電流保護回路　■ 電気二重層キャパシタとリチウム・イオン・キャパシタの違い　**Column** 帯域とノイズ

Appendix A　チョッパヤ充放電！ 電気二重層キャパシタの高速シミュレーション　堀米 毅 … 110
　■ 基礎知識　■ シミュレーションの準備①…等価回路を作る　■ シミュレーションの準備②…パラメータを入れる　■ 充放電のお試しシミュレーション　■ 最新の電気二重層キャパシタ「リチウム・イオン・キャパシタ」のモデル

第2章　高トルク駆動/長時間運転が可能なハイブリッド電動車いすに見る
電池＋キャパシタのエネルギ・リサイクル装置のしくみ研究　高橋 久 … 116
　■ 研究① 鉛蓄電池＋キャパシタのハイブリッド電源　■ 研究② 燃料電池＋キャパシタのハイブリッド電源

第3章　大電流を高速充放電できる優れた能力を回路で引き出す
残量検出＆充電バランサ付き30 A高速充電器の試作　よし ひろし … 123
　■ キャパシタ容量を100%使いきるための三つの回路　■ ① 充電回路の試作　■ ② 電流バイパス回路の試作　■ ③ 残容量算出回路　**Column** 電気二重層キャパシタ vs 化学系二次電池

巻末特別付録　動き続ける！ μWマイコン＆電源IC活用法

第1章　電池のもつ限られたエネルギを有効活用
最近の低消費電力デバイスに注目！ ……………………… 藤岡 洋一　134

第2章　動作電圧を下げクロック周波数を制御して対応する
低消費電力マイコンの傾向と特徴 ……………………… 藤岡 洋一　138

第3章　高速タイプから不揮発性タイプまで
低消費電力メモリのいろいろ ……………………… 藤岡 洋一　143

第4章　低い電圧から高効率で動作する電源IC
バッテリ用高効率DC-DCコンバータのいろいろ ……… 藤岡 洋一　152

索　引 ………………………………………………………………………… 166

▶ 本書の各記事は，「トランジスタ技術」に掲載された記事を再編集したものです．初出誌は各記事の稿末に掲載してあります．記載のないものは書き下ろしです．

Introduction 1

小型／軽量／大容量！モバイル機器や自動車とともに進化中
充電タイプの電池の普及度と本書の構成

売れてます！

● **現代社会を支える２次電池**

携帯電話やスマートフォンは，今では子供からお年寄りまで広く普及し，現代の生活のなかで欠かせないアイテムとなっています．外出先でノートパソコンやタブレット端末を活用して，資料の確認やファイルの編集をしているビジネスマンも見慣れた風景となりました．コンセントがない場所でも電子機器をあたりまえのように使える日常は，装置の省電力化と２次電池の進化によってもたらされたと言えるでしょう．

充電すれば繰り返し使える２次電池（蓄電池）は，昔は自動車に搭載されるバッテリ（鉛蓄電池）のように「重い」，「大きい」といった印象がありましたが，小型／軽量／高容量となったニッケル水素蓄電池やリチウム・イオン蓄電池の登場で，手軽に持ち運びができるまでに様変わりしました．

その自動車でさえ大容量の２次電池が搭載されて，モータとエンジンが協調して動力を得るハイブリッド車が広く普及し，エンジンをモータに置き換えて電気の力だけで走るEV（電気自動車）が普通に公道を走行するようになっています．

２次電池には，鉛蓄電池，ニカド蓄電池，ニッケル水素蓄電池，そしてリチウム・イオン蓄電池などの種類があります．経済産業省が公表している機械統計で，蓄電池の種類別の生産数／生産額，販売数／販売額などを知ることができます（図1，図2）．

鉛蓄電池は，年度によって多少の増減はありますがほぼ横ばいとなっています．比較的安価で取り扱いが容易な鉛蓄電池は最も早く実用化され，登場から100年以上経過した２次電池で，後発の２次電池と比較すると重量や体積で見劣りはしますが，今でも安定した需要があることがわかります．

ニッケル水素蓄電池も，生産数に大きな変化は見られません．乾電池と同じ形状で手軽に置き換えができるなど，その使い勝手の良さから安定した需要があるようです．

ニカド蓄電池は1899年に発明された鉛蓄電池に次ぐ歴史のある２次電池で，鉛蓄電池よりも小型軽量であることを特長としたアルカリ蓄電池として長く使われてきました．近年はニッケル水素蓄電池やリチウム・イオン蓄電池に活躍の場を奪われており，生産数，販売額ともに減少しています．

数量ベースで他の２次電池を抑えてトップに立っているのがリチウム・イオン蓄電池です．今や２次電池の代表格と言えるでしょう．先に紹介した携帯電話やスマホ，ノートPC，タブレット端末などはほとんどがリチウム・イオン蓄電池です．ほかにも電動アシスト自転車やハイブリッド車など，当初ニッケル水素蓄電池を搭載して実用化された製品も，近年はリチウム・イオン蓄電池に置き換えられています．特に車載用リチウム・イオン蓄電池の伸びはめざましく，倍々

図1　各年ごとの各種２次電池の生産数

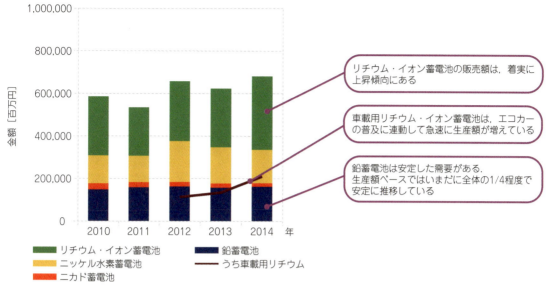

図2 各年ごとの各種2次電池の生産金額

ペースで生産量が増加しています．車載用電池は多数のリチウム・イオン蓄電池セルを直列接続して容量を大きくしたもので，リチウム・イオン蓄電池全体の生産数は集計が始まった2012年をはさんで一時増減していますが，1個当たりの金額が大きくなり，金額は着実に増加しています．

ところで，モバイル機器を使っていると，ほとんどの人が「充電したはずなのにすぐに電池切れになる」，「最近電池の減りが速くなった」といった経験をもっていると思います．また，2次電池が破裂したり発火したりといった事故もこれまで何度も報じられてきています．そのようなこともあって，2次電池は使いづらいとか危ないといったイメージが少なからずあり，2次電池を使った工作や製品作りに二の足を踏んでいる読者もおられるでしょう．しかし，各種2次電池の特性や長所／短所を正しく理解し，応用例に多く触れることで，そういった不安は解消して2次電池に対するハードルは徐々に下がっていくことでしょう．

本書は，2次電池に対する理解をより一層深めていただけるよう，各種電池の基礎知識や多くの実用回路を掲載しています．本書をきっかけに，ひとりでも多くのエンジニアの方が2次電池に興味をもっていただければと願っています．

● 本書の構成

第1部は代表的な2次電池である「リチウム・イオン蓄電池」，「鉛蓄電池」，「ニッケル水素蓄電池」についての基礎知識です．それぞれの2次電池の充放電のしくみや構造，電気的特性の特徴などを解説しています．使用上の注意点が詳細に説明されており，パーツ・ショップなどで入手できる2次電池のテスト・レポートも掲載されているので，各種電池の性能を理解する手助けとなるでしょう．

第2部には実用性にこだわって充電回路と2次電池応用事例を集めました．電池の性能テストをする際の試験方法，パソコンやアダプタのUSBを電源とするリチウム・イオン蓄電池の充電器と残量検出回路，使わなくなったスマートフォンを活用したモニタ機能付きのチャージャ，AC 100 Vで60 Wの電力を5時間連続で供給できる充電器付きの交流電源と，いずれも手元に置いておきたいユニークな事例をそろえました．

次に，蓄電デバイスの仲間である大容量キャパシタの関連記事を，特設コーナにまとめてあります．

電気2重層コンデンサ（EDLC）に代表される大容量キャパシタは，いわゆる2次電池ではありませんが，大電流の充放電が苦手な2次電池の弱点を補完して電池性能を最大限引き出すことができる注目のデバイスです．このコーナでは，電力変動が大きく2次電池を直接充電することが難しい自然エネルギを使った充電回路での活用事例や，駆動に瞬発力が求められ電力回生もできるモータ駆動回路への適用記事などを収録しています．

最後に巻末付録として，低消費電力ICの選び方／使い方を紹介しています．2次電池搭載回路では，電池の特性に合わせた適切な充電が不可欠ですが，せっかく2次電池に蓄えられたエネルギを無駄に使っては元も子もありません．そこで消費電力の少ないマイコン／メモリ，電池電圧を回路に必要な電圧に変換する高効率DC-DCコンバータについて解説します．

〈梅前 尚〉

Introduction 2

どのくらい使えるヤツかがバーレバレ
電池の性格丸わかり！放電曲線の読み方

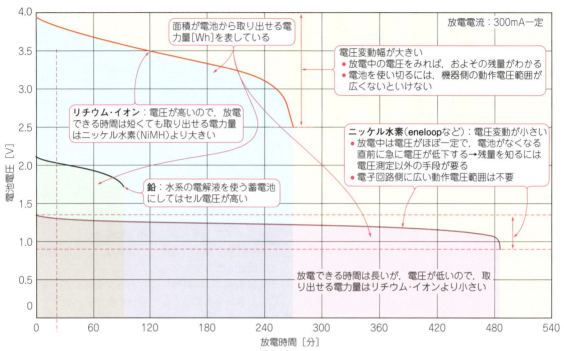

図1 電池がどれだけ使えるかを知るための超キホン！放電特性の読み方
リチウム・イオン，ニッケル水素（NiMH），鉛の3大蓄電池を，仮に単3形として作ったとしたときの標準的な放電曲線を並べた．蓄電池の種類によって変化の仕方が異なる

　本稿では，電池の基本中の基本の特性である放電特性の読み方を紹介します．放電特性さえ読めれば，使用可能時間，使用可能電力量，使用電圧範囲などがわかるので，電子回路を作るときに必要な情報が得られます． 〈編集部〉

● 放電曲線ってなに？
　放電曲線とは，電池を一定電流で放電したときの電池電圧の変化を示すグラフです．縦軸には電池の端子電圧を，横軸には放電時間をとります．横軸に放電容量［Ah］をとる場合もありますが，放電容量を放電電流で割れば放電時間になるので意味は同様です．
　図1にリチウム・イオン，ニッケル水素，鉛の各蓄電池を，現在の技術で単3形電池として製造したときに得られるであろう放電曲線を示します．
　放電曲線を見ると，電池の種類によって電圧の変化の傾向や出し入れできるエネルギの量を知ることができ，電池駆動の機器設計に必要となる情報が得られます．

● 放電曲線からわかること その1：放電できる時間
　図1は，それぞれの電池を同じ電流（300 mA）で定電流放電したときの電池電圧の変化をプロットしたものです．放電を止めるべき電圧を「放電終止電圧」と呼び，放電中に電池電圧がこの電圧に達したら電池は「からっぽ」であるとします．図1ではニッケル水素が一番長い時間放電できる結果になっています．

● 放電曲線からわかること その2：電池から取り出せる電力量
　図1は3種類の電池を単3形電池として作った場合の放電曲線ですが，放電できる時間はニッケル水素がリチウム・イオンより長くなっています．同じサイズであればリチウム・イオンが最も容量が大きいはずですが，これはいったいどういうことでしょう．
　蓄電池は，電気エネルギを「ためて使う」ための装置です．ですから，その容量はエネルギで考える必要があり，放電電流と放電時間に加えて放電時の電圧を考慮する必要があります．電力量［Wh］は電圧と電

流と時間の積ですから，**プロットした曲線と座標軸で囲む面積が電池から取り出せる（あるいはためておける）電力量**になります．

リチウム・イオンはニッケル水素の約3倍の電圧で動作するので，放電時間が短くても大きな電力量を出し入れできる電池といえます．

● 放電曲線からわかること　その3：電子回路に求められる動作電圧範囲

蓄電池を電源にして電子回路を動かすときに気をつけたいのは，**動作電圧範囲**です．電子回路の動作電圧範囲が蓄電池の種類により異なることが図1からわかります．

一般に，放電の進行と同時に電池電圧は低下しますが，その傾向は電池の種類によって異なります．図1より，**リチウム・イオンはニッケル水素や鉛に比べ電池電圧の変動幅が大きい**ことがわかります．

コバルト酸系や三元系のリチウム・イオンでは，電池電圧が満充電時で約4V，放電終止電圧は約2.5Vですが，電池の容量を目いっぱい活用しようと思えば，図2のように電池電圧が2.5Vまで動作しつづけるような機器構成にする必要があります．単セルですと変動幅は1.5Vですが，機器に必要な電圧を稼ぐために電池セルを直列につなぐと，電圧変動幅も直列数のぶん（＝セル電圧の変動幅×直列数）だけ増します．放電を開始してから電池がなくなるまでに4割弱も電圧が変動するわけですから，特にリチウム・イオン蓄電池で動作させる電子回路では動作電圧範囲に気をつける必要があります．

● 放電曲線からわかること　その4：残量

電池の残量が少なくなってくると電池電圧が降下することは皆さん経験があるかもしれません．電池の残量は直接目で見て確認できないので，できるだけ簡単な方法で電池の残量を知りたくなります．

リチウム・イオン蓄電池を電源として見たときは，前述のとおり電圧変動幅が大きいことはあまり歓迎できない特徴です．

これは別の側面から見た場合は歓迎すべき特徴になります．電池の残量と電池電圧に相関があるうえ，その変動幅も他の電池に比べて大きいことは，**他の電池に比べて電池電圧から残量を推定しやすい**，と見ることができます．実際，ある精度までならば**電圧の測定だけでリチウム・イオン蓄電池の残量を推定できます**．

これに比べて，ニッケル水素は図1で示すとおり放電中の長い期間，電池電圧があまり変動しません．電圧が下がったなぁ，と思ったときは電池がほぼ「からっぽ」の状態です．電源としては電圧変動が小さく優

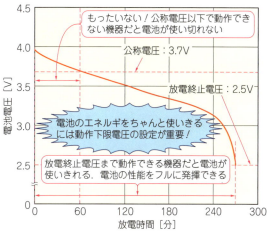

図2　リチウム・イオン蓄電池を使い切るためには回路の動作電圧範囲が広くないといけない

秀ですが，電池電圧を残量推定の手段にするのはあまり現実的ではありません．したがって，ニッケル水素で使用中の残量を知るためには，電圧測定以外の手段を検討する必要があります．

● 電池は生き物！放電特性を頭から信じてはイケない

放電曲線からわかる情報について説明しましたが，これで電池の性格がすべてわかるわけではありません．

▶ 理由1：電流や温度などの条件で特性が変わる

放電曲線には必ず放電電流の大きさや使用温度などの試験条件が付記されています．放電電流が大きかったり，使用時の電池温度が低かったりすると期待した容量は得られません．

▶ 理由2：使い方で特性が大きく変わる

放電曲線は電池が新品のときの特性と見るべきです．充放電の回数を重ねていくと容量は徐々に減少していきます．充放電現象は電池内部の電気化学反応によるものなので，使用条件や使用履歴で特性が変化するわけです．これが「電池は生き物である」といわれるゆえんで，最後は実物で期待の性能が得られるか確認する必要があります．

＊

本書では，3大蓄電池であるリチウム・イオン/ニッケル水素/鉛の特徴や長もちさせる秘訣などを，実験を交えて紹介していきます．　〈宮村 智也〉

◆参考文献◆

(1) 神田 基, 上野 文雄；電池の用途展開と市場及び技術動向, 東芝レビュー Vol.56 No.2, 2001年.

(2) 暖水 慶孝；二次電池の進化と将来, 年報 NTTファシリティーズ総研レポート No.24, 2013年6月.

（初出：「トランジスタ技術」2014年1月号）

第1部 三大蓄電デバイス Liイオン/鉛/Ni-MHの基礎知識

第1章 軽くて大容量！繰り返し使ってもOK

トコトン実験！
小型リチウム・イオン蓄電池

佐藤 裕二 Yuji Sato

● 最近ではいろいろ使われている

現在，ケータイ，タブレット，ノートPC，電動工具などの身近なモバイル機器には，充電タイプのリチウム・イオン蓄電池が使われています．ここ数年では電動アシスト自転車，ハイブリッド自動車，電気自動車（EV），家庭用蓄電装置など大型製品にも採用されています．

本章では，リチウム・イオン蓄電池の基礎知識を紹介し，基本特性を実験を交えて解説していきます．

基本的な特徴

なぜ，これほどまでにモバイル機器にリチウム・イオン蓄電池が採用されているのでしょうか？

● 特徴1：軽い！…重量エネルギ密度が高い

リチウム・イオン蓄電池は，電池のなかでも小型で軽量です．自動車用の鉛蓄電池と比較した結果を表1に示します．

鉛蓄電池12 V/34 Ahの質量を10 kgとした場合，同じ電力で他の電池の質量を換算してみると，表1のような比率になります．比率はリチウム・イオンを1として計算しています．リチウム・イオン蓄電池は他の蓄電池の1/3程度の重さで済みます．

● 特徴2：小さい！…体積エネルギ密度が高い

同様に体積あたりの電力を計算してみると，前述の12 V/34 Ah鉛蓄電池の場合，約4.8 lです．このときリチウム・イオン蓄電池の体積は，表2に示すように0.8 l程度です．他の電池に比べて，体積も小さくして小型にすることが可能です．

● 特徴3：十数m～200 Ah以上！…大容量もイケる

表3に示すように，容量は十数mAh程度しかない小容量タイプから200 Ah以上という大容量タイプまで，バラエティに富んでいます．さまざまな機器で使用されていることが現れています．

表1 リチウム・イオン蓄電池の特徴1：軽い！重量エネルギ密度が高い
12 V/34 Ahの蓄電池を作ったときの例

種　類	質量 [kg]	比率 [倍]
鉛	10	3.3
ニカド	10	3.3
ニッケル水素	6	2
リチウム・イオン	3	1

表2 リチウム・イオン蓄電池の特徴2：小さい！体積エネルギ密度が高い
12 V/34 Ahの蓄電池を作ったときの体積の例

種　類	体積 [l]	比率 [倍]
鉛	4.8	6
ニカド	3.2	4
ニッケル水素	1.6	2
リチウム・イオン	0.8	1

表3 リチウム・イオン蓄電池の特徴3：小容量から大容量までイケる
各メーカのデータシートより

種　類	型　名	メーカ名	容　量	サイズ	質　量
円筒（18650サイズ）	NCR18650B	パナソニック	3250 mAh	φ18.3 mm × 65.1 mm	47.5 g
円筒（14430サイズ）	UR14430Y	パナソニック	500 mAh	φ13.9 mm × 42.9 mm	16.4 g
ラミネート（ポリマ）	PP031012AB	天津力神	19 mAh	3.00 mm × 10.00 mm × 12.50 mm	0.6 g
ラミネート	L15A0N2C1	日立マクセル	15 Ah	7.5 mm × 100 mm × 222 mm	307 g
ラミネート（ポリマ）	SLPB160460330	Kokam	240 Ah	466 mm × 332 mm × 15.8 mm	4780 g

● **特徴4：いつでも充電できる！…メモリ効果がないので継ぎ足し充電OK！**

ニカド蓄電池やニッケル水素蓄電池では，満充電から少し使って継ぎ足し充電を繰り返すと，少ししか使っていないのに使いきったかのように電圧が極端に低くなることがありました．これをメモリ効果といいます（図1）．

あたかも電池自体の容量が少なくなってしまったように記憶するので，このような名前が付いています．

メモリ効果を防いだり解消させたりするには，一度完全に放電してから充電する必要があります．

リチウム・イオンは，ニカド蓄電池やニッケル水素蓄電池で見られるメモリ効果を起こしません．一度完全に放電するような手間は必要なく，ユーザが都合の良いタイミングで充電して使うことができます．

● **特徴5：放っといてもいつでも使える！…自己放電が小さい**

電池は，回路に接続せずに放っておいた状態でも，いつでも内部でエネルギを消費しています．これを自己放電といいます．各タイプの蓄電池の自己放電特性を表4に示します．

リチウム・イオン蓄電池は，自己放電量が小さいので，他の電池と比べて長い期間エネルギを保持できます．放っておいた電子機器を久しぶりに使うときでも，いきなり使うことが可能です．

● **特徴6：寿命が長く何度でも使える！…サイクル特性が良い**

一般的なリチウム・イオン蓄電池は300～500回充放電を繰り返すと（300～500サイクルという），容量が70～80％程度に劣化します．

サイクルにおける劣化の度合いは，雰囲気温度や出力電流（放電レート），放電深度，充電電圧，充電電流などさまざまな要因で変わってきます．

詳細は後述しますが，以下の条件だとサイクル特性が伸びる傾向にあります．

- 温度は常温程度
- 放電レート／充電電圧／充電電流は低め

表4 リチウム・イオン蓄電池の特徴5：放っておいてもいつでも使える！自己放電量が少ない

種類	自己放電率[％／月]
鉛	3～20％
ニカド	20～45％
ニッケル水素	15～40％
リチウム・イオン	1～5％

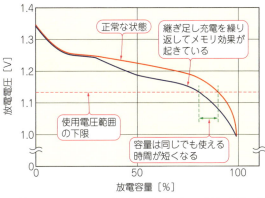

図1[(1)] ニカド／ニッケル水素蓄電池は継ぎ足し充電で極端に電圧が下がってしまうことがある…メモリ効果
少し使って継ぎ足し充電を繰り返したときに極端に電圧が下がってしまうことをメモリ効果という．リチウム・イオン蓄電池ではこのようなメモリ効果が起きないので，いつでも充電できる

▶ ちょっと重くてよければ寿命を10倍以上に！すごくサイクル特性を伸ばしたタイプSCiB

リチウム・イオン蓄電池には，サイクル特性が素晴らしく良いタイプがあります．近年特に注目されているリン酸鉄やチタン酸系のリチウム・イオン蓄電池SCiB（東芝）などです．リン酸鉄系では2000回以上，SCiBでは6000回以上と従来の電池に比べ10～20倍も寿命が延びています．

その代わりに，体積エネルギ密度や重量エネルギ密度はあまり高くありません．

● **特徴7：環境規制物質を使っていない**

鉛蓄電池には鉛，ニカドにはカドミウムが使われています．環境問題を引き起こす物質としてRoHSで規制されている物質です．

RoHSとは，欧州で決められた環境規制で，鉛（Pb）／水銀（Hg）／カドミウム（Cd）／6価クロム（Cr6+）／ポリ臭化ビフェニール（PBB）／ポリ臭化ジフェニール・エーテル（PBDE）の6物質が管理対象となっています．

リチウム・イオンではこのような材料は使われておらず，環境にやさしい電池です．

実験で確認！リチウム・イオン蓄電池の電気特性

● **基本的な放電特性…放電電圧は3.6V程度**

電池は一般に，大電流で使うほど，ためておいたエネルギを全部使えなくなっていく傾向があります．放電電流が大きくなると使える容量が小さくなるということです．

図2に示す実験構成で，放電電流を変えたときの放電特性を図3（a）に示します．放電電流の影響がわかる放電特性をレート特性といいます．

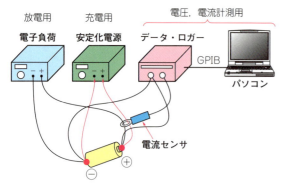

図2 リチウム・イオン蓄電池の充放電特性を調べる実験構成

満充電から，放電電流を変えて放電させると放電波形が変化します．放電電流は0.2 C/0.5 C/1.0 Cで取得しました（C表現についてはp.11のコラム1参照）．

放電電圧は満充電電圧4.2 Vから3.0 Vくらいまで変化します．このときの平均電圧は約3.6 Vになります．

● 放電レート特性…取り出す電流が大きいと電池のエネルギを使いきらないで終わりを迎える

放電電流が大きいほど電池の電圧は下がる傾向があります．これは，電池の直流抵抗分によって電圧が降下するからです．実験に使った電池は0.2〜1.0 Cでも使える容量はあまり変わりませんでした．

レートが変わっても容量は変わっていませんが，レートが高い場合，図3(b)で示すように，直流抵抗分で発生した熱量分の電力量が落ちています．0.2 Cを100％とすると0.5 Cで97.5％，1.0 Cで94.2％程度になります．

● 温度特性…低温ほど電池にたまっているエネルギを取り出せなくなる

環境温度を変えたときの放電波形の変化を図4に示します．放電電流は0.5 C（1000 mA）とし，環境温度は－20/－10/0/10/25/45/60℃で取得しました．

25℃以上の高温下では放電波形はほとんど変化がありません．

逆に低温になればなるほど電圧降下が大きくなっています．レート特性と同様に直流抵抗が大きくなっているため電圧降下が発生しています．

－10℃と－20℃の波形を見てください．放電直後に電池電圧が急激に下がり，少し時間が経過してから

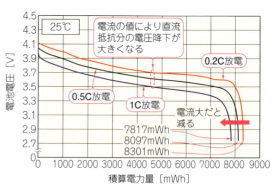

(a) 容量の放電レート特性　　(b) 積算電力量の放電レート特性

図3 リチウム・イオン蓄電池の放電特性…1セルの電圧は平均3.6 V程度と高い
電流値が大きくなると，直流抵抗成分による電圧降下が大きくなり，容量や取り出せる電力量が小さくなる

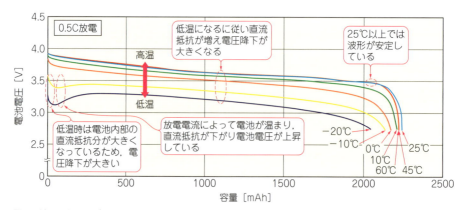

図4 低温なときほどエネルギを取り出せない
電解液の動きがにぶくなるため，直流抵抗成分が大きくなり，損失が増えてしまう

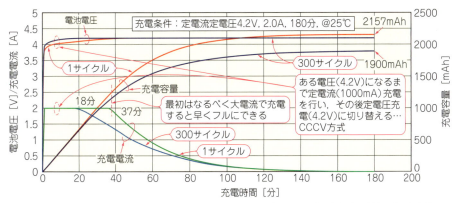

図6 CCCV充電方式…ガツンと注ぎ込んでチョロチョロ仕上げ！ 定電流(CC)充電→定電圧(CV)充電と切り替える
充電条件：定電流定電圧2.0 A(≒1C)，4.2 V，180分，@25℃．300サイクル後は定電流充電可能期間が短くなってしまい，容量が小さくなる

電圧が上昇しています．これは，放電が開始された直後は直流抵抗が大きかったのですが，直流抵抗分を流れる放電電流で発熱し，電池が温まり，直流抵抗が小さくなることにより，電圧が立ち上がります．

低温では直流抵抗が大きくなりこのような波形になります．

● サイクル特性…繰り返し使うと電池の容量が減る

サイクル特性は，充放電をすることでどの程度劣化していくかを示しています．

25℃環境下，1C放電で300サイクル充放電を行った結果を図5に示します．

まず放電特性を見てみましょう．サイクルごとに電圧降下が増えています．一緒に放電容量も下がっています．サイクルを重ねると直流抵抗分が大きくなり，容量も減ってしまっています．300サイクル後の容量は1873 mAhとなり，1サイクル時2160 mAhの86.7%になっています．

● 充電方式…ガツンとためて仕上げはチョロチョロ！ 定電流→定電圧充電と切り替える

次に充電波形を見てみます．リチウム・イオン蓄電池は定電流定電圧方式で充電を行います．はじめに定電流(CC)でガッと充電し，満充電電圧近く(4.2 Vなど)に達したら，定電圧(CV)充電に切り替えてチョロチョロとエネルギを入れられるだけ入れるようにします．CCCV充電といいます．充電波形を図6に示します．

▶サイクルを重ねるほどためられるエネルギが減る

図6には300サイクル後の充電波形も併記してあります．これを見てみると，定電流期間の時間が1サイクル目は37分だったものが，300サイクル目では18分まで短くなっています．

これは放電と同じで直流抵抗成分が増えてしまった

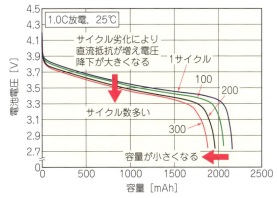

図5 300サイクルで容量が約87%に！ サイクルを重ねると容量がちょっとずつ減る
電極などのサイクル劣化によって，直流抵抗成分が増え，損失が大きくなる

プロは充電電流や放電電流を容量との比率で表す…「C」とは　Column 1

電池の世界では，充電電流や放電電流を電流値ではなく容量との比率で表すことがよくあります．この比率をCと表します．1.0 Cは容量を1時間で放電できる電流量になります．

容量2000 mAhの電池の場合

- 1.0 C：2000 mAを意味し，容量2000 mAhを1時間で放電できる電流です
- 0.2 C：2000 mAh × 0.2 C = 400 mAを意味し，容量2000 mAを5時間で放電できる電流です
- 0.5 C：2000 mAh × 0.5 C = 1000 mAを意味し，容量2000 mAを2時間で放電できる電流です

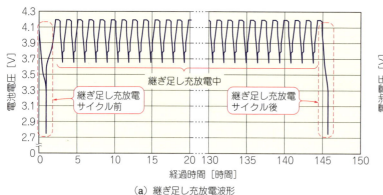

図7 リチウム・イオン蓄電池はメモリ効果なし！心配無用でいつでも充電OK

(a) 継ぎ足し充放電波形
(b) 実験結果：メモリ効果は起きていない

ため，電池電圧がすぐ定電圧値4.2Vまで上がってしまい，定電流充電が終了したためです．

● 継ぎ足し充電OK！…メモリ効果が起きない

リチウム・イオンは，ニカド蓄電池やニッケル水素蓄電池に見られるメモリ効果が起こりません．実験結果を図7に示します．継ぎ足し充放電100サイクル後でも電圧の低下は起こっておらず，放電特性にほとんど変化は見られません．

実験チェック！リチウム・イオン蓄電池を長もちさせる使い方

電池に携わっていると，電池は生もの，という表現をよく使います．電池は，抵抗や半導体と比べてとても短命な部品です．扱いが悪いとすぐに傷んで使えなくなってしまいます．逆に上手に扱えば，長く使うことができます．

リチウム・イオン蓄電池にストレスを与える要因として充電量と温度があります．充電量は少なく，温度は低いほうがストレスは少なく，長もちします．

● その1：保存は充電量を少なくして使うほうが長もちする

電池を満充電(100%)にした状態，50%充電した状態，10%充電した状態の3パターンで長期間放置します．その状態で1年放置したときの回復容量を調べた結果が表5です．充電量が少ない状態のほうが劣化は少ない傾向になります．

回復容量とは，充電された状態の電池を一度放電し，再度充放電したときの容量になります．

● その2：低い温度で使うほうが長もちする

高温45℃に放置した場合の回復容量を調べてみた結果が表6です．満充電，50%充電，10%充電の各状態で回復容量を測りました．

25℃と比べてちょうど2倍の劣化率になりました．温度が低いほうが劣化は少ない傾向です．

● その3：充電は充電電圧を低くして使うほうが長もちする

充電電圧を下げることによって，劣化を遅らせる効果があります．

通常充電電圧は4.2Vで行いますが，電圧を4.1Vや4.0Vなどの電圧で充電します．図8に示すように充電電圧を0.05V下げると容量が約5〜8%落ちてしまいますが，容量に余裕がある場合は，ぜひ充電電圧を下げて使用しましょう．そうすることでサイクル数を増やしたり放置時の劣化を緩和したりしてくれます．

充電電圧と容量比(4.2Vを100%とした)のグラフを図8(a)に示しています．充電電圧を下げると顕著に放電容量が下がります．3.9V/4.0V/4.1V/4.2Vで充電したときのデータを取得しました．

使用時の注意点…基本的に危ない

リチウム・イオン蓄電池は軽くて，エネルギ密度が高くて，サイクル特性が良いことを解説してきましたが，良いことづくしではありません．次のようなデメリットもあります．

表5 長もちさせるコツ1：充電量は少ないほうがよい
25℃時の測定データ

充電量	回復容量
100%(満充電)状態	90%
50%充電状態	95%
10%充電状態	99%

表6 長もちさせるコツ2：温度は低いほうがよい
45℃時の測定データ．表5の25℃時と比べて回復容量の劣化率が2倍になっている

充電量	回復容量
100%(満充電)状態	80%
50%充電状態	90%
10%充電状態	98%

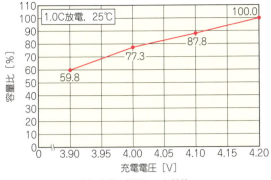
(a) 容量の放電レート特性

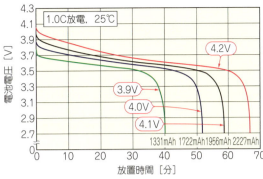
(b) 積算電力量の放電レート特性

図8 充電電圧を0.05V下げると容量が約5〜8%落ちる

● 発火する可能性がある

リチウム・イオンを構成している素材は，発火する可能性がある物質が使われています．

▶発火物1：リチウム…水と交わると発火する

まずは，電池の名前としても使われているリチウムです．リチウム・イオンというイオン化した状態で使われていますが，過充電などある条件を満たすと電極にリチウム金属が析出することがあります．リチウム金属は水と化学反応すると火が発生します．電池内部には水がないため発火することはありませんが，電池に穴が空いたりすることで外気の水に結びつく可能性があります．電極が高温になることで酸素が発生します．

▶発火物2：電解液≒ガソリン…よく燃えます

次に電解液です．電解液は「有機溶媒」を使っています．有機溶媒はガソリンに似たような物質です．つまり，引火すると危険です．つまり，火を生み出す物質，酸素と燃料が電池の内部に存在します．

単電池自身やバッテリ・パックで何重にも保護をかけ，このような危険が発生しないように工夫されています（Appendix 2）．

● ちゃんとした保護回路が必須

リチウム・イオン蓄電池は保護回路を必要とします．鉛蓄電池は電池をそのまま，ニカド蓄電池やニッケル水素蓄電池はバイメタルやPTCといった保護素子を取り付ける程度です．

それと比べてリチウム・イオンの保護回路は複雑で，電子回路基板が必要です．

- 直列に接続された各電池の電圧を計測
- 過充電・過放電を検出して充放電を停止
- 過電流やショートなど大電流が流れたときは遮断

▶乾電池タイプだとメリットがなくなってくる

電池サイズ規格（単1形〜単4形など）と同じサイズのリチウム・イオンの素電池もあります．ですがリチウム・イオン蓄電池は，電池電圧が他の電池と比べて3倍ほど高いため，乾電池と同じようにそのまま使うと過電圧で電子回路を壊す場合があります．

電池内部に保護回路や降圧型DC-DCコンバータを設け，乾電池なみの電圧に変換し，さらに昇圧コンバータで4.2Vに昇圧して充電するしくみを設ければよいですが，乾電池やニカド蓄電池やニッケル水素蓄電池を使ったほうが断然安くなります．コンバータなどの回路により体積あたりの容量が小さくなり，リチウム・イオン蓄電池を使うメリットがなくなってきます．

● 価格が高くなりがち

他の電池と比べて，比較的価格の高い材料を使用しているため，電池自体の価格も高くなります．電池以外に，過充電や過放電を防ぐ保護回路を設ける必要があり，その回路の価格も含まれてしまいます．必然的に価格は高くなります．

絶対にやってはいけない！過充電と出力ショート

● 安心は禁物

近年はエネルギ・ブームもあり，世界中でさまざまな会社が電池業界に進出しています．そのなかには，残念ながら安全性を軽視しているメーカも少なからずあります．

そのようなにわかじこみのメーカとは違い，長くリチウム・イオン蓄電池を製造している電池メーカは，過去にいろいろなトラブルを経験しています．安全性を向上させるために素材の研究開発，実験，検証，量産工程の見直しなどを繰り返し，現在に至っています．

電池単体の安全性も向上してきました．電池メーカでは，過充電試験や，くぎ刺し試験，押しつぶし試験など電気的，機械的なストレスを加えて安全性に問題がないか確認しています．

であれば過充電をしても問題ないのでは？と思われるかもしれませんが，電池自体の保護は最後の砦として考え，そうはいっても電池にストレスを与えないようにその手前で保護してあげたほうが確実で安全です．

ここでは，特に使用上絶対にやってはいけない過充電とショートについてどうなるか説明します．

● やってはいけないPart1：過充電…熱暴走を起こし発火に至る!?

電池をどこまでも充電すると，電解液や電極の分解が起こります．電池内の気圧が上昇し，負極では金属リチウムが析出します．この状態ですでに電池は発熱し始め，ある時点で熱暴走を起こします．そして電池の破裂，電解液などへの発火などが起こります．

電池内部には防爆弁やCID(Current Interrupt Device)の安全機構があり，どこかの時点で安全機構が作動します(Appendix 2参照)．

ただ過充電にするためのエネルギは外部から供給されているため，電池としては受け身の立場です．それを防ぐために保護回路やきちんとした専用の充電器を使う必要があります．

● やってはいけないPart2：ショート…熱暴走を起こし発火に至るかも

高出力タイプの電池には保護用のPTC(Positive Temperature Coefficient)素子は実装されていません．PTC素子は直流抵抗が大きいため，高出力電流タイプには向かないからです．

PTCは付いていませんが，電池メーカの安全評価で電池をショートしても危険(破裂，発火)がないことを確認しています．

ただし，周囲の環境温度や，充電状態の違い(たとえば過充電時)など，環境が変わるとショート時にさらに温度が上がり，熱暴走に至るケースもあり得ます．

やはり危険なので，ショートを防ぐための保護回路を設ける必要があります．

ショート時の安全評価試験は満充電にして行い，実際にショートしてみるとかなりの高温(100℃程度)まで温度が上昇します．このような試験は防爆室で行います．一般の方は絶対にショートしないでください．

◆参考文献◆

(1) デジタル生活で活躍するバッテリの劣化はなぜ起こるの？，テクの雑学，第127回，TDK．
http://www.tdk.co.jp/techmag/knowledge/200910u/index2.htm

(初出：「トランジスタ技術」2014年1月号)

充電受け入れ性…急速充電時のふるまい
Column 2

電池には許容できる充電電流が決まっています．一般的な電池は，充電電流が0.5～1.0Cですが，急速充電が可能なタイプもあります．その電池は1.0C以上の電流を流すことが可能で，充電時間を短くすることが可能です．

急速充電が可能な18650サイズのリチウム・イオン蓄電池で，電流を変えて充電波形を取得した結果を図Aと表Aに示します．

充電電流を大きくすることで，満充電までの時間を短くできます．一般的な充電は0.5C程度の充電になり，2～3時間程度かかります．1.5C程度で充電すると1時間半程度で充電が終了します．充電量が90%であれば，45分程度で充電が可能です．充電量と充電時間の関係を図Bに示します．

● 急速充電時に特に気をつけること
▶ 配線などの直列抵抗はなるべく小さくする

1C以上の電流による急速充電は，短時間で充電できますが，大電流なので気をつけなければいけない点があります．それは，配線などの直列抵抗をなるべく小さくする必要があることです．直流抵抗が大きい場合に大電流で充電するとどうなるかを示したのが，図Cです．直流抵抗が5mΩのときと100mΩのときの波形です．直流抵抗が大きいと充電時間が0.5C充電したときと同じくらいに伸びてしまいます．これは直流抵抗が大きく影響しているためです．直流抵抗が大きいと，定電流充電ですぐに満充電電圧に到達し，定

表A　充電電流の大きさと充電完了までの時間

充電電流 [A]	充電量90%時の時間 [分]	充電量100%時の時間 [分]
1 A (0.5 C程度)	118分	160分
2 A (1.0 C程度)	62分	103分
3 A (1.5 C程度)	45分	84分

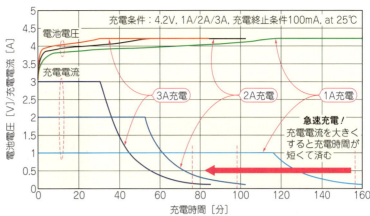

図A 18650サイズのリチウム・イオン蓄電池を1C以上で急速充電したときの電池電圧と充電電流

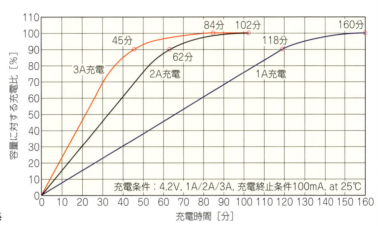

図B 充電量と充電時間の関係

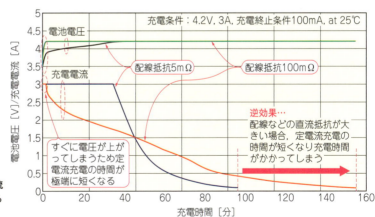

図C 配線の抵抗が大きいと…定電流期間が短くなり短時間で充電が終わらなくなる

電圧充電に切り替わってしまい，せっかくの大電流充電が絞られてしまいます．

▶超危険！ 充電電流範囲は必ず守らないといけない

充電電流を仕様以上に流した場合，過充電と同じように負極側にリチウム金属が析出し，たいへん危険です．

絶対に仕様範囲以内の電流値で充電しないといけません．

Appendix 1

軽くて大容量！ 最新素材の進化はこれからも！
リチウム・イオン蓄電池のいろいろ

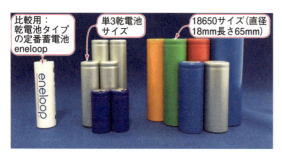

写真1　円筒形のリチウム・イオン蓄電池

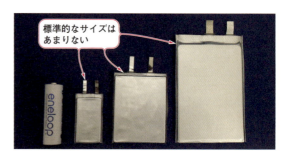

写真2　ラミネート・タイプのリチウム・イオン蓄電池

　リチウム・イオン蓄電池が一般製品に使用され始めてからの歴史は20年程度です．それまでは，小型機器用の2次電池はニカドやニッケル水素が主流でしたが，それに代わる新しい電池として市場に登場しました．

　ソニーが開発したハンディ・ビデオ用電池パックがヒット商品となりリチウム・イオンという名が浸透するきっかけになったことで，その後，さまざまなリチウム・イオン蓄電池が発売されました．

　薄くて軽いリチウム・ポリマ電池やラミネート電池のほか，電池の内部抵抗を低くして大電流を流せるタイプ，サイクル特性が優れているタイプ，容量が大きいタイプなど，用途別にリチウム・イオン蓄電池が開発されています．リチウム・イオン蓄電池にはさまざまなタイプがありますが，大きく以下の違いがあります．

- 形状
- 素材（正極材料，負極材料，電解液）

形状と素材で分類

■ 形状の違い

　以下の3種類に大別されます．製品名称にサイズが入り，それぞれ決まった呼び方になっています．

● 円筒形

　最もポピュラなタイプです．18650サイズは最も生産されていた形状です（写真1）．製品の名称は，先頭の2文字が円の直径で単位は1mm，残り3文字は筒の高さになり，単位は0.1mmです．

18650サイズ：最も汎用的な形状
14500サイズ：乾電池規格と同じ形状
26650サイズ：リン酸鉄リチウム等で使用される形状

● 角形

　円筒形と比べ薄型にできます．さまざまなサイズがあり，標準的なサイズはあまりありません．

　製品名称は，先頭の2文字が厚みになり，単位は0.1mmや1mm，次の2文字は幅で単位は1mmです．最後の2文字は高さになり，単位は [mm] です．

103450サイズ：ノート・パソコンで主に使われていた汎用的な形状
384961サイズ：薄型タイプ3.8mm厚

● ラミネート・タイプ

　角形に比べさらに薄型，大容量にできます．ラミネートも同様にさまざまなサイズがあり，標準的なサイズはあまりありません（写真2）．

　製品の命名ルールは角形系と同じです．

241019サイズ　　：薄型サイズ2.45mm厚
160460330サイズ：大型15.8 × 466 × 332 mm

■ 構成部品の素材の違い

　リチウム・イオン蓄電池では，電池の構成要素である正極材料・負極材料・電解液にさまざまな種類があります．

● 正極材料

　性能に影響が大きい正極材料によって次のような種類があります．

▶コバルト酸系

　昔から使われている材料です．エネルギ密度は4種類内で中程度です．レアメタルのため高価で，入手性が不安定です．

▶マンガン酸系

　安全性が高く，過充電に強いです．ただし，高温に弱く，エネルギ密度は4種類内で最も低いです．レア

表1 一般購入可能なリチウム・イオン蓄電池

品名	価格(税別)	メーカ名	セル・タイプ		セル構成	出力電圧	容量[mAh]	重量	保護回路	外装パック	備考
P11-653443STD-A	1,500円	セナジー	653443(角型)	リチウム・イオン	1S1P	3.7 V	1100	25 g	過充電,過放電,過電流	シュリンク	産業用途向けでのみ使用可能
P11-18650STD-C	1,800円		18650(円筒)			3.6 V	2150	49 g			
P11-18650STD-B	1,800円					3.7 V	1450	45 g			個人買いOK
LF2200-6.6V	9,500円	タミヤ		リン酸鉄リチウム・イオン	2S1P	6.6 V	2200	200 g	なし	ハード	ラジコン用
LF1100-6.6V	5,500円						1100	100 g			
FT2F2100B	8,000円	双葉電子工業	― (記載なし)	リン酸鉄リチウム・イオン		6.4 V	2100	110 g		シュリンク	ラジコン送信機用
FT2F1700B	7,000円						1700	95 g			
FR2F1800	5,500円					6.6 V	1800	105 g			ラジコン受信機用
FR2F800	3,200円						800	49 g			
ITZ5S-FP	9,333円	AZ BATTERY	ラミネート	リチウム・ポリマ	― (記載なし)	12 V	2000	0.5 kg	― (記載なし)	ハード	バイク用鉛置き換え

メタルを使用していないため,比較的安価です.

▶ニッケル酸系

エネルギ密度は4種類内で最も高いですが,安全性は低いです.レアメタルですがコバルトよりは安価です.

▶オリビン型系

安全性が高く,過充電に強く,サイクル特性がずば抜けて優れています(2～3000サイクル).電圧が低くて,エネルギ密度は4種類内で中程度です.レアメタルを使用していないため安価です.

▶混合系

コバルト,マンガン,ニッケルの3材料の比率を変えて特性を調整したものです.

● 負極材料

大きく以下の2種類があります.

▶炭素

昔から使われている材料で,チタン酸と比べると高容量です.

▶チタン酸リチウム

安全性が高く,過充電に強いです.低温特性の他,サイクル特性がずば抜けて優れています(6000サイクル).電圧が低く,炭素と比べ低容量です.炭素と比べると高価です.SCiB(東芝)で使用されています.

● 電解液の状態

電解質は有機溶媒を使っています.有機溶媒を使うことで,リチウム・イオン蓄電池の特徴である高電圧でも電解液が電気分解を起こさず,イオンの流れをスムーズにし,低温でも電解質が凍りづらい特徴があります.有機溶媒はガソリンに似ており,火を付けると燃えます.この電解質の状態に違いがあります.液状のものとポリマ状のものがあります.

▶液状

液状のタイプは,水のようにさらさらしています.電極全体に電解液が満遍なく行き渡り,電池の内部抵抗が小さいです.つまり,比較的大きな電流を流すことができます.ただし,電池に穴が空くと外に電解液が漏れ出すことがあり,危険を伴います.

▶ポリマ状

ポリマ状のものは,液状のものと比べ電極に浸透しにくく,内部抵抗も一般的に大きく大電流を流すことはできません.液状のような液漏れはないため安全です.

市販品のいろいろ

市販されているリチウム・イオン蓄電池を表1に示します.ノート・パソコンやビデオ・カメラなど製品用の電池パックが数多く販売されていますが,市販品として入手できるものはあまりありません.

特にラジコン用の電池パックが数多く販売されていますが,注意が必要です.ラジコン用の電池パックは比較的安全なリン酸鉄系リチウム・イオン蓄電池やリチウム・ポリマ蓄電池を使ったバッテリ・パックで,保護回路がないものがほとんどです.使用する場合は,専用充電器を使用し,外部に保護回路を設ける必要があります.電圧は3.7～12V,容量は800m～4000mAh,形状はシュリンク・パックとハード・パックになります.

〈金子 直樹〉

(初出:「トランジスタ技術」2014年1月号)

Appendix 2

高エネルギ密度を安全に使うためのさまざまな工夫
リチウム・イオン蓄電池のしくみ

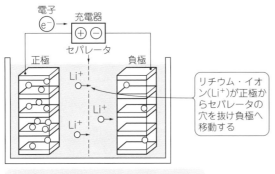

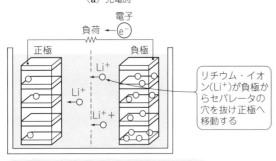

図1 リチウム・イオン蓄電池の基本構造&原理

● 化学反応による電荷移動のようす

リチウム・イオン蓄電池は充電放電に伴って電子が正極と負極の間を移動します．その電流の担い手としての電荷はリチウムのイオンを利用しています(図1)．

リチウムは水素，ヘリウムに次いで最も軽い元素です．電池は単位質量あたりの容量である質量エネルギ密度[Wh/kg]で比較しますが，正極に酸化リチウム，負極にカーボンを用いたリチウム・イオン蓄電池は質量エネルギ密度が高くなり，非常に軽い電池となります．

正極に使用される酸化リチウムには，コバルト酸リチウム($LiCoO_2$)，マンガン酸リチウム($LiMn_2O_4$)，ニッケル酸リチウム($LiNiO_2$)，リン酸鉄リチウム($LiFePO_4$)などが用いられます．

リチウム・イオンが移動する経路には有機溶媒が使われており，正極と負極の間を絶縁するためのセパレータとして有機フィルムが挿入され，これらが金属缶やラミネート・フィルムに封入されています．

出力最大電圧はコバルト系とマンガン系でわずかに差はありますが約4.2Vとなります．また，リン酸鉄系は通常のリチウム・イオン蓄電池よりも低い3.6V程度となり容量密度も低くなりますが，通常のリチウム・イオン蓄電池よりも3〜4倍以上のサイクル寿命をもつという利点があります．

● 安全に使うために…何重にも保護機能を入れてある

リチウムは非常に活性な金属で水と激しく反応して燃えます．また電解液も有機溶媒ですので容易に燃焼します．この電解液が有機溶媒であることが，リチウム・イオン蓄電池が過充電やセルの衝撃で発熱したときに，発火，燃焼する可能性が，鉛電池やニッケル水素に比べて高くなる要因です．

この電池は大きなエネルギを内蔵しており，そのエ

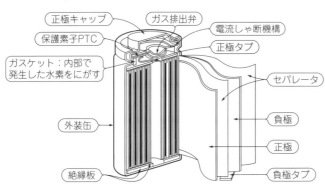

図2 円筒形リチウム・イオン蓄電池の構造

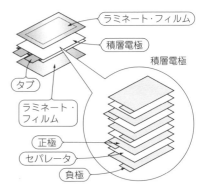

図3[2] ラミネート・タイプのリチウム・イオン蓄電池の構造

◆引用文献◆

(1) 電池工業会のウェブ・サイト(http://www.baj.or.jp/)の角形リチウム・イオン蓄電池の項目

ネルギが一気に放出されることで事故につながることがあります．そこで，電池パックとしては電池が危険な状態にならないようにするために過充電や過電流，過放電を防ぐ安全保護回路が必須です．

それだけでなく，セル自体にも保護回路が故障した場合を想定し安全機能を搭載しています．このセルの安全機構は，円筒や角形，ラミネートなどの形状の違いや，大電流用途や高容量用途などタイプによって保護機能が異なることがあります．

● リチウム・イオン蓄電池の内部構造

▶①円筒形

円筒形の構造を図2に示します．構造上，充放電サイクルなどで発生するガスによる内部圧力が逃げ難いため，万一破裂に至った場合の被害がとても大きくなる可能性があります．そこで，円筒形のセルには基本的に多くの保護素子を設ける必要があります．

▶②角形

角形にはアルミ缶と鉄缶があり，極性がアルミ缶と鉄缶では逆になります．
- アルミ缶：缶壁（＋），ヘッダ（－）
- 鉄缶　　：缶壁（－），ヘッダ（＋）

角形セルは充放電サイクルに伴い缶が膨らむことにより，円筒形よりも内部圧力の上昇を逃がすことができるため，保護機能としては防爆弁のみというのが一般的です．

▶③ラミネート・タイプ

角形の金属外装をラミネート・フィルムとしたタイプです（図3）．角形と同じ液状の電解液を使用したタイプと，液漏れなどの安全性を向上させるためゲル状にした，一般的にポリマ電池と呼ばれる電解液（ポリマ）を使用するタイプがあります．

外装がラミネート・フィルムであるため，角形以上に内圧上昇時に膨れやすく，破けやすいため，最悪の場合に，急に破裂する可能性は少なくなります．ラミネート・フィルムが保護素子の一部ともいえます．

● 電池内部の安全機構

▶①PTC（Positive Temperature Coefficient）

円筒セルや角形セルの一部ではセルの頭部にPTCが組み込まれておりセルに流れる過電流を阻止します．

▶②CID（Current Interrupt Device）

円筒セルには内部圧力が上昇したときに，機械的に電流経路を遮断するCIDと呼ばれる機構が採用されています．

▶③防爆弁

円筒セルや角形セルには過充電などにより急激に内部圧力が上昇したときに爆発を防ぐ目的で，一定の内圧がかかった際に内圧を放出する弁を備えます．

▶④セパレータ・メルトダウン

セルの温度が上昇したときにセパレータが溶けて，

(2) AESC社のウェブ・サイト（http://www.eco-aesc-lb.com/product/）のラミネート型・タイプ・リチウム・イオン蓄電池の項目

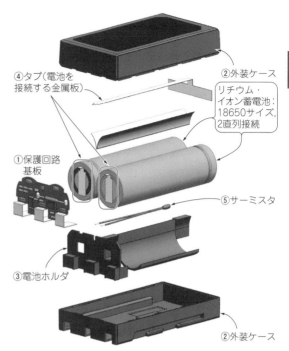

図4 安全に使えるように工夫を重ねたバッテリ・パックのしくみ

セパレータが備えているイオンの経路である穴が閉じて，セル内の電流が止まるというセパレータ・メルトダウンという機構もあります．

● 安全に使えるように工夫を重ねた！バッテリ・パックのしくみ

バッテリ・パックは図4に示すように，電気回路や構造で何重にも保護を行い安全を確保しています．

▶①保護回路基板

単電池の電圧を計測し，過充電・過放電を防ぎます．その他，過電流やショートなど電流も監視し大電流が流れた場合，瞬断してくれます．

▶②外装ケース

落下等の衝撃が直接電池にかからないように守っています．金属片などのごみが入らないようにしてくれます．

▶③電池ホルダ

電池を保持し電池間の絶縁を確保しています．電池が異常に発熱した場合，隣接する電池に熱が回りにくいように距離を確保しています．電池と保護回路基板の隔壁として絶縁を確保しています．

▶④タブ（電池を接続する金属板）

電流ライン，電池電圧センス・ラインとして使用しています．保護回路が故障し大電流が流れた場合，タブが溶断しヒューズのような役目をしてくれます．

▶⑤サーミスタ

電池の温度を計測できるようにし，充電器が充電可能か判断できるようにしています．　〈金子 直樹〉

（初出：「トランジスタ技術」2014年1月号）

Appendix 3

0円シミュレータLTspiceで充放電のようすもバッチリ
電源&充電器作りに！リチウム・イオン蓄電池の高速シミュレーション

● 充放電実験の時間をシミュレーションで短縮！

一般に充電して繰り返し使える電池のことを2次電池や蓄電池と呼んでいます．使用用途も幅広く，自動車，航空機からノートPC，タブレット，スマートフォンなどの携帯端末までさまざまな機器で採用されています．

蓄電池のアプリケーションは，充電回路がメインであり，複数セルのモジュールでは，セル間を監視し，セル・バランシングをマネジメントをする回路もあります．

蓄電池のアプリケーション回路の実験は，充放電も含めると時間を有する場合が多く，複数セルでの回路実験は非常に工数がかかります．測定条件を変更しての各種実験も困難です．

そこで，シミュレーションを活用できると，開発期間の短縮が見込めます．

リチウム・イオン蓄電池時代

● 小容量のリチウム・イオン蓄電池を例にして解説

現在，さまざまな蓄電池が発売されています．主流は，リチウム・イオン蓄電池，ニッケル水素蓄電池，鉛蓄電池です．表1に示すようにセル電圧が異なり，適した回路も変わってきます．

1世代前のプリウスはニッケル水素蓄電池を採用していますが，現行のプリウスではリチウム・イオン蓄電池を採用しています．

鉛蓄電池は，エンジン搭載の自動車や，太陽光システムの蓄電池として活躍しています．

身の回りの携帯機器で一番採用されているのが，リチウム・イオン蓄電池です．

ここでは，薄膜リチウム・イオン蓄電池のSPICEモデルを作成します．考え方は他の蓄電池でも同様です．大容量リチウム・イオン蓄電池の等価回路はコラム(p.26)の図Aを参照してください．

● ハーベスト分野でもシミュレーションは有効

ハーベスト分野では少ないエネルギをいかに電力変換し，蓄電するかに挑戦しています．

太陽電池を効率良く使用するためのトラッキング機能があるICもあります．太陽電池以外では，振動デバイス，温度差デバイス（ペルチェ素子）が発電デバイスになります．これらの微小エネルギの蓄電を担うのが，薄膜リチウム・イオン蓄電池です．

リチウム・イオン蓄電池については，過充電と過放電に注意する必要があります．過充電と過放電については実機で試す前に，シミュレーションで検証しておくと安心です．

蓄電池のアプリケーション回路開発は，安全設計や故障解析が必須になり，これらもシミュレーションで検証できます．

等価回路を作る

● 小容量リチウム・イオン蓄電池の等価回路（大容量リチウム・イオン蓄電池の等価回路はコラムを参照）

リチウム・イオン蓄電池を含めた蓄電池のSPICEモデルは，等価回路モデルで作れます．

電池のような電気化学的に動作するデバイスも，デバイスの機能を等価回路に置き換えることで，SPICEモデルが作成でき，LTspiceなどの回路解析シミュレータで動かすことができます．

単純な電池の等価回路を図1に示します．過渡応答に再現性があるモデルです．この等価回路は，電池の交流インピーダンス特性である内部インピーダンスの周波数特性を再現している等価回路です．

▶ 充放電特性が再現されるかどうかが重要

今回は，充放電特性に再現性のあるSPICEモデルを作成します．基本となる等価回路は図2になります．電池の充放電を模擬する等価回路と，電圧-電流特性

表1 代表的な蓄電池のセル電圧

蓄電池の種類	1セルの電圧 [V]	メモリ効果
リチウム・イオン蓄電池	3.7	なし
ニッケル水素蓄電池	1.2	あり
鉛蓄電池	2	なし

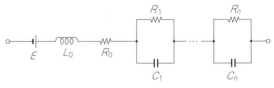

図1 過渡応答に再現性がある等価回路
電源として電池を使うときには十分なモデルだが，充放電のシミュレーションはできない

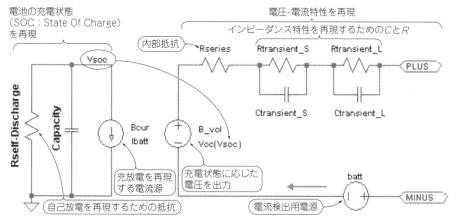

図2 充放電特性を表してくれる2次電池の等価回路(LTspice)
コンデンサを使って充電容量を再現する

を表現する等価回路の二つを組み合わせて構成しています．

図2の等価回路の考え方は，大容量でも小容量でも，蓄電池一般に使えます．

● 計算の1秒が現実の1時間になるように！高速解析のしかけを入れる

SPICEモデルを作成する場合，デバイスのアプリケーション回路を念頭におき，シミュレーション時間の短縮や，収束性問題に貢献できるモデルをコンセプトに考える必要があります．

そこで，今回作成するリチウム・イオン蓄電池のSPICEモデルには，二つのパラメータ（**Tscale**と**NS**）を定義して，効率的，効果的にモデル化することにします．

▶ 時間軸を扱いやすくする工夫

通常の電子回路の過渡解析の場合，nsやms程度の時間でシミュレーションします．しかし，蓄電池の充放電を解析するには，数時間といった長い時間が必要です．

SPICEの時間単位は秒[sec]なので，3時間のシミュレーションの場合，3×60×60 = 10800秒になります．つまり，電池の充放電は，時間軸が通常の過渡解析と大きく異なります．これをそのままシミュレーションすると，大変な計算時間を必要とします．

そこで，「タイムスケール」の考え方を使って計算時間を短縮します．

T_{scale}というパラメータを定義して，コンデンサの値に次のように対応させます．

$C_{sim} = C/T_{scale}$
ただし，C_{sim}：計算に使うコンデンサ容量，
C：設定するコンデンサの容量

こうすると，過渡応答の時間がT_{scale}ぶん長くなったようにシミュレーションできます．$T_{scale} = 60$とすると，解析結果の1秒が1分に相当します．同様にして$T_{scale} = 3600$とすると，解析結果の1秒が1時間に相当します．

タイムスケール機能は，比較的線形的な動作で有効です．

▶ セルの直列に対応しやすくする工夫

リチウム・イオン蓄電池は単セルのみで使用することもありますが，実際には複数セルを直列接続で使用するケースが多いでしょう．単セルのSPICEモデルを直列接続にすれば解析できますが，もっと扱いやすい方法があります．N_Sというパラメータを定義し，図2の等価回路図において複数セルに影響する素子にN_Sを関係付ければ，複数セル直列のモデルになります．N_Sが関係するのは，電圧のほか，直列抵抗成分と，インピーダンス特性を表現している抵抗成分になります．

● 小容量リチウム・イオン蓄電池の等価回路

図2を発展させて実用的な等価回路を作り，モデル化します．考慮する点は次の4点です．

(1) ユーザ定義した二つのパラメータT_{scale}およびN_Sを組み込む
(2) 充電状態（SOC：State of Charge）に対する電圧値の特性を再現する
(3) 充電特性を再現する
(4) 放電特性を再現する

等価回路のパラメータを求める

図3にある各種パラメータの最適化（チューニング）を行います．いったんパラメータを設定し，評価検証によりパラメータを調整して，解析精度を向上してい

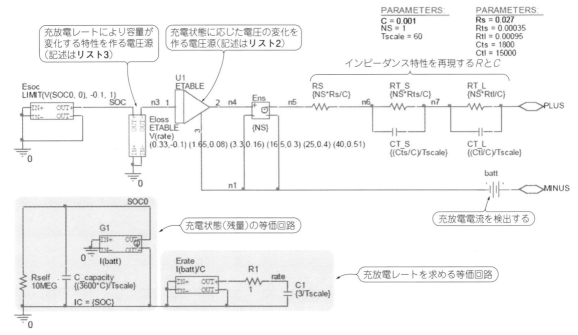

図3 リチウム・イオン蓄電池の等価回路モデル（LTspice）
残り容量によって電圧が変わったり，充放電の電流によって容量が変わって見えることを再現できる

く手法です．評価検証は，充電特性および放電特性を中心に行います．

SPICEモデル作成の対象として，薄膜リチウム・イオン蓄電池（Thin-Film Micro-Energy Cell）を選びました．

　　メーカ：Infinite Power Solutions社
　　型名：MEC201

SPICEモデルの作成には，対象となるデータシートを入手します．今回モデルを作成する電池のデータシートは以下にあります．

http://ow.ly/d/1 lqt

デバイスの外観を写真1に示します．どのくらい薄いかを確認したい方は，You Tube動画（http://youtu.be/pc1QyuCXYwY）で確認できます．

● 最適化するパラメータは七つ

リチウム・イオン蓄電池のSPICEモデルは，七つのパラメータ（二つの変換テーブル，R_S, R_{TS}, R_{TL}, C_{TS}, C_{TL}）を決定することで作成できます．まず図3の等価回路図を表すネットリストを作成し，各種パラメータ値を決定していきます．ネットリストをリスト1に示します．SPICEモデル作成手順は次の通りです．

手順1：リチウム・イオン蓄電池の充電状態（SOC）とバッテリ電圧の関係を変換テーブルで決定する
手順2：放電特性を変換テーブルで決定する
手順3：内部抵抗の特徴を抵抗値R_S, R_{TS}およびR_{TL}で決定する
手順4：充電特性と放電特性を検証しながら，C_{TS}およびC_{TL}を決定する

■ 手順1：リチウム・イオン蓄電池の充電状態とバッテリ電圧の関係図を変換テーブルで決定する

リチウム・イオン蓄電池の充電状態（SOC）とバッ

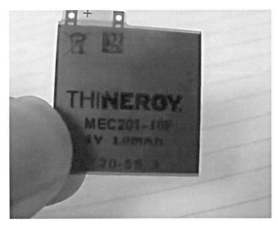

写真1 薄膜リチウム・イオン蓄電池MEC201

リスト1 薄膜リチウム・イオン蓄電池のSPICEモデルのネットリスト
小容量のリチウム・イオン蓄電池ならパラメータを変えるだけで対応できる

```
*$
.SUBCKT MEC201 PLUS MINUS Params: c=0.001 soc=1 ns=1 tscale=60
E_Erate N8 0 VALUE { I(V_batt)/C }
E_Ens N5 N1 N4 N1 {NS}
C_CT_S N7 N6 { (Cts/C)/Tscale }
E_Eloss SOC N3 TABLE { V(rate) }
+ ( (0.33,-0.1) (1.65,0.08) (3.3,0.16) (16.5,0.3) (25,0.4) (40,0.51) )
R_Rself SOC0 0 10MEG
C_CT_L PLUS N7 { (Ctl/C)/Tscale }
V_batt MINUS N1 0Vdc
E_Esoc SOC 0 VALUE { LIMIT(V(SOC0, 0), -0.1, 1) }
R_RT_L PLUS N7 {NS*Rtl/C}
R_RS N6 N5 {NS*Rs/C}
R_R1 N8 RATE 1
X_U1 N3 N4 N1 ETABLE
C_C_capacity SOC0 0 { (3600*C)/Tscale }
.IC V(SOC0)={SOC}
R_RT_S N7 N6 {NS*Rts/C}
C_C1 RATE 0 {3/Tscale}
G_G1 SOC0 0 VALUE { I(V_batt) }
.Param rs=0.027 rtl=0.00095 ctl=15000 rts=0.00035 cts=1800
.ENDS MEC201
*$
.SUBCKT ETABLE 1 2 3
R1 1 0 10MEG
E1 2 3 TABLE {V(1,0)}
+ (0.0010 0.100) (0.0024 1.600) (0.0037 2.700) (0.0052 3.220)
+ (0.0061 3.360) (0.0075 3.480) (0.0098 3.600) (0.0130 3.700)
+ (0.0185 3.785) (0.0290 3.840) (0.0400 3.860) (0.0600 3.885)
+ (0.1000 3.893) (0.2000 3.900) (0.3000 3.905) (0.4000 3.912)
+ (0.5000 3.925) (0.6000 3.945) (0.7000 3.973) (0.8000 4.000)
+ (0.9000 4.030) (1.0000 4.060) (1.1000 4.094)
.ENDS
*$
```

リスト2 充電状態(SOC)とバッテリ電圧の関係を再現する変換テーブル表現の電圧源の記述

```
E1 2 3 TABLE {V(1,0)}
+ (0.0010 0.100) (0.0024 1.600) (0.0037 2.700) (0.0052 3.220)
+ (0.0061 3.360) (0.0075 3.480) (0.0098 3.600) (0.0130 3.700)
+ (0.0185 3.785) (0.0290 3.840) (0.0400 3.860) (0.0600 3.885)
+ (0.1000 3.893) (0.2000 3.900) (0.3000 3.905) (0.4000 3.912)
+ (0.5000 3.925) (0.6000 3.945) (0.7000 3.973) (0.8000 4.000)
+ (0.9000 4.030) (1.0000 4.060) (1.1000 4.094)
```

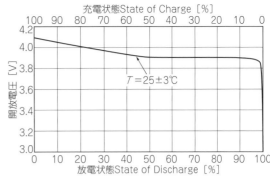

図4 充電状態(SOC)とバッテリ電圧の関係(データシートから)
非線形なので，変換テーブルを使ってモデル化する

表2 充電状態(SOC)とバッテリ電圧の関係
モデル化するために図4のグラフから数値を読み取った

SOC	電圧 [V]	SOC	電圧 [V]
0.001	0.100	0.100	3.893
0.002	1.600	0.200	3.900
0.004	2.700	0.300	3.905
0.005	3.220	0.400	3.912
0.006	3.360	0.500	3.925
0.008	3.480	0.600	3.945
0.010	3.600	0.700	3.973
0.013	3.700	0.800	4.000
0.019	3.785	0.900	4.030
0.029	3.840	1.000	4.060
0.040	3.860	1.100	4.094
0.060	3.885		

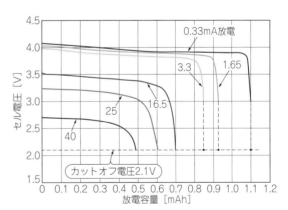

図5 放電容量とセル電圧の関係から放電容量の変化を読み取る
大きな電流を取り出す(充放電レートが高い)と放電容量が小さくなる

テリ電圧の関係は，図3のU1のETABLEで決定されています．

データシートにあるSOCと出力電圧のグラフを図4に示します．これから表2を作成しました．表2の関係を変換テーブルの書式にのっとり，リスト2のようなネットリストに記述します．

■ 手順2：放電特性を変換テーブルで決定する

放電特性の放電レートを設定します．
データシートにある放電容量(mAh)とセル電圧のグラフを図5に示します．セル電圧2.1 Vがカットオフ電圧と定義します．0.33 mA，1.65 mA，3.3 mAの

放電特性のラインはカットオフ電圧に達していないため，任意の漸近線で延長し，各放電特性とカットオフ電圧の接点を読み取ります．

次に，電圧源Elossの変換テーブルに組み込みます．書式は，SOCの値をSとして，(放電レート, $1-S$)と記述します．ネットリストの記述はリスト3です．

■ 手順3：内部抵抗の特徴を
　　　　　R_S, R_{TS} と R_{TL} で決める

　放電条件を考慮したドロップ電圧(図6)を再現するため，内部抵抗を三つの抵抗値で決定します．
　この部分の等価回路図は，図7の通りです．内部抵抗はドロップ電圧が再現できるようチューニングします．ドロップ電圧 V_{drop} は次の式で考えます．

$$V_{drop} = V_{OC} - V_{bat}$$
$$= I_{bat} \times \{R_S(t) + R_{TS}(t) + R_{TL}(t)\}$$

ただし，V_{OC}：開放電圧 [V]，V_{bat}：バッテリ電圧 [V]

　三つの抵抗値がありますが，まずは，R_S の値を定めて，そののち R_{TS} および R_{TL} の値を決定します．
　R_S の値によるドロップ電圧の傾向を把握するため，まずは任意の R_S 値を設定して放電特性のシミュレーションを実施します．今回，$R_S = 0.027\,\Omega$ と $R_S = 0.047\,\Omega$ でドロップ電圧を検証しました．シミュレーションの結果は，それぞれ，図8および図9に示します．
　ドロップ電圧のシミュレーション結果は，次の通りです．

$R_S = 0.027\,\Omega$ の場合，$V_{drop} = 1.132\,V$
$R_S = 0.047\,\Omega$ の場合，$V_{drop} = 1.932\,V$

　これらを考慮し，R_RS = 0.027 とします．
　残りの二つの抵抗値も特性データに合うよう最適化していきます．そのままではパラメトリック解析で地道に最適化していくしかありませんが，最適化に使えるツール(MATLABなど)を活用すれば数値の確度が向上します．

$R_{TS} = 0.00035\,\Omega$
$R_{TL} = 0.00095\,\Omega$

■ 手順4：充放電特性を検証しながら
　　　　　C_{TS} と C_{TL} を決める

　手順1から手順3までで，大まかなモデリングが完了しました．後は，精度向上のため，C_{TS} および C_{TL} の値を決定します．これらの値の最適化は，充電特性および放電特性の両方を満たす必要があります．
　まず，充電回路を作成します．充電回路図を図10に示します．0秒から60秒まで，0.1秒の間隔の過渡

リスト3　充放電レートによる容量の違いを再現する変換テーブル表現の電圧源の記述

```
E_Eloss SOC N3 TABLE {V(rate)}
+ ((0.33,-0.1) (1.65,0.08) (3.3,0.16) (16.5,0.3) (25,0.4) (40,0.51))
```

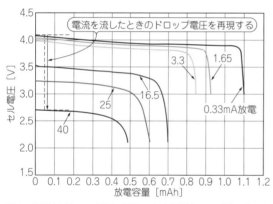

図6　放電容量とセル電圧の関係から出力電流による電圧降下を読み取る

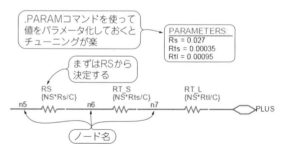

図7　出力電流による電圧降下(内部抵抗)を再現する等価回路(LTspice)

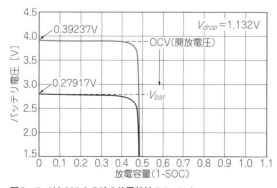

図8　R_S が 0.027 Ω の時の放電特性(LTspice)

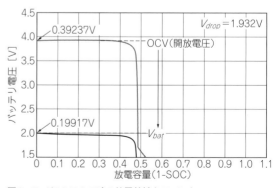

図9　R_S が 0.047 Ω の時の放電特性(LTspice)

解析を設定し，[Run]ボタンでシミュレーションを実行します．T_{scale} = 60の設定なので，1秒が1分相当です．

充電シミュレーションの結果を**図11**に示します．CVCC電源のSPICEモデルがある場合，充電回路のシミュレーションはさらに簡単に模擬できます．

次に，放電回路を作成します．放電回路図を**図12**に示します．0秒から200秒まで，0.1秒の間隔の過渡解析を設定し，[Run]ボタンでシミュレーションを実行します．T_{scale} = 60の設定なので，1秒が1分相当になります．シミュレーションの結果を**図13**に示します．

充電と放電のシミュレーションを繰り返し，C_{TS}およびC_{TL}の値の最適解を探します．最適解は次の通りになりました．

C_{TS} = 1800 F
C_{TL} = 15000 F

これでリチウム・イオン蓄電池のSPICEモデルが完成します．ネットリストが先掲した**リスト1**です．

完成したモデルの使い方

リスト1のようにParams：を活用し，SPICEモデルのネットリストのテンプレート化を行うと，SPICEモデルの作成時間を短縮できます．

図3の等価回路図は，薄膜タイプのような，小容量のリチウム・イオン蓄電池に適します．中容量から大容量の場合は，コラムに示すように，インピーダンス再現をより高精度化したほうがよいでしょう．

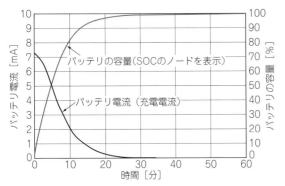

図11 充電回路シミュレーションの結果

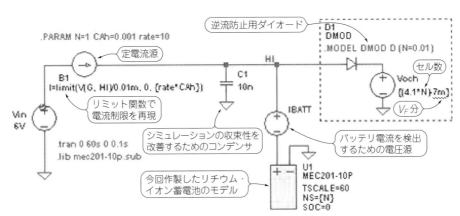

図10 充電特性をシミュレーションする回路(LTspice)

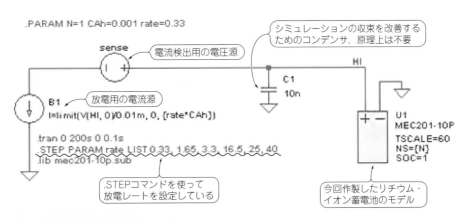

図12 放電特性を調べる回路(LTspice)

大容量リチウム・イオン蓄電池のモデル **Column**

大容量リチウム・イオン蓄電池のSPICEモデルには，図2に紹介した等価回路ではなく，図Aの等価回路モデルを採用します．バッテリ電圧をU1の変換テーブルで表現することは同じです．大きく異なるのが，電池のインピーダンスを表現する等価回路です．

大容量電池の再現性を高めるには，電池のインピーダンスを正しく表す必要があります．

EVの場合，相当数のセルを必要とするので，N_S（バッテリのセルの直列数）の任意パラメータも導入したほうが効率化が図れます．

数多くのセルを採用する場合，セル・バランシングも検討課題の一つです．電池の最適な使用と長寿命化を実現するため，セルを監視するICを使うことがあります．そのような開発でも，シミュレーションが役立つでしょう．

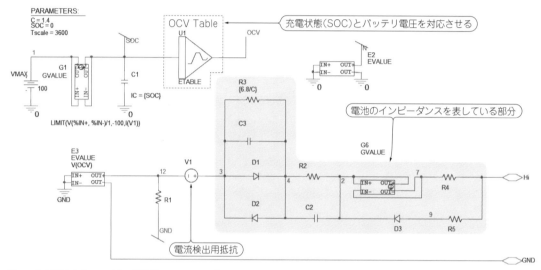

図A 大容量リチウム・イオン蓄電池のSPICEモデル

複数のセルを使う回路をシミュレーションする場合は，それぞれのセルのSOCの初期設定を変えることでセル間のばらつきをシミュレーションできます．

手順4で説明した充放電特性のシミュレーションはあらゆる蓄電池で活用できます．薄膜リチウム・イオン蓄電池は，エナジ・ハーベストの分野で注目されているデバイスです．エナジ・ハーベストのアプリケーション回路に組み込んで，デザインの確度を向上させることができます．

〈堀米 毅〉

（初出：「トランジスタ技術」2013年10月号）

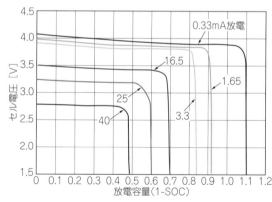

図13 放電特性（LTspice）

第2章 大容量をゴリゴリ使う据え付け用途向き
基本！鉛蓄電池の使い方

赤城 令吉 Reikiti Akagi

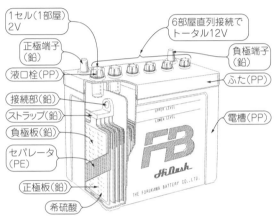

図1 12V鉛蓄電池の基本構造
よく見るクルマ用の例

鉛蓄電池は，起電力が2.24V/セルであり，比較的電圧が高く身近です．

自動車やバイクの始動用12Vバッテリとして汎用モジュール化されています．これらは図1に示すように，六つのセルをつないだ一つの容器に収まる形で12Vという電圧を供給できる構造となっています．

繰り返し放電(サイクル)回数が多い用途に使うのはそれほど得意ではありませんが，容量が大きくて入手性がよく便利です．

鉛蓄電池は用途別に進化しており，例えば，

● 容量を減らす代わりに，サイクル特性を良くする

というように，ある特性を犠牲にすればある特性を伸ばすことができます．用途に合っていなくともそれなりの能力を発揮できます．

汎用の鉛蓄電池は自動車エンジンの始動用が中心ですが，安価で入手しやすいので，いろいろな方面に応用できます．負荷の大きさや，使用時間，電池容量などを考慮して選択します．

本章では，入手しやすい自動車の始動用タイプを例に，基本的な特徴や使用方法を紹介します．

トコトン実験！ 放電特性

● 基本パラメータ：5時間放電できる容量…5時間率容量(5HR)とは

鉛蓄電池の放電特性を表す基本パラメータに5時間率容量(5HR)というものがあります．

例えば36Ah(55B24L)の場合，

● 電池温度：25℃
● 5時間率容量：25℃で放電したとき，端子電圧が10.5Vに低下する時間が5時間となる容量36Ah そのときの放電電流は36Ah÷5時間＝7.2A

となります(図2)．

5時間率容量で見ると，終止電圧10.5Vで，一律5h放電でどれだけ大きい電流で放電できるかを示しています．

2倍の10時間使用したいのであれば，2個並列につなぐ，もしくは，より容量の大きな電池を選択し，1個でまかないます．

また図3に示すように，放電電流が大きいほど利用できる容量は小さく，放電電流が小さいほど利用できる容量は大きくなります．

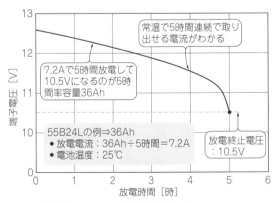

図2 超基本パラメータ：5時間率容量(5HR)
25℃で5時間放電したときに終止電圧10.5Vに至る容量をいう

● 放電時の電流が小さいほど利用できる容量が増える

電池から短時間に大きな電気（電流）を取り出すと電圧が維持できなくなり結果的に取り出せる電気量が小さくなります．極板表面付近の電解液の移動がついていけず，化学反応が遅れることが原因です．

この場合，極板表面積の大きいものを選ぶことにより，大電流使用時の電圧降下を緩くすることができ，比較的電気量を多く取り出すことができます．

▶短期的な対策…休ませれば回復する

一時的に電圧が降下した電池は，休ませることで，極板表面付近の電解液の移動が追いついてくるので，電圧が回復してきます．この状態から再度放電することも可能です．

▶一般的な対策…容量が十分に大きいものを使う

放電電気量に対して容量の大きいものを選択することにより，放電率が下がり，電圧降下も緩くなるだけでなくサイクル寿命を延ばすことにもつながります．

● 実験ビフォー・アフタ！ 蓄えたエネルギを使い切る方法

▶実験：小さい電流値で放電する

同じ電池で，急放電と緩放電のどちらがどれだけ電気量を多く取り出せるか，満充電した電池を二つの条

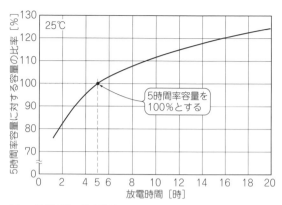

図3　鉛蓄電池の基本特性…放電電流が小さいほど容量は大きくなる

件で放電してみました．

終止電圧を10.5Vとして，どれだけ多くの電気量を取り出すことができるか実験してみました．結果を図4と図5，表1に示します．緩放電のほうが多くの電気量を取り出せました．

● 豆知識…クルマ用蓄電池を電源として選ぶときの基準に！ リザーブ・キャパシティ

自動車・バイク用の鉛蓄電池は，エンジン始動用と

希硫酸，水素…鉛電池は怪我に注意　　Column 1

▶やってはいけないその1：電解液をこぼしちゃダメ

鉛蓄電池は化学電池であり，容器内には電解液として希硫酸が入っています．希硫酸は，皮膚に付着すると化学やけどします．容器から液を抜くことは危険です．万が一，皮膚に付いたら，大量の流水で洗い流してください．

▶やってはいけないその2：短絡しちゃダメ

電圧が高くて大電流が流せるため，短絡してしまうと激しい火花を散らし，回路が発熱溶断します．また，溶けた配線などが飛び散り，やけどを負う場合もあります．

▶やってはいけないその3：火気厳禁

充電中は，水の電気分解が行われ，水素ガスと酸素ガスが発生します．火気を近づけると，爆発する可能性があります．

▶やってはいけないとまではいわないが…満充電で保管するのがベスト！

危険なことではありませんが，鉛蓄電池は基本，満充電で保管します．

第1に保管時，車載のままで，接続されている場合，負荷がつながっているため，暗電流で放電します．

第2に化学電池には自己放電現象があり，わずかずつですが放電します．放電した状態で保管すると，電池が劣化して容量が減少したり，寿命が短くなったりします．図Aに示すように，定期的に補充電を行うことで満充電状態を維持し保管したほうが，電池を末長く使えます．

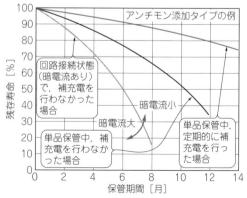

図A　使っていなくても少しずつ劣化する

鉛蓄電池は，定期的に充電して満充電状態をキープしたほうが長もちする

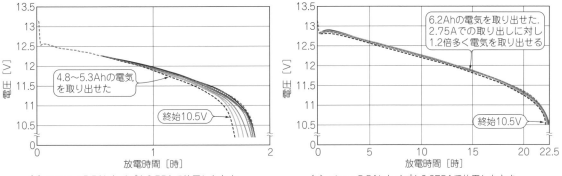

(a) before：5.5Ahタイプを2.75Aで放電したとき　　(b) after：5.5Ahタイプを0.275Aで放電したとき

図4　実験ビフォー・アフタ！ 出力電流を1/10に抑えると使える容量が20%増す

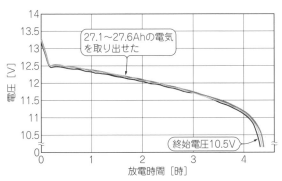

(a) before：24Ahタイプを6.5Aで放電したとき

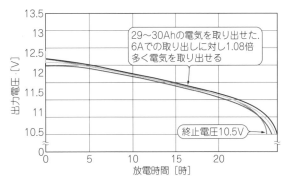

(b) after：24Ahタイプを1.2Aで放電したとき

図5　実験ビフォー・アフタ！ 出力電流を1/5に抑えると使える容量が10%増す

表1　実験ビフォー・アフタ！ 出力電流を抑えて使うと容量が大きくなる

型　名	放電電流	放電レート	増加率
5.5 Ahタイプ FPX1255	2.75 A	2時間率	−
	0.275 A	20時間率	120%
24 Ahタイプ FPX12240H	6.5 A	4時間率	−
	1.2 A	24時間率	110%

して作られています．短時間放電，大電流放電，短時間放電サイクルのほか，温度範囲や耐振動性なども重視しています．

そのなかで，容量に関する試験規格としてリザーブ・キャパシティRCが定義されています．25 A, 25℃で放電したときに，端子電圧が10.5 Vに達するまでの時間がRCです．図6に定義を示します．国際規格IEC60095-1およびアメリカ自動車工業会規格：SAE J537に規定されています．

電源として使用可能な時間の目安になります．

使える温度範囲

● 低温は−30℃，高温は＋80℃くらいまでイケる

液式鉛蓄電池の優位性の一つに，温度の変化に強い

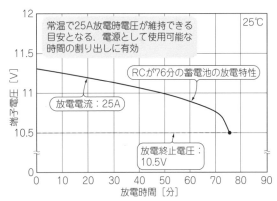

図6　クルマ用蓄電池を選ぶときのマメ知識…使用可能時間の目安として有効！リザーブ・キャパシティRCの定義

ことがあります．

自動車の始動用鉛蓄電池は，エンジン・ルームの約80℃〜−18℃の温度範囲で放電特性の仕様を満たすように求められます．図7のように満充電時は約−60℃まで，放電時は約−30℃まで使えます．

エンジン・ルームのような高温下では，液が減る（蒸発）することで温度上昇もある程度抑えることが可能です．

大電流放電時は，極柱抵抗による温度上昇を，液が

クルマ用鉛蓄電池のマメ知識　　Column 2

● 型名の見方

自動車用鉛蓄電池は，本章で紹介している25℃，25A放電時の放電時間RCと，-18℃時の放電電流CCAから求めた性能指数で性能がランク分けされています．RCは緩放電時の容量を，CCAはエンジン始動特性を表しています．

JISで定められた自動車用鉛蓄電池の型名の見方を図Bに紹介しておきます．

● 性能ランクというモヤッとした指数でなぜ表すのか

自動車用・バイク用のエンジン始動用電池の性能ランクはCCAとRCの2点のみの評価になっています．その他の指標評価は反映していません(表A)．

週1回しかクルマを使用しない場合は，暗電流放電や自己放電の重要度が増します．長期にわたって満充電以下の状態が続くことになるため，自己放電の小さいタイプを選ぶと長く使えます．

同じサイズの電池で性能別に何ランクかあるのは，その他の性能を考慮して，正極板と負極板間の距離や液量のバランスを変更している結果です．

使用回数が少なかったり，間隔が空いたりする場合は，初期に搭載されている電池と同一性能の電池を選択するとよいでしょう．

表A　性能ランクと5時間率容量

JIS性能ランク	電池サイズ系列	5時間率容量[Ah]	JIS性能ランク	電池サイズ系列	5時間率容量[Ah]
26	A 17	21	48		40
26		21	55		48
28		21	65		52
30	A 19	22	75	D 26	52
32		24	80		55
34		24	85		55
28	B 17	24	90		58
34		27	110		64
28		24	65		56
34		27	75		60
38		28	95	D 31	64
40	B 19	28	105		64
42		28	115		72
44		34	125		74
46		34	95		80
44	B 20	34	100		80
46		36	105		83
50		36	110	E 41	83
55	B 24	36	115		88
60		38	120		88
70		44	130		92
32	C 24	32	115		96
50	D 20	40	130		104
55		48	150	F 51	108
65		52	170		120
75	D 23	52	145		120
80		54	155		120
85		56	165		136
			180	G 51	128
			195		140
			190		160
			210	H 52	160
			225		176
			245		176

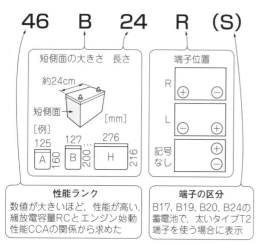

図B　自動車用鉛蓄電池の型名の見方
RCは緩放電時の容量を，CCAはエンジン始動特性を表す．性能ランクはRCとCCAの関係から求められる

吸熱することで溶断を防いでいます．

▶クルマ用で低温時の放電特性の目安になるCCA

自動車用鉛蓄電池で，-18℃で放電して30秒経過したときの電圧が7.2Vになる放電電流を，図8に示すようにコールド・クランキング・アンプス(略称

CCA)といいます．

● 25℃以下で使う場合は表示の容量が使えない

図9に示すように，低温になるほど取り出せる電気の量は小さくなります．電源として電池の容量を考え

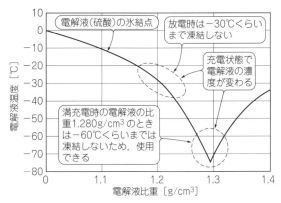

図7 液式の鉛蓄電池は-30℃くらいまで使える
低温時は放電すると，電解液の濃度が低下するため，凍結して使えなくなる心配がある．電池メーカでは電解液の濃度を高くするなどの工夫をしている

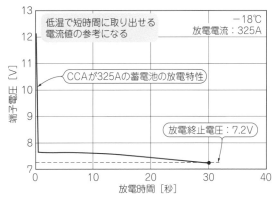

図8 クルマ用で低温時の放電特性の目安になるCCAの定義
CCAは-18℃時に30秒流し続けたときに7.2Vになる放電電流．自動車は低温でもエンジンがかからないと人命にかかわる

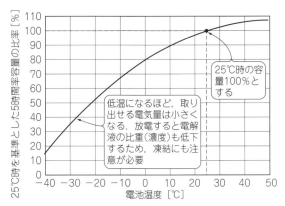

図9 低温になるほど使える容量が少なくなる

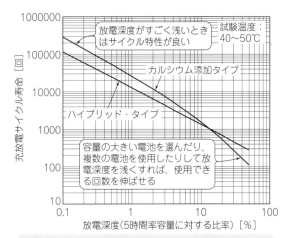

鉛蓄電池には鉛合金電極に添加する物質によって，次のようなタイプがある
アンチモン添加タイプ：安いが液減りが多い
カルシウム添加タイプ：やや高価だが液減りが少なく自己放電が小さい
ハイブリッド・タイプ：アンチモン添加電極とカルシウム添加電極の組み合わせ．液は減るが，高温には強く，自己放電が小さい

図10 放電深度が浅いほど何回でも使える

る場合，5時間率容量と使用温度範囲を確認します．低温時でも容量が足りるように電池を用意しないといけません．

サイクル特性

● 放電深度が浅いほど何回でも使える！

放電深度DOD（Depth of Discharge）を表す5時間率容量［%］と，充放電サイクル寿命［回］を**図10**に示します．

放電深度が14%程度であれば，カルシウム系（電解液の減りが少ないタイプ）鉛蓄電池で80～110回充放電可能です．

放電深度が10%程度であれば，1000～1100回の充放電が可能です．

さらに放電深度が浅ければ，もっとサイクル回数を増やすことが可能です．自動車の始動用鉛蓄電池は，浅い放電深度での充放電回数が多くなるように設計されています．

クルマ用に限らず，容量の大きい電池や複数の電池を使って，なるべく放電深度が浅くて済むようにできれば，サイクル回数を伸ばすことができます．

● 鉛蓄電池がサイクル特性に弱い理由

▶その1：電極板が物理的に壊れる
正極は，

満充電時　二酸化鉛　⇔　放電時　硫酸鉛

となり，化学反応にて体積変化を起こします．

このため，充放電（サイクル）を繰り返すと，膨張と収縮を繰り返すことになり，集電帯（格子）より電気をためる活物質がはがれていきます．

写真1 サイクル特性に弱い理由1:収縮と膨張を繰り返して電極板が物理的に壊れる

負極も,

　満充電時　海綿状鉛　⇔　放電時　硫酸鉛

となり,化学反応にて体積変化を起こします.

このため,充放電(サイクル)を繰り返すと,膨張と収縮を繰り返し,最終的には**写真1**のように電極板がぼろぼろになってはがれてしまいます.

体積変化を小さくして繰り返すと,活物質がはがれにくくなるので,放電深度を浅くして繰り返すほうが鉛蓄電池は長く使えることになります.これを踏まえたうえで,サイクル特性に特化した鉛蓄電池も開発されています.

▶その2:電極に電気を通さない硫化鉛が析出する…サルフェーション

鉛蓄電池は満充電状態を維持するのが基本です.

　正極板:2酸化鉛,負極板:海綿状鉛

という状態を維持するということです.

放電した状態で放っておくと,硫酸鉛が硬く結晶化し,充電しても元に戻らなくなります.

　正極板:硫酸鉛,負極板:硫酸鉛

という状態になります.これをサルフェーションと呼びます(白色硫酸鉛化).サルフェーションに陥ると,容量が低下して使用に堪えなくなるため,寿命と判断されます.

ナウ進化中…充電受け入れ性

● 進化1…発電した微弱で不安定な電気でもサッと充電できるように性能改良中!

最近,アイドリング・ストップ機能などを備えたエコな自動車が主流になってきています.

発電機も進化しており,電池電圧・負荷の変動に合わせて発電量を変化させると共に,アイドリング・ストップ時に,停止するようにもなってきています.

発電機を動かさなければ燃費は良くなるため,鉛蓄電池には短時間に発電し満充電になることが求められます.エアコンを動かしているとアイドリングが止まらないのと同じで,電池が充電不足の場合,エンジンは回り続けます.

クルマやバイクの発電機は,アイドリング時や走行状態に合わせエンジンの回転数が変化します.発電機

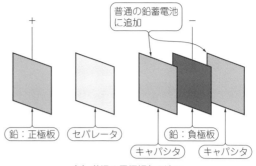

（a）普通の電極板との違い

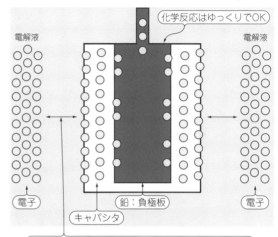

- 大容量で使える（鉛極板の痛みが少なくて済む）
- 大電流放電できる
- 急速充電できる
- 短時間でも充電できる

という特徴がある

（b）いったんキャパシタを介してから充放電するので
化学反応はゆっくりでよい

図12 キャパシタ一体型鉛蓄電池UltraBatteryの充放電特性を改善するアイデア

（a）液式の外観

型 名		UB1000
公称電圧［V］		2
10時間率容量［Ah］		1000
公称エネルギ容量［Wh］		2000
期待サイクル寿命 [回]		約4000（25℃，放電深度DOD70％使用時の期待値）
最大電流	充電	0.4C，10 A
	放電	0.6C，10 A
使用温度範囲［℃］		0～40

（b）制御弁式のスペック…放電深度70％（残量30％）
使用時になんと4000サイクルもイケる！

図11 電力回生や自然エネルギ発電が使えるように
進化中！ キャパシタ一体型鉛蓄電池
UltraBattery（古河電池）の例

基本！鉛蓄電池の使い方

の回転数も一緒に変化するため，電圧は一定でも電流は変動しています．

鉛蓄電池は，化学反応で電気エネルギをためるため，電気量が大きく変動したり（不安定），微弱な電気は化学反応に至らなかったりすることから，充電受け入れ性が重視されてきています．

充電制御車専用電池，といった名称の電池は充電受け入れ性が改善された電池です．

● 進化2…キャパシタ内蔵タイプの開発

鉛蓄電池とコンデンサを組み合わせて，充電受け入れ性を改善したら…？と思う方もいると思います．電池メーカでも電池の極板にキャパシタを組み込んだ電池を出してきているところもあります．

図11に示すUltraBattery（古河電池）は，キャパシタ内蔵タイプの鉛蓄電池です．図12に示すように負極にキャパシタを取り付け，化学反応より物理反応を生かすことで，充放電特性の改善を目指しています．

鉛蓄電池はメモリ効果が起きないので，継ぎ足し充電に対しては，ほかの電池に比べ優位性があります．現在クルマの回生ブレーキ発電はリチウム・イオン蓄電池などにためて，エンジン始動は鉛蓄電池で行う，というように2種類搭載しています．鉛蓄電池が不安定で瞬発的な電気も充電できるようになるのであれば，いずれ鉛蓄電池一つでまかなうクルマも出てくるかもしれません．

必要な容量の見積もり方法

商業電力のないところで，電池から電気を取り出して使いたい，長期にわたって使用したい，安価になっ

Column 3　発電機と組み合わせて使うには…充電と電池容量と負荷のバランスが重要！

　自動車用・バイク用鉛蓄電池は，エンジンをかける始動用を想定していますが，電池容量は緩放電容量RCリザーブ・キャパシティで評価しています．

　定速度で1時間程度走るものの，渋滞中にアイドリング状態でエアコンなどのアクセサリを多用することがある場合，RCで評価するほうがよいと思います．

　ただしRCは25 A放電の値を目安にしているため，負荷がそれ以上であれば，大電流放電となり電圧低下が早まる可能性があります．

　単純に，緩放電容量RCが大きい電池を選ぶと必ずよいとは限りません．

▶発電機(オルタネータ)能力≦電池容量≦負荷
　電池が放電しエンジンがかけられなくなります．
▶発電機能力≦電池容量≧負荷
　電池は放電状態で，負極極板のサルフェーションが進み短寿命となります．発電機(オルタネータ)は回り続けるため，燃費は悪くなっていきます．
▶発電機能力≧電池容量≧負荷
　電池への負担は軽く，発電機も休む時間ができ，燃費も改善されます．

　鉛蓄電池は，充電電気量をため，必要時に放電する用途が基本なので，充電電気量以上は使用できません．一時的な過負荷であれば，追従が可能です．

てきているソーラ・パネルを組み合わせ，充電・放電の両方を備えたい，といったときの考え方の例を紹介します．

　電池メーカはサイクル回数の多い用途専用のディープ・サイクル電池を用意しています．しかし，汎用品の自動車やバイクのエンジン始動用に比べ高価なのが一般的です．安価な始動用の電池で何とかなると非常に便利です．使い方である程度カバーできます．

● 考え方
▶ステップ1：何サイクル使うか計画を決める
　1日1回(放電)電気を取り出し，充電する場合，3年では1095サイクルになります．
▶ステップ2：放電深度を決める
　図10のグラフでサイクル回数が1095となる放電深度%を読むと10%くらいを指しているので，放電深度は10%で使うと決めます．
▶ステップ3：使用したい電力から，電池の大きさを求める

10 A使用したい場合，
10 A ÷ 放電深度10% = 100 A
　12 V, 100 A(5時間率容量)の電池1個が必要と割り出せます．12 V, 50 A(5時間率容量)電池2個を並列につないでも同等になります．
▶ステップ4：ソーラ発電用パネルと組み合わせるときのヒント
　ソーラ発電などと組み合わせて使う場合は，充電効率を考慮する必要があります．10 A充電では，充電効率・放電効率があるため，満充電になりません．不安定なエネルギを受けるため，130～180%の発電能力が必要です．さらに24時間のうち，数時間の充電で対応するためには短時間に供給量を確保する必要があると思います．満充電になるような供給力を確保することが望まれます．

　蓄えた電力の使い方としては，緩放電になるほどサイクル寿命は延び，長く使えます．

(初出：「トランジスタ技術」2014年1月号)

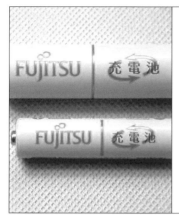

第3章 大進化！
入れたらもう抜けない

最新！ニッケル水素蓄電池のしくみ

武野 和太 Kazuta Takeno

ニッケル水素（NiMH）蓄電池は1990年に実用化され，ノート・パソコン，ビデオ・カメラ，携帯電話などのモバイル機器や，工具，ハイブリッド自動車などの動力用途に使われてきました．最近は，IT機器や医療機器，インフラ機器，電力貯蔵にも使われています．

ここでは，最新の乾電池互換タイプのニッケル水素蓄電池について，従来品と特性を比較しながら紹介します（図1）．

種類と特徴

● 電極と電解液の材料で分類される

ニッケル水素蓄電池は，正極にニッケル水酸化物，負極に水素吸蔵合金，電解液にKOHを主体とするアルカリ水溶液を用いた充電式の電池です．構成を図2（a）に示します．一般に電池には「ニッケル水素電池」と表示されています．

負極の水素吸蔵合金とは，常温付近で大量の水素をためたり放出したりできる材料です．充電時は活物質の水素を大量に吸蔵し，放電時は水素を放出することで充放電を行います．

● 繰り返し充放電に強く安全性も高い

図2（b），図2（c）に示すのは，充放電時の電極の反応です．充電時は正極の水素原子が負極に，放電時は負極の水素原子が正極に移動します．

充放電反応が水素原子の移動だけで，鉛蓄電池やニカド蓄電池のような反応物質の溶解・析出反応はありません．このため，充放電の繰り返しに対して特性が安定しており，長寿命です．析出とは溶液や液体から固体が現れることです．

電解液はリチウム・イオン蓄電池のように可燃性の有機溶媒ではなく，不燃性の水溶液を使っているため，安全性が高いことが特徴です．

自己放電しにくく5年後でも70％の容量が残る

● 使う前にいちいち充電する必要がなくなった

従来のニッケル水素蓄電池は自己放電が大きく，充電しても放っておくと使えなくなる弱点がありました．

2005年にはeneloopに代表される，低自己放電タイプが発売されました．使い勝手が大きく改善されたため，乾電池互換タイプの出荷数量はその後2倍程度に増えてきています．

以前は電池を使う日の前の晩に充電して使っていましたが，時間があるときに充電して保管箱に入れておけば，いつでも使えるようになりました．さらに，買ってすぐ使える（出荷時に工場で充電しているため），非常時の予備電池として使える，長期間使う機器でも使える，という特徴をもっています．

● 容量が抜けるしくみ

ニッケル水素蓄電池の自己放電メカニズムを図3に示します．図3の①から④が自己放電の主な原因です．
▶ 正極の分解反応

正極の自己分解反応により発生した酸素が，負極の水素を酸化して負極を放電させます．これにより，電池として自己放電します．

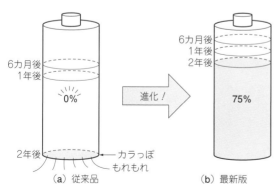

図1　最新のニッケル水素蓄電池は充電エネルギが抜けにくい
5年後でも70％の容量が残る．継ぎ足し充電で使っても長時間使える

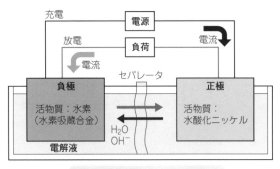

(a) 構成

図2 充放電時の電極の反応
充放電時に移動するのは水素だけ．繰り返し充電しても特性が安定していて長寿命

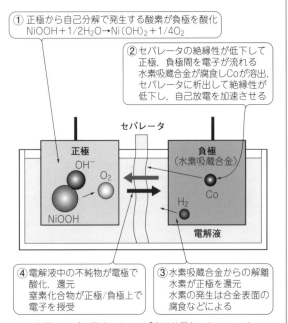

図3 充電タイプの電池の泣き所「自己放電」が起こるしくみ

▶ セパレータの絶縁性が低下

負極の水素吸蔵合金からその成分のコバルトが溶出し，セパレータ上に析出して電解液からコバルト化合物の固体が現れます．この固体（コバルト析出物）が導電性をもちます．

このためセパレータの絶縁性が低下し，正極と負極が析出物を介して導通します．その結果微弱な電流が流れてしまい，電池の自己放電が進行します．

▶ 負極が腐食

水素吸蔵合金の表面が腐食し，腐食反応により水素

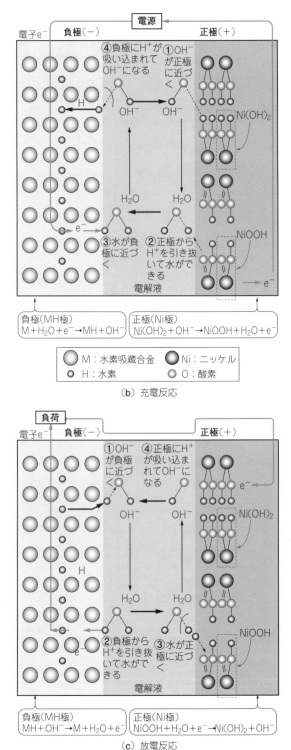

が発生し，解離することで負極が放電します．解離水素が正極を還元することで正極の放電が起こり，電池の自己放電が起こります．

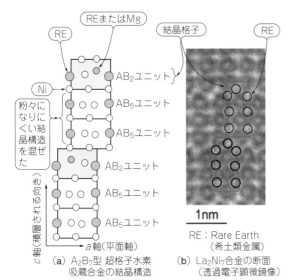

図4 最新タイプの特徴…自己放電の要因となる負極がこなごなになる微粉化が起きにくい結晶構造を採用している
低自己放電タイプの負極に使われている超格子水素吸蔵合金の構造

▶不純物による反応

電解液中に存在する窒素化合物などの不純物が，正極で酸化，負極で還元され，これが繰り返されることにより正極と負極の放電が進行し，電池の自己放電が起こります．

● 負極を新素材に変えることで改善

各自己放電の理由に対してそれぞれ改善のための新技術が投入されて，低自己放電タイプの電池が開発されました．

充電した電池を室温で保存した場合のエネルギ残存率を比較すると，従来のニッケル水素蓄電池は2年程度で0%であるのに対し，低自己放電タイプのそれは3年後でも70〜80%程度残存しています．

▶新素材の構造

低自己放電タイプのニッケル水素蓄電池（「富士通充電池」など）には，負極に超格子水素吸蔵合金が使われています．これにより，低自己放電な電池を実現しました．

従来使われている水素吸蔵合金は，AB_5型という結晶構造をもつ材料（$LaNi_5$など）が一般的でした．

例えば「富士通 充電池」では，AB_5ユニットとAB_2ユニットが積層した超格子構造をもつ，独自に開発した最新のA_2B_7型超格子水素吸蔵合金という非常に複雑な結晶構造をもつ合金が使われています．A_2B_7型超格子水素吸蔵合金は，AB_5合金の優れた反応性と水素吸蔵/放出の繰り返し安定性に加え，AB_2合金の，大きく水素吸蔵/放出しても微粉化しにくい，という両者の長所をあわせもちます．

超格子構造とは，複数の種類の結晶格子の重ね合わせによりその周期構造が基本単位格子より長くなった結晶格子です．

図4(a)にA_2B_7型超格子水素吸蔵合金の構造を示します．図4(b)は，A_2B_7型超合金であるLa_2Ni_7合金の透過電子顕微鏡写真です．結晶内の原子配列が結晶構造モデルのように配列しています．

▶自己放電しにくくなった理由

先に挙げた自己放電の原因②と③は，この超格子水素吸蔵合金を採用することで次のように改善されています．

②セパレータの絶縁性の低下は，超格子水素吸蔵合金が原因となるコバルトを含んでいないため起きません．

③負極の腐食は，超格子合金が微粉化しにくく，耐食性が高いため腐食しにくく水素解離を抑えられます．

大進化！ 継ぎ足し充電をしても電池容量が減らない

● 継ぎ足し充電を繰り返すと放電電圧が下がる

ニッケル水素蓄電池は，使い切らずに継ぎ足し充電を繰り返すと短時間の使用を記憶して，次に使用したときに電圧が下がって短時間しか使えなくなります．これは「メモリ効果」と言われています．メモリ効果は，電池を使い切らずに継ぎ足し充電を繰り返すと正極の反応抵抗が増大して，放電電圧が一時的に低下する現象です．

放電電圧が一時的に低下しますが，放電可能な容量はほとんど減少しません．完全放電を行うことで，放電電圧は元のレベルに回復します．

● 放電電圧を高めに設定

現在の技術では，メモリ効果の発生を完全に抑えることは難しいです．対策としては，機器の終止電圧を低く設定し，放電電圧を高くすれば，事実上は問題なく使えます．

低自己放電タイプのニッケル水素蓄電池「富士通充電池」では，従来のニッケル水素蓄電池よりも放電電圧が高く設計されています．

これにより，メモリ効果が起こっても負荷に必要な電圧の高さを維持できます．

図5に，従来品と低自己放電タイプで模擬的にメモリ効果を発生させ，電池の放電電圧の違いを確認する実験の結果を示します．従来のニッケル水素蓄電池はメモリ効果により，例えばデジカメの半電池マークの出るまでの時間が短くなっていたのに対し，低自己放電タイプのニッケル水素蓄電池は短くなりにくくなっています．継ぎ足し充電を行っても，メモリ効果をあまり気にせず使えるようになりました．

乾電池互換タイプの構造 — Column

図Aに乾電池互換のニッケル水素蓄電池の構造を示します．正極と負極をセパレータを介して渦巻状に巻き取り，円筒型の外装缶に挿入し，電解液を注入後，密封して電池を構成しています．

ノイマン式の密閉化技術を使用しており，充電時に過充電された場合，正極から発生する酸素ガスを負極で吸収させることにより電池の内部圧力の上昇を抑え，密閉化を可能としています．

万が一，充放電によって電池の内部圧力が高くなった場合でも，ガスを外部に排出できるように，復帰式のガス排出弁を安全機構として備えています．

〈武野 和太〉

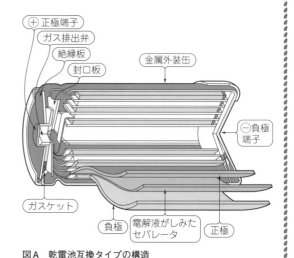

図A　乾電池互換タイプの構造

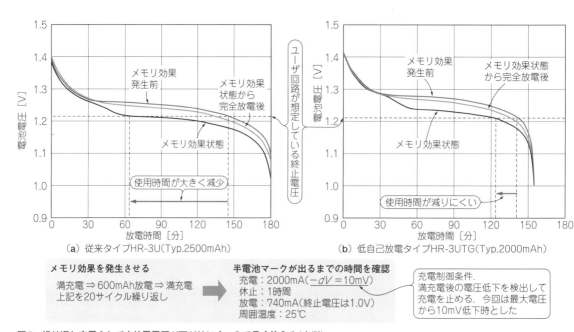

図5　繰り返し充電をしても放電電圧が下がりにくいので長く使える（実測）

● その他…起こりやすいトラブル！ 運搬中のショート

ニッケル水素蓄電池を使う際に意外と多いトラブルが，硬貨やキーホルダ，ネックレスなどの金属類と一緒に持ち運び，電池のプラスとマイナスが金属類によりショートして，大きな電流が流れて発熱するトラブルです．

ニッケル水素蓄電池を裸で持ち歩くと，かばんやポケットの中に入っていた金属類でショートすることがあります．必ず樹脂製ケースやポリ袋などに入れて持ち歩くようにしてください．

（初出：「トランジスタ技術」2014年1月号）

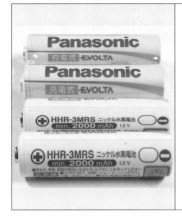

第4章 繰り返し回数が多く放置時間が長いほどダメになる

研究！ニッケル水素蓄電池の耐久テスト

下間 憲行 Noriyuki Shimotsuma

　充電池は使い始めはいいのですが，しばらく使っていると調子が悪くなってきて，もう寿命なの？と感じます．「1000回使えるということは毎日使っても3年はもつはずだ」という思いがそのように感じさせるのでしょう．どうもメーカが発表している充電池の寿命と使用感が合わないのです．

　そこで電池試験回路（写真1）を作って，ニッケル水素蓄電池「エボルタ（パナソニック，HHR-3MRS）」に対し，400サイクルの充放電を行いました．

● サイクル耐久特性はJISが規定する試験に基づく

　市販されているニッケル水素電池の寿命は，表1に示すJIS C8708:2007（7.4.1.1）で規定される条件で試験されます．この条件で試験して得られた充放電回数を充電池の繰り返し使用回数と称しているわけです．

　充放電の条件をご覧ください．サイクル2〜49の充電は0.25Cで3時間10分，定格に対しておよそ8割の時間だけ充電，そして放電が0.25Cで2時間20分ですから，充電したぶんのおよそ7割半を放電しています．いわゆる，継ぎ足し充電を繰り返している状態になっているわけです．

　サイクル50のタイミングで，1.0Vまでの放電維持時間を調べ，これが定格の6割を切ると充電池の寿命と判定されます．電池メーカが言う「約1000回使える」「寿命20％アップ」などの試験条件はこの規格が元になっています．50サイクルを試験しようとすると約13日，1000サイクルだとおよそ9ヵ月かかります．

テストの条件と結果

● 充放電電流の大きさと温度

　充電式エボルタHHR-3MRSの定格容量（2000 mAh）に合わせて充放電電流を設定します．0.25Cの充放電なら0.5 A，0.2Cの放電だと0.4 Aです．

　今回の実験でJISに合わない条件は周囲温度です．夏場を通しての連続実験でしたので室温30℃を越えることもありました．

● 400サイクル充放電後の結果

　200サイクルの充放電を2回行って得られた値をグラフにしたのが図1です．放電を始めてから電圧が下がるまでの経過分数を記録しています．サイクルが増えるとともに放電時間が減少し，放電維持電圧が下が

表1 サイクル耐久試験の手順（概略）
JISでは電池容量（単位mAh）を It [A] としているが，ここではCを使う
① 試験を開始する前に0.2Cの一定電流で1.0Vまで放電する
② 周囲温度は20±5℃
③ 電池容器温度は35℃以下にする．必要なら強制通風
④ 50サイクルを1単位として以下の手順を繰り返す

サイクル数	充電	充電状態での静置	放電
1	0.1Cで16時間	なし	0.25Cで2時間20分[a]
2〜48	0.25Cで3時間10分	なし	0.25Cで2時間20分[a]
49	0.25Cで3時間10分	なし	0.25Cで1.0Vまで
50	0.1Cで16時間	1〜4時間	0.2Cで1.0Vまで[b]

注（a）：放電電圧が1.0V未満に低下した場合は放電を停止する
注（b）：51サイクル目の開始まで，十分な休止時間をとってもよい
⑤ 50サイクル目の放電維持時間が3時間未満ならば寿命とする

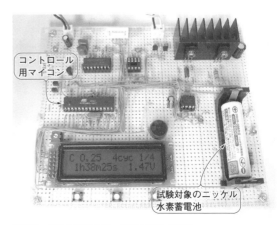

写真1　テスト回路を作って耐久試験を実施

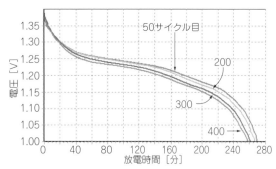

図1 50〜400サイクル目の放電のようす
充放電を繰り返すと放電時間が短くなり維持電圧も下がる

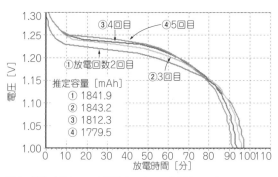

図2 購入直後に1Ωの抵抗をつないで放電させると…
新品の電池が徐々に活性化する

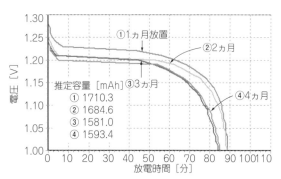

図3 充電後1〜4ヵ月放置してから放電させると…
自己放電のようすがわかる

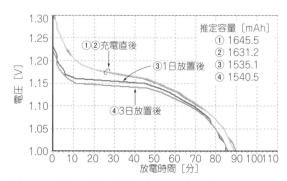

図4 400サイクル後に急速充電して放電させると…
放置日数が長いほど劣化している

っているのが見えます.

50サイクル目と400サイクル目を比べると，1.00 V では5%，1.10 V では7%，1.15 V では約12%放電時間が減少しています.

● 400サイクル終えた電池を急速充電してみる

この実験の直後，市販の充電器BQ-390（パナソニック）で急速充電して放電時の電圧変化を見てみました.

まず，この電池を買った直後の特性を見てもらいましょう．図2は1Ωの抵抗をつないで放電させたようすです．JISのサイクル耐久試験より重負荷の放電となっています．新品の電池からの放電回数2回目〜5回目（買った直後，未充電状態での放電を1回目とカウント）を示しています．新品の電池が徐々に目覚める様子がうかがえます．グラフ中，mAh単位で表示している数値は電池電圧と負荷抵抗，それにスイッチ用MOSFETの飽和電圧から推定した電池容量です.

図3は充電後に放置したときのようすです．1, 2, 3, 4ヵ月放置した後に1Ω抵抗で放電した電圧変化です．気温が低い冬季をまたぐ実験でしたので，自己放電に関しては有利な条件だったのではないでしょうか.

図4が400サイクル後に充電直後，1日/3日放置してからの放電です．継ぎ足し充電といえども電池の劣化が進んでいるようすが出ています.

寿命が短く感じるのは規格の充放電条件と違う使い方をしているから

JISの規定では0.2C放電で1.0Vが寿命判断の基準です．ところが実際には，内部抵抗が増大して大電流時に電圧が落ちる，急速充電できなくなる，充電後の保存ができない，などの現象が現れて徐々に使えなくなってきます.

しかし，急速充電できなくなった電池でも，JISの試験を行うとまだまだ元気，という結果が出ます．JISのサイクル耐久試験では保存性が考慮されていないのも原因かと思います．50サイクル目の静置時間が，日単位で長ければと思います.

電池は化学反応を使っているだけに周囲温度の影響を大きく受けます．急速充電や大電流放電では電池そのものが発熱し，これが寿命に関係します．調子の悪い電池はプラス極周辺の色が変わっていませんか．発熱でガスが発生すると内部にある安全弁が働き，外装絶縁チューブが変色したりします．このあたりも寿命判断の一つかと思います.

JIS C8708では充放電電流を大きくした加速試験の手順も規定されています．しかし，家庭用として販売されているニッケル水素蓄電池でのデータは公表されていないようです.

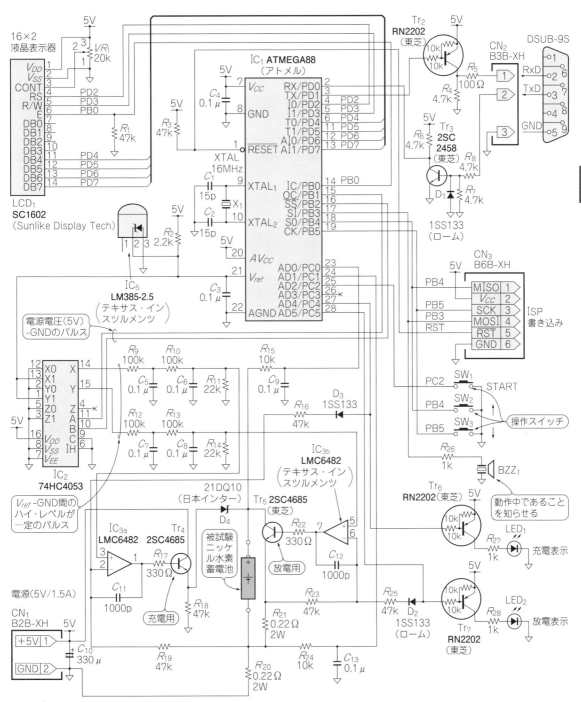

図5 サイクル試験用に製作した回路

● 充放電試験回路の動作

図5に測定回路を示します．ワンチップ・マイコンATmega88(アトメル)を使って制御しています．16文字×2行の液晶で充放電状態や設定値を表示し，試験結果はシリアル(9600 bps)で出力します．電源は外部から安定化した5Vを供給します．制御回路の消費電流に加えて電池の充電電流をまかなえなければなりません．

▶PWM制御

充放電電流はPWMを使ったD-A変換で設定します．ATmega88内蔵の16ビット・タイマ・カウンタを10ビットPWMモードで初期化し，供給クロックは2MHzで，PWM周期は0.512 msです．充電と放電は別個のPWM出力で設定するようにしました．

▶充放電のON/OFF

　出力ポートPC4で充電回路を，PC5で放電回路をON/OFFしています．ポートが"H"になるとそれぞれの定電流回路がOFFします．リセット時に両方同時にON("L"でON)しないように抵抗内蔵PNPトランジスタを利用してポートをプルアップし，そのコレクタに充放電表示LEDをつないでいます．

　PWM出力を0Vにすることで充放電を停止しようとしても，積分回路($R_9 \sim R_{13}$, $C_5 \sim C_8$)の遅れで素早い制御ができません．そこで充放電電流の設定とは別にON/OFF制御できるようにしました．

▶定電流回路

　充電と放電，別個の回路で制御しています．充電はOPアンプIC_{3A}とトランジスタTr_4を使い，抵抗R_{20}(0.22Ω)の両端に発生する電圧と充電制御側PWMが発生する電圧が同じになるように制御されます．例えば0.5Aなら0.11Vです．

　OPアンプIC_{3B}とトランジスタTr_5で放電を制御しています．抵抗R_{21}(0.22Ω)両端に発生する電圧と放電側PWM電圧が同じになります．なお，GNDと電池負極間の抵抗R_{20}，放電時はここに電流は流れないので0Vとなり，電池負極がGNDにつながっているのと同等になります．

　ここで使ったパワー・トランジスタ2SC4685は電流増幅率h_{FE}が高いタイプです．

▶A-D変換

　電池正極と負極の電圧を別個にA-D変換し，その差を電池電圧としています．放電時の負極は0Vになっていますが，充電時はR_{20}に電圧が生じるのでその分を差し引くわけです．

　1msタイマ割り込みでA-D変換を開始，A-D変換完了割り込みで10ビットのA-Dデータを読み出しています．そのデータを2チャネルぶん64回で加算平均処理し，128msごとにA-D値が確定します．最大値は基準電圧の値になります．

▶ブザー報知

　充放電試験は長期間かかります．回路が動いているのを確認するためと操作スイッチの応答用に圧電ブザーを設けました．8ビット・タイマを使い4kHzの方形波で駆動しています．充放電を始めると1分ごとにピッと音を鳴らし，液晶表示を見なくても回路が動作中であることがわかるようにしています．

▶パラメータ設定

　充放電電流を決めるPWM設定値など，各種パラメータをマイコン内蔵EEPROMに保存しています．

(1) 0.10C 充電PWM値：サイクル1とサイクル50での充電電流設定
(2) 0.25C 充電PWM値：サイクル2〜49での充電電流設定
(3) 0.20C 放電PWM値：サイクル50での放電電流設定
(4) 0.25C 放電PWM値：サイクル1〜49での放電電流設定
(5) 0.10C 充電時間：サイクル1, 50での充電時間
(6) 0.25C 充電時間：サイクル2〜49での充電時間
(7) 0.25C 放電時間：サイクル1〜48での放電時間
(8) 50サイクル目の待ち時間
(9) 放電停止電圧
(10) A-D V-ref値
(11) 1分サイクルでのデータ出力有無
(12) 充放電実行サイクル数
(13) 1分計時タイマ・スピードアップ設定

- (1)〜(4)：0〜1023の値で，電池容量に合わせて設定します．電流値を実測してPWM設定値を決めます．
- (5)〜(8)：規格で16時間とか3時間10分などと充放電時間は決まっていますが，テストのため自由に設定できるようにしています．
- (9)：規格では1.0Vです．これも変えられるようにしています．
- (10)：LM385で作っている基準電圧値(約2.5V)です．A-D値を電圧値に計算するときに使います．
- (11)：充放電途中の電池電圧を毎分ごとにシリアル送出するかどうかを設定します．
- (12)：50サイクルで1回の試験ですが，これを短くしてテストできるようにしています．
- (13)：デバッグ時のテストを速く進めるため，内部の1秒計時タイマを増速することができます．

▶放電データの記録

　50サイクルごとに行う1.0Vまでの放電状況をEEPROMに記録し，シリアル・データとして出力します．記憶できるのは50サイクル4回ぶんで，200サイクルの充放電が終わるまで自動運転します．このデータを元にWindowsのプログラムでグラフ描画しました．

　放電が始まり徐々に低下する電池電圧を見て，その経過時間(分値で)を記録します．1.50V〜1.00Vは0.01V単位で，1V未満は0.80Vまで0.05V単位で測定します．0.2C放電ですので，定格で5時間＝300分程度の放電時間です．

　200サイクルの試験が終わると，充放電をやめて待機状態になります．このときデータ送出スイッチを押すと，EEPROMに保存された放電状況をシリアル出力します．電文は単純なテキストです．

■ダウンロード・サービスのお知らせ

　制御マイコン・プログラムのソース・ファイル，Windowsの描画プログラム(実行形式のみ)などをトランジスタ技術誌ウェブ・ページ(http://toragi.cqpub.co.jp)から提供しています(初出参照)．

(初出：「トランジスタ技術」2010年2月号)

ニッケル水素蓄電池の充電を止めないとどうなる？

Column

市販のニッケル水素蓄電池の一つである「エネループ（三洋電機）」は，単3形で電池容量約2000 mAh，繰り返し充電回数1500回と，1日おきに充電しても寿命が8年以上です．

● 充電時間の短い充電回路ほど作るのが難しい

電池メーカでは専用の充電器以外は利用しないようにと取扱説明書に記載していますが，輸入品と思われる安価な充電器が数百円で販売されているようです．

充電電流を大きくすれば充電時間を短くできます．ただし大電流で充電すると，電池の発熱や内部ガスの発生の危険が高まり保護回路の難易度が高まります．

例えば30分で充電が完了する充電器が販売されています．電池の容量を2000 mAhとして単純計算すると，4 Aの大電流で充電していることになります．この充電器は電池の端子電圧と充電電流だけでなく電池の温度も管理しているようです．

一般的な充電器の充電時間は8時間なので，単純計算すると250 mAで16倍も充電電流が異なります．

少ない充電電流であれば，簡単な保護回路で済むので充電器は安価にできます．安価な充電器は，定電流回路で充電するようです．

● 安価な充電器を模した低電流での定電流充電の実験

▶条件

実験回路を図Aに示します．エネループを3本直列にし30 mAの定電流で充電しました．エネループは2400 mAhなので，30 mAは約0.013 Cとかなり低い充電電流といえます．

電池はあらかじめ抵抗負荷を接続し，放電しました．充電中は抵抗R_Sの両端電圧を測定し，充電電流をモニタします．温度条件は室温放置で実験中は15℃から30℃でした．

▶結果

充電開始後の端子電圧の変化を図Bに示します．充電開始時に3.7 Vだった端子電圧は4時間後に4.0 Vを超えました．その後，時間とともに端子電圧は上昇し，24時間後に4.14 Vとなりました．充電開始から96時間後に端子電圧は約4.5 Vとなり，電池電圧は安定しました．

ここまで問題はないようです．

充電を継続し，17日後の状態を図Cに示します．端子電圧は一定となり，周囲温度に従って変化します．15℃で4.61 V，31℃で4.47 Vと負の温度係数を示します．

このときの電池を写真Aに示します．写真では見えにくいですがケースの包装が膨らみ変形しています．

ニッケル水素蓄電池を過充電すると内部で酸素が発生し，内圧が高まります．長期間にわたり過充電の状態を保持したため，内圧の上昇を防ぐために安全弁が開いたのでしょう．性能は低下していると思われます．

〈神戸和泉〉

◆参考文献◆

(1) ダヴィッド・リンデン著，高村 勉 監訳；電池ハンドブック，朝倉書店．
(2) 三洋電機㈱のホームページ http://jp.sanyo.com/

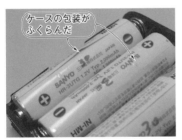

写真A　17日間定電流充電をし続けたら膨らんでしまった

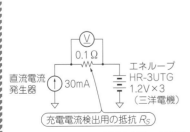

図A　低電流における定電流充電の実験回路

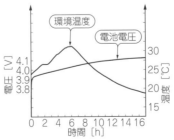

図B　充電開始時の充電電流と電池電圧

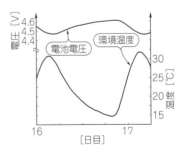

図C　満充電時は周囲温度によって端子電圧が変動するので終止電圧は温度を考慮して決める

第2部 超実用！充電回路集

第5章 保護機能バッチリ！容量2250mAhで18650サイズ

充電式でポータブル！実験用リチウム・イオン蓄電池モジュール

佐藤 裕二 Yuji Sato

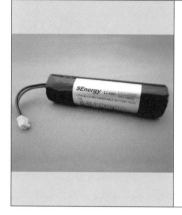

本章では，18650サイズの市販リチウム・イオン蓄電池モジュールに内蔵された保護回路を紹介し，さらに充電回路を作ってみます．容量2250mAhのタイプを使いますが，容量1450mAhのタイプであれば1本から入手できるので，試してみることも可能です．文献(1)，(2)で使われているのと同じ電池モジュールです．　　〈編集部〉

使用したリチウム・イオン蓄電池

本章では18650（直径18mm，長さ65mm）と呼ばれるサイズのリチウム・イオン蓄電池1本と保護回路を組み合わせた電池パック（写真1）を紹介します．まずは保護回路について解説し，本電池パックの9V入力充電回路を作ってみます．9V入力にはACアダプタを直接つなげるようにしておきます．

● 最も汎用的な形状は"18650"

18650サイズとは直径18mm，長さ65.0mmの円筒形電池で，寸法を数値で表しています．このサイズの電池はもう十数年前からあり，さまざまな用途で使用されてきています．たとえば，ノートパソコンや電動工具，無線機，医療機，測量機，車など幅広く活躍しています．

18650は本来，規格で定められたサイズですが，直径や長さが微妙に大きいものがあります．体積が増えて電池の容量を上げられるからです．

● 主な仕様

使用した18650サイズの保護回路付きリチウム・イオン蓄電池パックの仕様を表1に示します．

リチウム・イオン蓄電池は，公称電圧が1.2Vのニッケル水素（NiMH）蓄電池やニカド（NiCd）蓄電池と比べて，約3倍の電圧があります．一般的なリチウム・イオン蓄電池は公称電圧3.6～3.8Vですが，実際には図1に示すように，3.0V～4.2Vで電圧が変化します．そこで，過充電保護は4.25Vに，過放電保護は2.50V

表1　使用した18650サイズの保護回路付きリチウム・イオン蓄電池パックの仕様

項目		仕様
公称電圧		3.7 V
公称容量		2250 mAh
推奨充電条件		定電流定電圧(CCCV)方式　4.2 V/1.0 A
推奨放電条件		連続最大放電電流　2 A
使用環境	充電	0 ～ 45℃
	放電	-20 ～ 60℃
保護機能	回路	過充電保護　4.25 V
		過放電保護　2.50 V
		過電流保護　4 ～ 6 A
		ショート保護
	電池	過電流保護(PTC)
		電流遮断機構(CID)
		ガス排出弁(内部気圧上昇保護)

写真1　使用したリチウム・イオン蓄電池モジュール

（容量2250mAhで18650サイズのリチウム・イオン蓄電池パック（保護回路入り））

（製作した9V入力（ACアダプタOK）の充電回路）

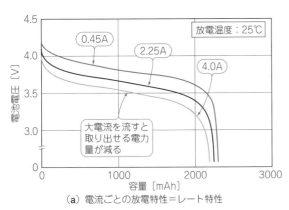

(a) 電流ごとの放電特性＝レート特性

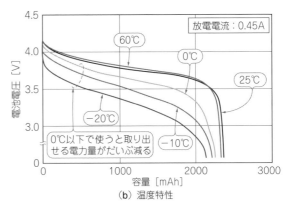

(b) 温度特性

図1 使用したリチウム・イオン蓄電池パックの放電特性
容量2250 mAhで18650サイズ

表2 容量(2250 mAh)の測定条件

	方式	定電流定電圧
充電条件	定電圧	4.2 V
	定電流	1.0 A
	充電停止	100 mA
	環境温度	25℃
放電条件	方式	定電流放電
	定電流	450 mA
	放電停止	2.75 V
	環境温度	25℃

に設定してあります．

● 充放電条件

表2にこの電池パックの充放電条件を示します．
今回使用する電池パックの容量は2250 mAhです．電池メーカが規定している充放電条件によって得られる最低容量になります．
電池セルのメーカはよく，0.5 C（容量を2時間で使い切る電流を表す）でセルを充電するように推奨しています．そこで，定電流充電電流を1.0 Aとしました．

必須！ 保護機能

リチウム・イオン蓄電池を安全に使用するために，電池パックは保護回路を備えています．過充電，過放電，過電流，ショート保護などの機能があります．

■ 四つの必須機能

● その1：過充電保護

電池を必要以上に充電（過充電）すると，化学反応が起きて酸素などのガスが発生します．電池内部の圧力が上がり，電池が破裂して発火する可能性があります．したがって過充電を防ぐための回路が必要です．
▶保護 その1：充電器が過充電にならないように制御
　通常は，充電器が過充電にならないように制御しま

電池の種類とエネルギ密度　　　　　　　　　　　　　　　　　　　　　Column 1

一般的な電池と今回の電池パックとの質量と体積エネルギ密度を**表A**に示します．
鉛は12 V車用，ニカドは単3形の市販電池，ニッケル水素は単3形のeneloop，リチウム・イオンは今回紹介する保護回路を含んだ電池パックで比較しています．
リチウム・イオン蓄電池の特性である軽量で高容量なのがわかります．

表A 各タイプの蓄電池のエネルギ密度
※括弧内 [%] は鉛を100としたときの比率

タイプ	容量 [mAh]	電圧 [V]	サイズ [mm]	質量	体積エネルギ密度 [Wh/L]※	質量エネルギ密度 [Wh/kg]※
鉛	34000	12	174 × 163 × 197	14 kg	73(100%)	29(100%)
ニカド(NiCd)	700	1.2	φ14.3 × 48.9	23 g	107(147%)	37(125%)
eneloop (ニッケル水素, NiMH)	1900	1.2	φ14.5 × 50.4	30 g	274(375%)	76(261%)
リチウム・イオン	2250	3.7	φ18.6 × 65.1	48 g	397(544%)	170(583%)

すが，もし故障して過充電になる電圧で充電されても，保護回路が過充電にならないように充電を停止して保護します．
▶保護 その2：電池モジュール内蔵保護回路で過充電を止める

過充電保護回路では，電池電圧が設定電圧になると充電を停止させます．

使用方法よって保護をかける電圧が異なりますが，一般的には4.25 V程度になります．保護が動作した後も，放電により電池電圧がある程度下がれば，また充電ができます．
▶保護 その3：過充電になって電池内部でガスが発生しても破裂しないようにガス抜き弁が用意されている

電池内部にはガス排出弁という安全部品が備わっています．もし過充電になり内部の圧力が上がっても，ガス排出弁が開いて破裂しません．

● その2：過放電保護

電池が過放電になると，化学反応が起きて容量が極端に減り，最終的には使用できなくなります．過放電を防ぐための機能が必要です．
▶保護 その1：ユーザ電子回路の動作を止める

通常はこの過放電保護が動作する前にユーザ電子回路(機器)側で放電を停止させます．
▶保護 その2：電池モジュール側の保護回路で止める

それでも放電が続くような場合に過放電に至らないように保護回路が動作します．

過放電保護回路では，過放電になる前の電圧で放電を停止させます．保護をかける電圧はできる限り高めに設定するのが理想的です．一般的には2.5～3.1 V程度になります．機器の動作電圧なども考慮して設定します．

過放電保護が動作した後も，充電により電池電圧がある程度上がれば，また放電ができるようにします．

● その3：過電流保護

リチウム・イオン蓄電池は，電流の制限をかけなければ大電流を取り出せます．ですが，異常な状態が発生し想定していない大きな電流が流れると，機器や電池パックを故障させます．

それを防ぐため，電流が規定以上流れたときに放電を強制的に停止する機能です．

使用する機器によって規定電流は異なりますが，一般的には機器の最大電流の1.5～3.0倍程度です．過電流保護が動作した後も，負荷を取り外したり充電したりすることで，また放電できるようにします．

● その4：ショート保護

電池パックの出力端子をショートすると，数十～百数十Aという巨大な電流が流れます．その電流で，基板の配線パターンなどが燃えます．それを防ぐため，大電流が流れた瞬間に出力を強制的に停止する回路を加えます．

設定するしきい値電流は10～50 Aです．

ショート保護も過電流と同様に負荷を取り外したり充電したりすることで，また放電ができるようになります．

＊

電池を安全に使用するために電池パックに備わっているのが，以上の保護機能です．

■ 手作りOK！部品8個のシンプルな保護回路

● 回路のあらまし

実際の保護回路を見てみましょう．保護回路には通常，制御ICを使います．制御ICがすべての判断を行い，充電・放電状態を制御します．

1本用のリチウム・イオン蓄電池に搭載されている保護回路と部品表を図2と表3に示します．制御IC 1個で電池電圧，充放電電流を監視し，充放電制御用

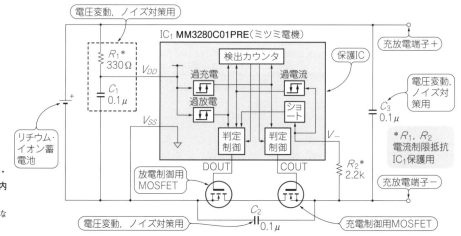

図2 2250 mAhリチウム・イオン蓄電池パックに内蔵されている保護回路
たった部品8個のシンプルな回路でできている

表3 保護回路の部品

部 品	種 類	形 名	メーカ	備 考
IC_1	保護IC	MM3280C01RRE	ミツミ電機	
Tr_1, Tr_2	MOSFET	MCH6448	オン・セミコンダクター	$V_{DS} = 20$ V, $I_D = 8$ A, $R_{DS} = 17$ mΩ
R_1	抵抗	MCR03ERTJ331	ローム	330 Ω, ± 5%, 1/10 W
R_2	抵抗	MCR03ERTJ222	ローム	2.2 kΩ, ± 5%, 1/10 W
C_1, C_2, C_3	コンデンサ	GRM188B11E104KA	村田製作所	0.1 μF, 25 V, B特性, ± 10%

MOSFETを制御しています．

面白いのは充放電電流を監視する方法です．Tr_1, Tr_2のオン抵抗を利用して監視します．MOSFET(のオン抵抗)を選定することによって，保護したい電流に設定できます．

● 専用ICを使う

保護ICにはMM3280シリーズ(ミツミ電機)を使用しています．過充電・過放電・過電流・ショート保護の検出をIC_1が行い，放電制御用MOSFETのTr_1と充電制御用MOSFETのTr_2を制御します．

ほかに電源を安定化したり，ノイズ耐性を上げたりするために，抵抗とコンデンサを用います．

全部で8個の部品だけでできる，とてもシンプルな構成です．

MM3280シリーズには，たくさんの種類が用意されています．使用用途にあった設定値を選ぶことができます．

充電回路の製作

● 充電の方式

リチウム・イオン蓄電池は，定電流定電圧という方式で充電します．

▶ステップ1：定電流充電
　まず一定の電流で充電する定電流充電から始まります．
▶ステップ2：定電圧充電
　定電流充電を続けて，規定電圧に到達した時点で，その電圧を保ちながら充電する定電圧充電へと切り替わります．充電電流がある程度まで下がった時点で終了します．

● 充電回路の仕様…そこそこの容量で長い期間使えることを目指す

現在は，とても便利で使いやすい充電制御ICが開発され，販売されています．今回はLT3650(リニアテクノロジー)を用いた充電回路を紹介します．

製作する充電回路の仕様を表4に示します．

今回の回路は，電池メーカが推奨する充電電圧4.2 Vより低い4.1 Vで構成しています．

電池の種類によって特性は変わりますが，リチウム・イオン蓄電池は基本的に，充電電圧を下げると公称容量より容量が下がります．その代わり充放電サイクル回数を多くできます．

電池を長く使えるというメリットから4.1 Vとしました．

● 必要な機能

充電回路は，定電流定電圧充電を行うほか，電池にやさしく安全に充電を行うために，いくつかの機能が盛り込まれています．

▶充電の基本動作
　充電開始時の電池電圧が規定値以上のとき，急速充電を開始します．規定値未満のときは前調整充電から開始します．
▶急速充電…定電流定電圧方式
　一定電流で(定電流)充電を開始し，電池電圧が充電電圧に達した後，その電圧を保ちながら(定電圧)充電を行います．
▶前調整充電
　充電電流を急速充電電流値の15 %まで低減させて充電を行います．目的は二つあります．

(1) 電池の故障確認
　小さい電流で充電を行い，規定時間以内に急速充電が行える電圧まで上昇するかを確認します．電池が故障し，電池内部でショートしている場合，電池電圧が上昇しにくいためこの方法で異常を検出できます．

LT3650を使った回路では，充電終了方法をタイ

表4 製作した充電回路の仕様

項 目	仕 様
充電電圧	4.1 V
充電電流	1.0 A
入力電圧	7.5 V 〜 10.5 V/2.0 A
使用環境	0 〜 40℃
急速充電機能	判定電圧：2.90 V以上
前調整機能	判定電圧：2.90 V未満
	充電電流：150 mA
	異常検出タイマ：22.5分
充電終了機能(どちらかの機能を回路で選択可能)	タイマ終了判定：3時間
	充電電流終了判定：0.1 A以下
再充電機能	判定電圧：4.0 V以下
その他	温度保護機能

マ終了判定にした場合のみ有効です．
(2)電池の劣化防止
　電池が過放電している状態で急速充電を行うと電池を劣化させます．それを防ぐために小さな電流で充電を行い電池にストレスを与えないようにします．

▶充電終了判定　その1…タイマ
　電池が満充電になった状態でも充電を止めず，電流を供給し続けると，電池が劣化します．それを防ぐため，満充電になったら充電を停止させる必要があります．
　充電を終了させる方法が2種類あり，どちらを採用するかを回路で選択できます．そのうちの一つがタイマ終了による方法です．
　急速充電を開始してから，規定時間が経過した時点で充電を終了します．規定時間とは，確実に充電が終了する時間です．

▶充電終了判定　その2…充電電流
　充電電流が規定以下になったとき，満充電になったと判定し充電を停止します．

▶その他の機能
　その他，再充電機能，温度監視機能，状態表示機能があります．

● 再充電機能
　充電が終了した後，電池電圧が規定電圧以下になったときに再び急速充電を開始します．電池の自己放電や電池に接続されている負荷で，消費されたエネルギを補い，電池の容量が全くなくなることを防ぎます．

● 温度監視機能
　NTC型サーミスタを使用し，電池の温度や周囲環境温度など監視したい対象が，規定温度範囲以外のとき，充電を一時停止します．規定温度範囲以内になった時点で再度充電を開始します．極度な温度環境での充電を禁止することで，電池の劣化を防ぐことが可能です．

● 状態表示機能
　2種類のLEDを用い現在の充電状態を表示することが可能です．LEDと充電状態の関係は表5のとおりです．

● 回路
　今回の1本用のリチウム・イオン蓄電池を充電するために設計した回路を図3に，部品表を表6に示します．前述の機能がメインIC 1個で実現できます．
　保護回路と同様にシンプルで多機能なICがすべての検出，制御を行います．充電電圧の設定はIC₁の内部で行っています．
　今回は4.1 VのICを選択しましたが，ギリギリまでたくさん電池のエネルギを取り出せるように4.2 V用もあります．
　2直列用(8.2 V/8.4 V)も用意されているので，同様の回路構成で使えます．

```
4.2 V充電：LT3650EDD‐4.2#PCB
8.2 V充電：LT3650EDD‐8.2#PCB
8.4 V充電：LT3650EDD‐8.4#PCB
```

　最大充電電流は2 Aで，充電電流は抵抗R_7で設定しています．設定したい充電電流から抵抗値を計算できます．

表5　充電状態をLEDで表示

LED‐CHAR	LED‐FAULT	状　態
OFF	OFF	充電停止（シャットダウン・満充電）
OFF	ON	電池故障（充電停止）
ON	OFF	充電中（急速充電・前調整充電）
ON	ON	規定温度範囲外（充電一時停止）

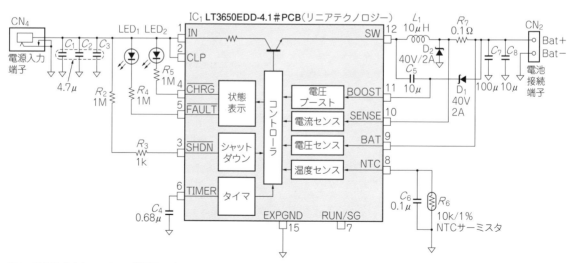

図3　手作りリチウム・イオン蓄電池モジュールの充電回路

表6 充電回路の部品

種類	形名	部品	メーカ名	備考
充電制御IC	LT3650EDO-4.1#PCB	IC_1	リニアテクノロジー	
コイル	IHLP2525CZER100M01	L_1	ビシェイ	$10\,\mu H$, ±20%, 3 A
ダイオード	SS2P4-M3/84A	D_1		ショットキー, 40 V, 2 A
	B240A-E3/61T	D_2		ショットキー, 40 V, 2 A
抵抗	MCR03ERTJ105	R_2	ローム	$1.0\,M\Omega$, ±5%, 1/10 W
	MCR03ERTJ102	R_3		$1.0\,k\Omega$, ±5%, 1/10 W
	MCR03ERTJ512	R_4, R_5		$5.1\,k\Omega$, ±5%, 1/10 W
NTCサーミスタ	103AT-4	R_6	石塚電子	$10\,k\Omega$, ±1%, B25/85 3435K
抵抗	ERJ-8BWFR100V	R_7	パナソニック	$0.1\,\Omega$, ±1%, 0.5 W
コンデンサ	GRM32ER71H475KA	C_1, C_2, C_3	村田製作所	$4.7\,\mu F$, 50 V, X7R特性, ±10%
	GRM188R61A684KA	C_4		$0.68\,\mu F$, 10 V, X5R特性, ±10%
	GRM188R71E104KA	C_6		$0.1\,\mu F$, 25 V, X7R特性, ±10%
	GRM21BR71H105KA	C_5, C_8		$1.0\,\mu F$, 50 V, X7R特性, ±10%
	GRM31CR60J107ME	C_7		$10\,\mu F$, 6.3 V, X5R特性, ±20%
コネクタ	B2B-PH-K-S(LF)(SN)	CN_2	JST	
	M04-440A0	CN_4	Marushin	

$R_7 = 0.1\,V/I_{max}$
I_{max}：設定したい充電電流［A］

抵抗と併せてコイルやコンデンサ，ダイオードの調整も必要です．

＊

リチウム・イオン蓄電池は危険！ という話をときどき聞きますが，実際には安全に使用するための工夫や技術がたくさん盛り込まれています．

ただ残念なことに市場には保護回路が搭載されていないものや，分解して手が加えられてまったく違う電池として販売されているものもあります．過酷で異常な環境下で使用されている場合があるのも実情です．

実際にはリチウム・イオン蓄電池はさまざまな電子機器で使用されており，このような誤った取り扱いをしない限り，とても使いやすい電池だと思います．

◆参考文献◆

(1) 中道 龍二；5 V/500 mA出力の充電式USBポータブル電源, 前編 充電回路と予備実験, トランジスタ技術2012年9月号, pp.165～171, CQ出版社.
(2) 中道 龍二；5 V/500 mA出力の充電式USBポータブル電源, 後編 専用ICによる残量検出, トランジスタ技術2012年11月号, pp.175～180, CQ出版社.

(初出：「トランジスタ技術」2014年1月号)

リチウム・イオン蓄電池を長もちさせる秘訣 　Column 2

生ものであるリチウム・イオン蓄電池は使い方に気をつけることで劣化の進行を遅らせることができます．以下に基本方針を示します．

● 長もちする充電環境

基本は次の三点です．

- 充電電圧は低め
- 充電電流は小さめ
- 環境温度は常温

特に充電電圧を4.2 Vより下げて充電を行うと，容量は少なくなりますが，サイクル回数を伸ばすことができます．目安として4.1 Vで充電を行うと容量は約10％少なくなりますが，サイクル回数が2倍以上伸びるというデータもあります．メーカや電池の種類によって異なります．

それから，充電電流は推奨電流の50％程度で，環境温度は高温でも低温でもなく常温で行うと劣化が抑えられる傾向にあります．

● 長もちする保管方法

リチウム・イオン蓄電池には推奨している保管温度範囲がありますが，低温で保管するのがおすすめです．

そのときの充電量は50％以下がおすすめです．自己放電量のほか，保存による劣化を抑えることができます．

ただし，充電せずにいつまでも保管できるわけではないので，定期的に充電して充電量を確保する必要があります．

第6章 2250 mAh リチウム・イオン2次電池と充電制御IC MAX8903で作る

5 V/500 mA 出力の充電式USBポータブル電源

中道 龍二 Ryuji Nakamichi

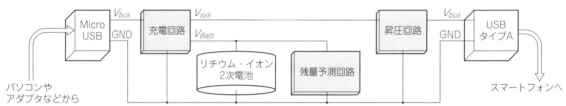

図1 充電式USBポータブル電源の構成

 iPhoneやAndroid端末などのスマートフォン（通称スマホ）は，従来のケータイよりもネットワーク回線に接続する頻度や送受信する情報量が非常に多いため，消費電力がかなり多くなっています．1000 mAh（2012年6月執筆時点）を超える大容量の2次電池を搭載するのが一般的ですが，それでも1回の充電では1日もたないこともよくあります．

 本章では，保護回路付き18650サイズ（直径18 mm，長さ65 mm）2250 mAhリチウム・イオン2次電池モジュールを使って，写真1に示すようなUSB充放電対応のポータブル電源を製作しました．スマホの予備用電源などに使えます．製作物で実験しながらリチウム・イオン2次電池の充電制御や電池の残量管理などについて解説します．

製作した充電式USB ポータブル電源の仕様

 まずは充電回路，昇圧回路について説明します．製作する充電式USBポータブル電源の仕様を表1に，構成を図1に示します．

● 特徴1：USB充電電流は500 mA

 今回製作する外付けバッテリ回路では充電用の電源は，スマホに添付されているACアダプタの出力（USBタイプA）を同様に添付されているUSBケーブル（Micro USBに変換）を使用して本機に供給します．iPhoneの場合にはUSBケーブルが異なるので別途家電量販店などで購入してください．

 ACアダプタの出力容量は1 A以上のものも多いですが，本企画ではUSB2.0の最大バス電流が500 mAであることも考慮して充電回路側で入力電流を

表1 製作した充電式USBポータブル電源の仕様

項 目	仕 様
入力	Micro USB，5 V/500 mA
充電回路	降圧型DC-DCコンバータによる定電流定電圧（CCCV）充電
2次電池	保護回路付き18650型リチウム・イオン2次電池1セル　公称電圧3.6 V/容量2250 mAh
昇圧回路	昇圧DC-DCコンバータにより電池電圧を5 Vに変換
出力	USBタイプA　最大出力電流1 A以上

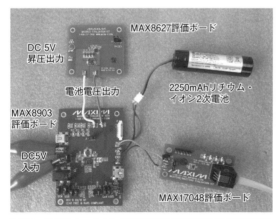

写真1 リチウム・イオン2次電池の充放電制御を予備実験するために製作した充電式USBポータブル電源．USB充放電できる

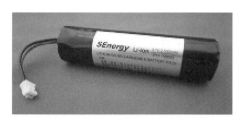

写真2 保護回路＆接続コネクタ付き18650サイズ・リチウム・イオン2次電池を使う
Senergy社製 SSP-L．ショートや逆接続などの保護回路が内蔵されている

ショートや逆接続などの保護回路が内蔵されており，電池容量も2250 mAhあります．充電効率を考慮してもスマホ1回ぶんの充電を十分にまかなえる容量です．

リチウム・イオン2次電池の実用動作電圧範囲は一般的に3～4.2 Vなので，これを昇圧型DC-DCコンバータにて5 Vに戻してUSBタイプAのコネクタで出力します．最大出力電流は1 Aです．

500 mAに制限することとします．

● 特徴2：2250 mAhのリチウム・イオン2次電池使用

リチウム・イオン2次電池は，過充電や過放電で電池の劣化が起こります．場合によっては発火，破裂に至る危険性があるため，専門メーカにてちゃんと設計された保護回路が必須です．取り扱いには細心の注意が必要です．

また，セルの端子に直接リード線などをはんだ付けすることは絶対に行ってはいけません．はんだ付け時の熱で電池内部が短絡して発火，破裂することがあります．

今回は写真2に示す保護回路＆接続コネクタ付きの18650サイズ1セル円筒型リチウム・イオン2次電池SSP-L（Senergy社）を入手しました*1．

*1：2016年6月時点でSenergy社より入手可能な電池は下記のとおり．
P11-18650STD-C（産業用，PSE非対応，2150 mAh）
P11-18650STD-B（一般用，PSE対象外，1450 mAh）

必修！リチウム・イオン電池の充電方式

● 電流や電圧を監視しながら充電しないとえらいことになる！

リチウム・イオン2次電池の基本的な充電方式は定電流定電圧充電です．

リチウム・イオン2次電池は，満充電電圧を50 mV以上超えると，電池内部の溶媒が分解してガスが発生し，危険です．定電流で急速充電を行い，満充電電圧になったら定電圧充電に切り替えます．CCCV（Constant Current Constant Voltage）充電とも呼ばれ，図2のように電圧と電流を監視しながら充電します．

図3に充電時の電流と電圧の変化を示します．リチウム・イオン2次電池は，充電時に次の2点を超えてはいけません．

- 充電電流：セルの許容値
- 充電電圧：4.2 V×セル直列数

今回は1セルのリチウム・イオン2次電池を使うので，充電電圧が4.2 Vになるまでは，セルが許容できる値で定電流充電し，充電電圧が4.2 Vになったらそれを超えないように定電圧充電を行います．

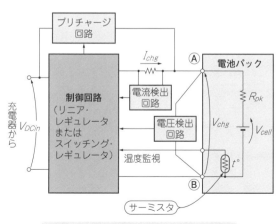

R_{pk}：セルの直流抵抗を除くパックの直流抵抗
V_{cell}：4.2V/セル×セル直列数

図2 リチウム・イオン2次電池の充電回路の基本構成
電圧と電流を監視しなくてはいけない

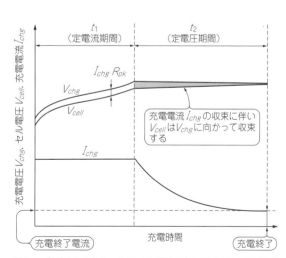

図3 一般的なリチウム・イオン2次電池の充電電圧/充電電流特性
4.2 V（直列1セル当たり）になるまでは定電流充電を行い，4.2 Vになったら定電圧充電を行わないといけない

図3のt_1は定電流で充電される期間です．

$$V_{chg} = (I_{chg} \times R_{pk}) + V_{cell}$$

ただし，V_{chg}：定電圧制御電圧［V］，I_{chg}：充電電流［A］，R_{pk}：電池パックの直流抵抗（除くセルの直流抵抗）［Ω］，V_{cell}：電池電圧［V］．

になるまでこの領域です．

その後，t_2の期間は定電圧充電での電池の電圧が上昇するに従い，充電電圧が一定になるように充電器側が制御するので，充電電流が徐々に絞られていきます．

■ 要求される監視・制御回路

● その1：充電電圧の監視・制御回路…±50 mVの精度がないと過充電で壊れるかもしれない

定電圧に制御するための電圧検出ポイント（図2のⓐ，ⓑ点）は極力電池に近づけます．定電圧制御もセルあたり±50 mV以下の精度とします．

正確な充電電圧が電池に印加されない場合，充電時間が長かったり，期待する容量まで充電できなかったり，電圧が高すぎると過充電になったりする危険があります．

● その2：充電電流の監視・制御回路…充電電流が容量値の5～10％になったら充電を止める

充電の終了判断は0.05～0.1 Cが一般的のようです．ここで言うCというのは充放電の電流レートのことで1 C＝定格容量値（今回の場合2250 mAh）と同じ充放電電流値となります．

もっと簡単に充電終了判断する方法として，定電圧に移行してから規定時間経過したら充電終了という方式もあります．この場合は電池の特性を十分に見極めたうえで時間を設定しなければなりません．

● その3：電池パック温度を監視する内蔵サーミスタ…異常は温度で判断する

電池の充電に使用する直流電源回路にはスイッチング方式，リニア・レギュレータ方式があります．後者は充電器からのDC電圧と充電電圧の差分だけトランジスタやMOSFETで損失があるため，充電効率が悪くなります．損失による発熱が問題となる場合があります．

図2の電池パック内蔵サーミスタは，充電中の電池の温度を監視します．リチウム・イオン2次電池は通常は充電中にほとんど発熱しないはずですが，万が一電池内部でショートなどが発生した場合，そのまま充電を続けると発熱するので監視しておかないといけません．最悪の場合は発火や破裂の危険性があります．

電池周辺回路から発生する熱でも電池は温められます．例えば充電用リニア・レギュレータなどです．電池が定格温度（一般的に充電時50℃前後）以内であるかの監視もこのサーミスタで行います．

● その4：異常バッテリを検出するプリチャージ回路…急速充電による異常発熱を避ける

異常に電圧の低下した電池に急速充電の電流を流すと，電池が劣化している場合には，異常発熱する恐れがあります．

それを回避するために，充電器に電池を接続したときにまず図2のプリチャージ回路をONします．電池電圧がある程度上昇するかどうか（セルあたり2.5～3.0 V）この回路で充電を行い見極めます．このときの充電電流は0.05～0.1 C程度とします．

充電回路の作り方

● ワンチップ充電IC MAX8903を使う

以上説明した充電制御を実現するために，今回はMAX8903H（マキシム・インテグレーテッド・プロダクツ，以下マキシム）を使用します．図4に内部ブロックを示します．

このICはワンチップで次の回路を内蔵しています．

- 降圧型DC-DCコンバータ充電回路（スイッチング周波数：4 MHz，制御方式：PWM，最大充電電流：2 A）
- リニア充電回路（最大充電電流500 mA）
- 入力電流制限回路
- 充電電流制限回路
- 電池温度監視回路
- 電池への充電とシステムへの電流供給を最適制御する回路
- 各種動作モニタ用LEDドライバ出力

パワーMOSFETも内蔵しているので，充電回路は外付けでコイルを付けるだけです．非常に少ない外付け部品で済みます．リチウム・イオン2次電池の充電回路には便利です．

図5が実際のリチウム・イオン2次電池充電回路です．MAX8903は降圧型DC-DCコンバータとリニア・レギュレータの2系統の充電回路を搭載しています．今回の仕様は最大充電電流500 mAが設定できるリニア型でも問題ありませんが，将来的に充電電流を500 mA以上に変更して急速充電できる余地を残すためDC-DCコンバータを使用することにしました．

● 充電ICの周辺回路

▶電流制限値の設定

R_7は入力電流を制限しACアダプタの過電流を防ぎます．次の式によって求めます．今回は500 mAに設定するため12 kΩとしました．

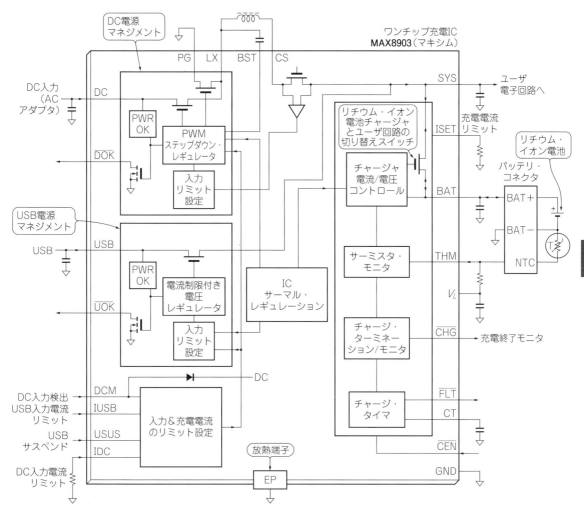

図4 リチウム・イオン2次電池充電IC MAX8903の内部ブロック

$$R_7 = 6000/I_{dc} \tag{1}$$

▶充電電流の決定

R_8は急速充電時の充電電流を設定します．次の式によって求めます．今回は500 mAに設定するため2.4 kΩとしました．

$$R_8 = 1200/I_{chg} \tag{2}$$

▶インダクタンスの決定

今回は入力をUSBに限定して充電電流を500 mAにしています．今後の拡張性を考えて1 A以上の能力をもたせられるように，降圧型DC-DCコンバータの要となるインダクタL_1に1 μH(3.5 A品)を選びました．

インダクタは，表2に示すように，入力電圧範囲と最大充電電流によって推奨のインダクタンス値や電流容量が異なります．選択方法は参考文献(2)に詳細な説明があります．

● 電池パック内蔵過熱保護用サーミスタの種類確認

リチウム・イオン2次電池は低温または高温で充電すると劣化が著しくなります．そのためバッテリの温度を監視し，低温または高温で充電を停止する必要が

表2 ワンチップ充電IC MAX8903のLXとCS間には最大充電電流によって1μ～2μHを付ける

DC入力電圧範囲	充電電流	推奨インダクタの例				
		インダクタンス値	飽和電流	直流抵抗	型名	サイズ [mm]
4.5 V～5.5 V	2 A	1 μH	2.3 A	54 mΩ	LQH32PN1R0-NN0(Murata)	3.2×2.5×1.55
4.5 V～5.5 V	1 A	1.5 μH	2.2 A	72 mΩ	IFSC1008ABER1R5M01(Vishay)	2.5×2×1.2
10.8 V～13.2 V	2 A	4.3 μH	2.0 A	84 mΩ	DEM4518C，1235AS-H-4R3M(TOKO)	4.7×4.5×1.8
10.8 V～13.2 V	1 A	6.8 μH	1.34 A	144 mΩ	LQH44PN6R8MP0(Murata)	4.0×4.0×1.65

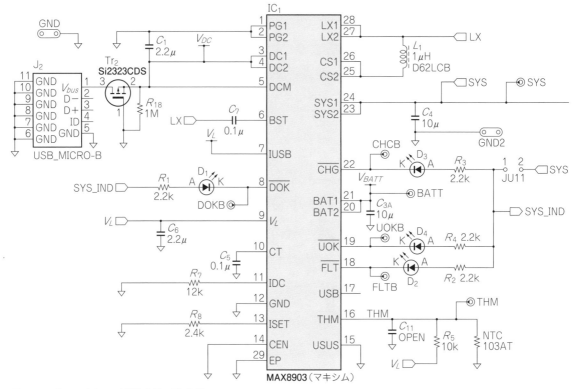

図5 リチウム・イオン2次電池充電&昇圧回路

あります.

今回使用するMAX8903では，使用するサーミスタによって**表3**に示す通り，温度制御しきい値が異なります．今回はβ定数＝3250Kのサーミスタを使用しますので，$-1℃～+53℃$が充電可能な温度範囲となります．

● LEDインジケータ

次のLEDをインジケータとして用意しました．
　D_1：USB入力より電圧が供給されると点灯
　D_2：予備充電または急速充電タイマが作動し充電が異常終了すると点灯
　D_3：充電中に点灯

● その他

ICのUSB入力ピンは今回未使用なのでオープンとします．USB入力コネクタとICのDC入力との間のPチャネルMOSFET Tr_2は入力逆接続時のIC破壊防止用です．

制御IC MAX8903の充電時の動作

図6にMAX8903の充電の状態遷移を示します．以下に各ステートの概要を説明します．

表3 サーミスタのタイプで充電可能な温度範囲が違う（β定数による充電可能温度範囲）

サーミスタβ [K]	3000	3250	3500	3750	4250
R_{TB} [kΩ]	10	10	10	10	10
抵抗(@ +25℃) [kΩ]	10	10	10	10	10
抵抗(@ +50℃) [kΩ]	4.59	4.3	4.03	3.78	3316
抵抗(@ 0℃) [kΩ]	25.14	27.15	29.32	31.66	36.91
ホット・トリップ温度 [℃]	55	53	50	49	46
コールド・トリップ温度 [℃]	-3	-1	0	2	4.5

● 充電動作

▶予備充電：電池に異常がないかチェックする

ICに電源が接続されると，電圧が異常に低下した電池でないかどうかを確認するために，I_{chg}で設定した充電電流の1/10で充電を開始します（プリチャージ）．電池電圧が3V以上になると急速充電に移行します．

もし，次の式で求められる時間内に急速充電に移行しないと，D_2を点灯して充電を中止します．

$$t_{PREQUAL} = 33分 \times C_5/0.15 \cdots\cdots (3)$$

▶急速充電：設定電流で充電する

I_{chg}で設定した充電電流で充電します．もし，次の式で求められる時間内に急速充電に移行しないと，D_2を点灯して充電を中止します．

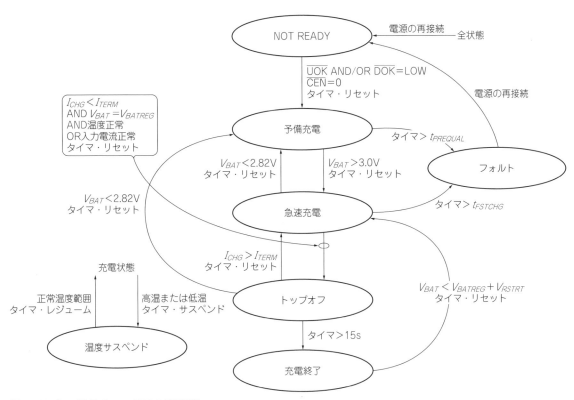

図6 ワンチップ充電IC MAX8903の状態遷移
プリチャージで電池に異常がないことを確認できたら急速充電を始め，満充電になったら充電を止める．タイムアウトしたり温度が高くなったりしたら充電を止める

$$t_{FST-CHG} = 660分 \times C_5/0.15 \cdots\cdots\cdots\cdots (4)$$

満充電電圧である4.2Vに達するまでは定電流で急速充電し，4.2Vになったら定電圧充電に切り替わるように，ICで自動制御されます．

● 満充電による充電終了
▶ トップオフ・モード
急速充電中に電池電圧が4.2V以上になり，かつ充電電流がI_{chg}の1/10以下になるとこのモードに移行します．
▶ 充電終了
トップオフ・モードに15秒間滞留すると，満充電と判断し充電終了です．

● エラー
▶ フォルト：タイマによる中止
予備充電タイマまたは急速充電タイマが作動すると充電を中止します．復帰は入力のUSBケーブルの挿抜です．
▶ 温度サスペンド：温度による中断
サーミスタで測定した電池温度が範囲を超えると，このモードに入ります．温度が正常範囲になるまで充電を中断します．

● その他…IC自身の熱制限
MAX8903はチップ温度が100℃を超えると熱制限回路が充電電流を5%/℃の勾配で低減して，120℃になると充電電流を0にします．

3.0～4.2Vから5.0V一定を出力する昇圧電源回路

● バッテリ出力用昇圧DC-DCコンバータICを使う
1セル・タイプのリチウム・イオン2次電池の出力電圧範囲は3～4.2Vです．これをUSB電圧である5Vの定電圧に変換するために，昇圧型DC-DCコンバータ回路を用います．ここではMAX8627(マキシム)を使用します．このICの特徴は次の通りです．

- 同期整流型
- スイッチング周波数1MHz
- PWM制御
- 制御用パワーMOSFET内蔵
- 最大効率95%
- 最大出力電流を1Aまで調整可能
- 外部から制御可能なシャットダウン制御ピン

図7に内部ブロックを，図8に実際の回路を示します．

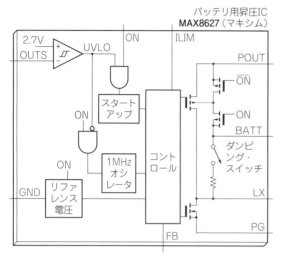

図7 昇圧DC-DCコンバータIC MAX8627の内部ブロック

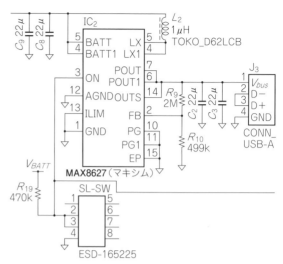

図8 リチウム・イオン2次電池の出力(3.0～4.2V)を5Vに昇圧する電源回路

● 昇圧DC-DCコンバータIC周辺部品

▶出力電圧の設定

R_9とR_{10}で出力電圧を設定します．このICはR_{10}の値を500 kΩとする必要があるため，499 kΩとしました．下式によりR_9を算出します．

$$R_9 = R_{10} \times (V_{out}/V_{fb} - 1) \cdots\cdots (5)$$

ここでV_{fb}はI_Cの基準電圧源の電圧で1.015 Vとします．

▶出力電流の制限

データシートに記載の通りILIMピンをPOUTとのGND間で抵抗分圧して接続すると，出力電流を最大3.5 Aで調整できます．今回はILIMピンをGNDに接続し，最大値(3.5 A)に設定しました．

▶インダクタの選択

一般的な昇圧型DC-DCコンバータと同様，次の式から直流インダクタ電流の1/2にピーク・ツー・ピーク・インダクタ電流リプルを設定する妥当なインダクタンスを得ることができます．

$$L = 2 \times V_{batt} \times D \times (1-D)/I_{out(max)} \times f_{sw} \cdots\cdots (6)$$

ここでf_{sw}はスイッチング周波数(1 MHz)，Dは次式で求められるデューティ係数です．

$$D = 1 - (V_{batt}/V_{out}) \cdots\cdots (7)$$

上式により得られたインダクタンスを使用することでピーク・ツー・ピーク・インダクタ電流リプルは$0.5 \times I_{out}/(1-D)$，ピーク・インダクタ電流は$1.25 \times I_{out}/(1-D)$となります．インダクタの飽和電流定格はこの値を十分に上回るものを選定します．

MAX8627では1μ～4.7 μHのインダクタンス値を推奨しています．今回は1μHで飽和電流3.5 AのD62LCB(TOKO)を使用しました．

● ICの評価ボードによる予備実験

実験回路基板を製作する前に，充電IC MAX8903とバッテリ用昇圧DC-DCコンバータIC MAX8627の

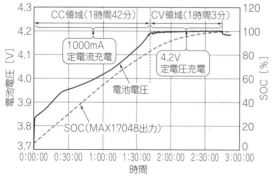

図9 ワンチップ充電IC MAX8903を使った2250 mAhセルの1000 mA急速充電の予備実験
1セルの最大電池電圧4.2 Vになるまで定電流で充電し，4.2 Vになったら定電圧充電に切り替える

(a) 電池残量 4%，負荷500mA

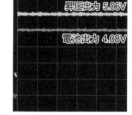

(b) 電池満充電，負荷500mA

図10 電池残量がほぼ空(4%)のときに500 mA出力しても出力電圧は5 Vに保たれている(MAX8627出力波形)

評価ボードを接続し，動作を確認しました．

写真1に接続写真を示しました．図9は入力にDC電源を使用し，1A充電を行ったときの電池電圧の変化です．後述する残量検出IC MAX17048による電池残量(SOC)の計測結果も併記してあります．

図10は電池残量が4%時と満充電時にMAX8627から500mA出力したときの波形です．電池が空のときもフルのときも出力電圧が5Vが保たれています．

従来の残量管理

● 最も単純な残量検出方式…電池電圧を測る

従来の携帯電話などは，図11に示すように電池電圧をA-Dコンバータで測定して電池残量を判断していました．

しかし電池電圧は，図12のように負荷や温度の変化により同じ電池残量でも変化します．この方式では正確な残量を予測することは困難で，例えば3段階のバー・グラフで電池残量を表示できる程度の精度しかありませんでした．

また，この方式では電池に出入りする電流は不明なので，絶対値としての電池残量(mAhまたはWh)を管理することはできません．

● 電流を積分して電池残量を把握する

電流積分とは充放電電流を常に測定し，これを積分してクーロン値(Q)を算出する方式です．図13に示すような高精度の電流検出抵抗と電流検出アンプが必要となります．この抵抗に流れる充放電電流での損失(I^2R損失)は，電池にとって無効電力となります．抵抗値は極力低いことが望ましく，モバイル用途では一般的には5mΩ～50mΩが使われています．

基板パターンでの電圧降下による充放電電流の測定誤差を極力小さくするためには，電流検出抵抗からアンプへは充放電電流が流れるパターンと分けて配線します(4端子配線)．1mA～数Aの範囲でできるだけ正確に電流を測定する必要があります．電流検出アンプには次の性能が求められます．

- 広いダイナミック・レンジ
- 低ノイズ
- 低オフセット
- 低ゲイン誤差
- 低直線性誤差

この方式では電池に出入りする電流量を常にモニタしているので，電池残量の絶対値(mAhまたはWh)

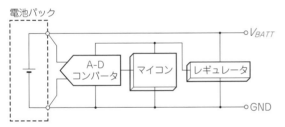

図11 最も単純な残量検出方式…A-Dコンバータで電池電圧を測る

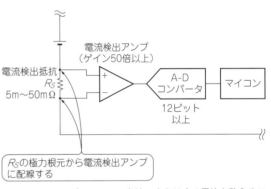

図13 ノート・パソコンでは主流…出入りする電流を数えることで残量を把握する電流積分方式

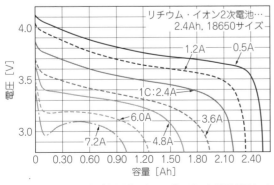

(a) 要因1…負荷電流が違えば電池電圧が同じでも残量が異なる

図12 電池電圧を測るだけでは電池残量を予測できない

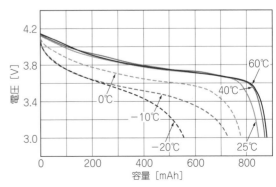

(b) 要因2…温度が違えば電池電圧が同じでも残量が異なる

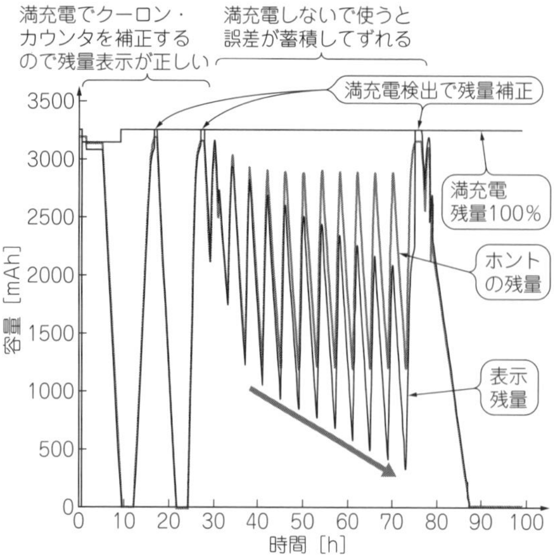

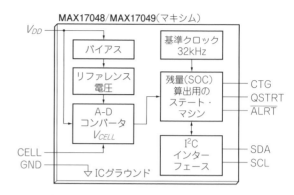

図15 残量管理IC MAX17048の内部ブロック

図14 満充電時に積分値を補正することで誤差の蓄積を防ぐ
ノート・パソコンで誤差が蓄積し，満充電時に補正した例

写真3 残量検出IC MAX 17048を使えば電池電圧を測るだけで残量が％刻みでわかる！

で残量が管理できます．

ノート・パソコンの電池残量管理ではこの方式が主流でありマイコンと組み合わせて使用されWindows搭載のノート・パソコンでは％刻みの電池残量情報をユーザに提供しています．

▶弱点…誤差が蓄積する

ただし，この方式においても長期間にわたって満充電をしないまたは十分に放電をしないで充電と放電を繰り返した場合，電流検出アンプの微小な誤差が蓄積されます．

例えば，充電と放電でゲイン誤差がわずか0.1％であっても，50サイクル充放電を繰り返すと実際の電池残量とクーロン・カウンタが積算する残量には5％の差が発生します．

▶対策…電池電圧と組み合わせて判断する

この誤差を修正するため，ノート・パソコンの電池残量管理では電圧情報も参照して残量データの補正を適宜行っています．

図14は，あるノート・パソコンのバッテリで満充電させずに充放電を繰り返すと徐々に表示残量が低下し，そのあとに満充電させると突然残量補正が発生した実例です．

専用ICによる残量検出

● 電池電圧だけでちゃんと残量が算出できる

スマホなどに実際に搭載されている残量管理IC MAX17048（マキシム）の内部ブロックを図15に，外観を写真3に示します．電池電圧を測定する高精度A-Dコンバータ，正確なリアルタイム・クロック，電池電圧から残量を予測するためのアルゴリズムを搭載したステートマシン，I^2Cインターフェースで構成されています．

図12で示したとおり電池の放電電圧特性は非線形です．電池から実際に取り出せるエネルギは，放電電流や温度，劣化度合いなどによっても変化します．これは電池がもつ内部インピーダンスが主要因です．

残量管理専用ICのMAX17048は，内部に電池電圧と残量の関係を表す「バッテリ・モデル・データ」をもち，非線形な電池電圧の変化をリアルタイムに比較しながら残量を予測しています．

● あらかじめ電池のデータをもたせておく

最良の残量精度を求める場合には，使用する電池に合ったバッテリ・モデル・データをI^2Cインターフェースでロードする必要があります．今回はデフォルト・モデルをそのまま使用します．

図16はGSMのバースト放電を模擬したパルス放電実験におけるMAX17048の電池残量（SOC；State of Charge）出力です．

電池電圧しか入力していませんが，電池電圧が最大0.4V変化してもIC内で残量推定アルゴリズムを使ってちゃんと残量を検出できています．

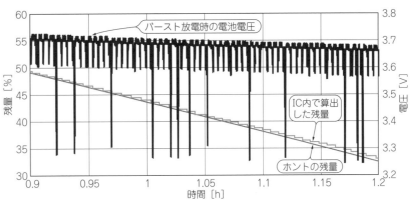

図16 残量管理IC MAX17048は電池電圧が変化しても内部アルゴリズムとあらかじめ用意しておいた電池モデルからちゃんと残量を算出できる
GSMバースト放電パターンでの電池電圧変化とMAX17048のSOC出力. 緑色は理想のSOC下降パターン

● 残量算出のキモ…独自のアルゴリズムで無負荷開放電圧を算出することで残量を求めている

任意の時点で測定された電池電圧には，複数の残量値が当てはまり得ます．電池電圧には時間要因，OCV，負荷，温度，劣化度合い，内部インピーダンスなどいろいろな要因が含まれるためです．

電池電圧のみで残量を精度良く推定することは，先に述べたように困難です．図17では例えば充放電中の電池電圧が3.81 Vのときにとり得る残量値の一例を示していますが，2%〜72%と非常に広い範囲となります．

MAX17048は独自のアルゴリズムとバッテリ・モデルにより測定した電池電圧から電池の無負荷開放電圧（OCV；Open Circuit Voltage）を継続的に算出しています．これはOCVと残量の間には強い相関関係があるからです．言い換えると，ある残量値には一点のOCV電圧が当てはまることになり，残量が正確にわかることになります．

● 温度補正できる

すでに述べたように電池の残量は温度によっても影響を受けます．残量管理IC MAX17048はこれを補正するレジスタを搭載しています．I^2Cインターフェース経由でこのレジスタ値を変化させれば低温（10℃以下）での残量予測精度が上がります．図18にこの機能を使用した場合の効果を示します．ただし，今回の回路製作ではこの機能は使用していません．

残量管理ICを使った回路

残量管理IC MAX17048を使った回路を図19に示します．このICは電流検出抵抗を使用せず，測定した電池電圧から独自のアルゴリズムで精度の高い残量予測を行っています．

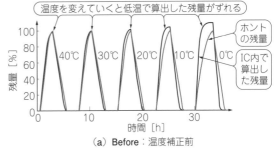

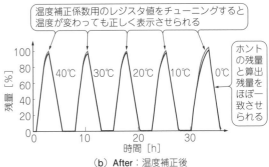

図18 残量管理ICは温度補正係数を設定できるので低温での予測精度を上げられる

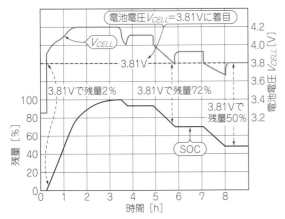

図17 電池電圧は残量を表していない
電池電圧が3.81 Vでも残量は2%〜72%までとり得る

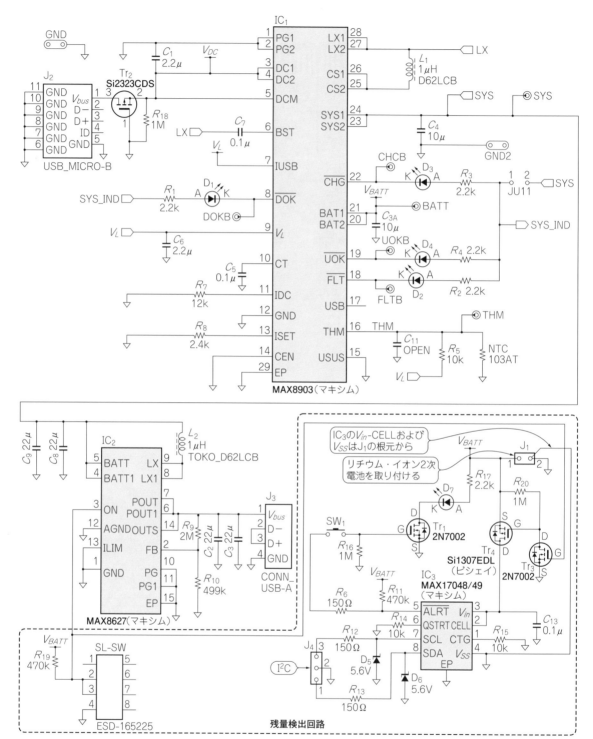

図19 充電式USBポータブル電源の回路

● ここが重要！…ICと電池間の配線の注意点

V_{in}とCELLピンとV_{SS}への接続は，図19に示すように電池コネクタの根元で行ってください．充放電電流が流れる経路の途中からICへの接続を行うと，電流が大きいときに基板パターンでの電圧降下が起きます．正確な電池電圧が測定できず残量予測に誤差が発生します．

表4 MAX17048の代表的なレジスタ

アドレス	レジスタ名	LSB値	説　　明	R/W	データ長	初期値
0x02	V_{CELL}	78.125 μV	電池電圧	R	2バイト	—
0x04	SOC	1/256%	電池残量	R	2バイト	—
0x0C	CONFIG	—	動作設定	R/W	2バイト	0x971C
0x0E	STATUS	—	アラーム・ステータス	R	2バイト	0x1Cxx

● アラーム出力

MAX17048にはオープン・ドレインのアラーム出力があり電池残量が4%未満になるとLowにアサートされます．この機能を電池残量チェック用に利用し，SW_1を押したときに電池残量が4%以上ならばLEDのD_7を点灯しUSB出力可能であることを表示します．

● ICのリセット

一度アラーム出力がアサートされると充電して電池残量が4%以上になってもアラーム出力は解除しません．そこでもう一つのスイッチ(SW_2)でTr_3，Tr_4を動作させICをリセットする機能を設けました．SW_1を押してもLEDが点灯しなくなったら，電池をUSB経由で5分～15分ほど充電してから一度SW_2を押してICをリセットしてください（次に述べるI²C通信経由で内部レジスタをクリアすればアラーム出力を解除できる）．

● I²C通信インターフェース

I²CインターフェースでIC内部のデータを読み出すことができます．代表的なレジスタを表4にまとめました．3ピン・ヘッダJ_3からI²C搭載の安価なマイコンにつなげば，MAX17048内部でもっている%刻みの残量データやセル電圧データを読み出せます．残量表示に利用したり使用する電池の温度特性を補正したりすることも可能です．

▶残量管理ICの中身をチェックするI²C通信ツールもメーカが用意している

製造メーカのマキシムは，I²C通信でMAX17048の

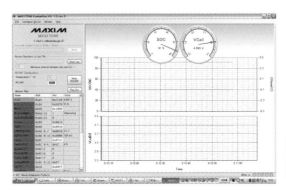

図20 残量検出状態をパソコンからチェックできるソフトウェアをメーカが用意している
MAX17048通信ツールによる内部データモニタ画面

内部データを取り込み，USB経由でパソコンに表示するハードウェアとソフトウェアを提供しています．図20はMAX17048の内部データをパソコンに表示した例です．

製作した回路基板と実験結果

充電式USBポータブル電源の全体回路は図9，部品実装した基板が写真4です．

● 実験1…USBによる充電波形

図21のとおり，500 mAで定電圧定電流(CCCV)充電できています．充電時間は使用した電池モジュールの場合で5時間となりました．

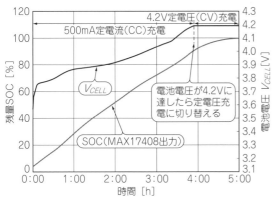

図21 2250 mAh電池モジュールを500 mAで充電したときの電池電圧と残量SOCの変化

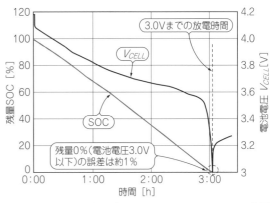

図22 2250 mAh電池モジュールをUSB出力より500 mA定電流で放電したときの電池電圧とSOCの変化

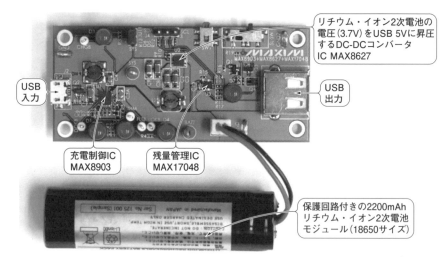

写真4 2250 mAhリチウム・イオン2次電池を使った5 V/500 mA出力の充電式USBポータブル電源

● 実験2…USB 5 V, 500 mA定電力出力時の残量表示精度

USBのV_{BUS}出力は定電圧であるため，電池から見ると定電力負荷となります．

使用した2250 mAhセルの平均電池電圧を3.7 Vとし，昇圧コンバータの効率を考慮しない場合の電池電圧が3 Vに達するまでの概算放電時間は(2250 mAh×3.7 V)÷(500 mA×5 V) = 199.8分となります．図22のとおり実験結果では183分放電可能でした．出力段の3.7 V→5 V昇圧コンバータの効率は平均91.6％で十分に実用範囲です．

また残量SOCの誤差はなんと1％以下でした．今回使用した2250 mAhの電池セルとの組み合わせではMAX17048内蔵のデフォルトのバッテリ・モデルでも十分に実用に耐える残量管理精度が得られました．

● USB出力からスマホへの充電

USB出力をいろいろなスマホへ接続してみました．動作確認できた範囲ではiPhone4S，iPad，日本製スマホ，ポケットWi-Fiなどすべて正常に充電できました．例えばiPhone4Sへの充電では1回ぶんフル充電できました．ただし，USB出力を500 mAに制限しているので，正規のACアダプタ使用時より充電時間がかかります．

◆参考文献◆
(1) 中道 龍二；第2-2章 リチウム・イオン充電回路の実用知識，電池応用ハンドブック，CQ出版社．
(2) MAX8903データシート，Maxim Integrated Products Inc..
(3) MAX8627データシート，Maxim Integrated Products Inc..
(4) MAX17048データシート，maxim integrated.

(初出：「トランジスタ技術」2012年9月号/11月号)

第7章 USBホスト付きマイコンとAndroidアプリのプログラミング

フルカラー&タッチ式！スマホ充電モニタ&リチウム・イオン・チャージャ

後閑 哲也 Tetsuya Gokan

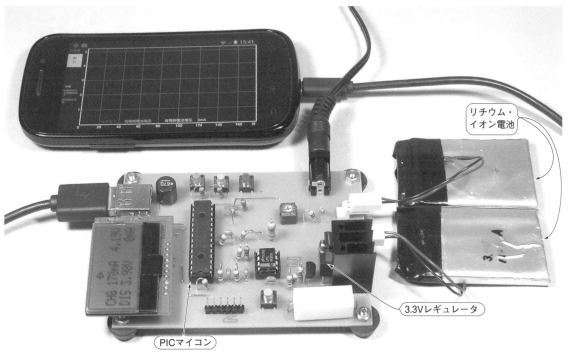

写真2　完成した充放電器の全体の外観

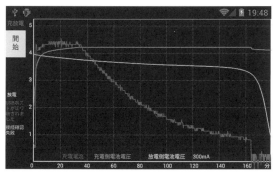

写真1　電池の充電/放電特性グラフ

　本章では，スマートフォンとそれに接続するUSBホストの外付け回路「アクセサリ」の開発の仕方を説明します．アクセサリには，PICマイコンでUSBホスト機能をもつ16ビットのPIC24Fファミリを使います．

　実用的なアクセサリということで，リチウム・イオン蓄電池の充放電器を製作することにします．

　筆者は日ごろPICマイコンで多くの機器を製作していますが，安価に市販されているリチウム・イオン蓄電池(LAB503759C2)をよく使います．この電池には充放電制御回路が内蔵されていないので充電器を自作して使っているのですが，常に本当に充電されているか，放電特性は十分なものかが曖昧で不安を感じていました．

　そこで，電池の特性を確実にわかるようにするためには写真1のようなグラフで充放電状態を知ることができればよいと思い，今回の充放電器を製作しました．

　スマートフォンで充放電の経過をグラフ表示できる

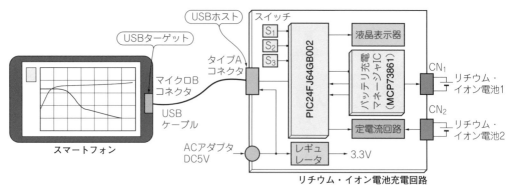

図2 充放電器システムの全体構成

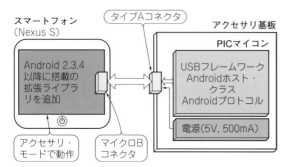

図1 アクセサリの基本構成

ので，バッテリの状態を正確に確認しながら，安心して使うことができます．完成した充放電器の全体は**写真2**のようになります．

システムの概要と全体の構成

● システムの基本構成

スマートフォンにアクセサリを接続したシステムの基本構成は，**図1**のようになります．

PICマイコン機器をアクセサリとしてUSBホストとして作成し，スマートフォンはUSBアクセサリ・モードで動作するUSBデバイスとします．

スマートフォンにはAndroid 2.3.4に拡張ライブラリ（オープン・アクセサリ・ライブラリ）を追加して，アクセサリ・モードで動作させます．

アクセサリ側のファームウェアは，USBのホスト・モードで，「アンドロイド・ホスト・クラス」と「アンドロイド・プロトコル」を搭載して構成します．このアンドロイド・プロトコルが，アクセサリに必須のアンドロイド・アクセサリ通信プロトコルをサポートしています．

このアクセサリの開発には，アクセサリ側のハードウェア開発とファームウェア開発，さらにスマートフォン側のアプリケーション・プログラム開発の3ステップが必要となります．

● 充放電器の全体構成と機能仕様

リチウム・イオン蓄電池用の充放電器の全体構成は**図2**のようにしました．グラフ表示をスマートフォン側で行うこととし，充電，放電の経過をグラフ表示します．

アクセサリ側では，充電と放電は独立の回路とし，2個のコネクタで電池をそれぞれに接続することとします．そして同時動作も可能とします．

また，液晶表示器を接続し，常時計測値を数値で表示します．スイッチで動作の開始/停止ができるようにし，アクセサリ単体での動作もできるようにします．

充電は，リチウム・イオン充電制御用の専用ICを使うことにしました．これにはマイクロチップ・テクノロジー社のMCP73861を使っています．放電には，OPアンプとトランジスタで構成した定電流回路を使います．

この充電と放電の間の，充電側の電池電圧と充電電流，放電側の電池電圧を常に計測し，15秒ごとにPIC内のメモリに保存します．

スマートフォンはアクセサリが動作中いつでも接続/切り離しができるものとし，接続した時点で自動的にアプリケーションを起動し，開始ボタンをタップした時点で，アクセサリ側に保存されている計測データをすべて取得してグラフで表示します．そのほかの機能は**表1**のようにします．

● USB通信データ・フォーマット

この機能を実現するためのUSB通信データのフォーマットを**表2**のようにします．

スマートフォンからは常時64バイトで送信し，アクセサリ側からは必要なバイト数のみ送信するものとします．

表1 充放電器の機能一覧

機能項目	機能内容，仕様	備　考
電源	DC5 Vで2 A以上のACアダプタ 　　最大消費電流：約1 A	USBにはこの5 Vを直接供給するので安定化されたDC5 Vである必要がある
スイッチ	Reset：PICマイコンのリセット S_1：充放電開始/S_2：放電電流設定変更(サイクリック切り替え)/S_3：充放電停止	
液晶表示器	計測値を常時表示 充電電流，充電側電池電圧，放電側電池電圧，設定放電電流	表示フォーマット 　CHG xxxmA　x.xxV，DIS x.xxV　xxxmA
充電機能	1セル・リチウム・イオン蓄電池充電 電池電圧が4.2 Vになるまでは定電流で充電．以降は定電圧(4.20 V)で充電，約2.5時間～3時間で充電終了	電池には充電制御機能がないものとする．充電電流は約100 m～600 mAの範囲で可変抵抗により設定可能(半固定)
放電機能	1セル・リチウム・イオン蓄電池放電 電池電圧が1.5 Vになるまでは定電流で放電 1.5 Vで放電終了し電池開放	放電電流は7段階 70 mA, 140 mA, 210 mA, 280 mA, 350 mA, 420 mA, 490 mA スイッチにより常時設定変更可能
計測機能	充電側：電池電圧(0～5.4 V)，充電電流(0～1 A) 放電側：電池電圧(0～5.4 V)	10ビット分解能 15秒ごとにPICのRAMに保存．720回分保存可能
USB接続	USBホストとして動作．5 V 500 mAを供給可能 任意時点でUSBケーブル挿抜可能	アンドロイド・プロトコルを実装

(a) アクセサリ側

機能項目	機能内容，仕様	備　考
表示操作	USB接続時点でアプリケーション自動起動．開始ボタン・タップでデータ収集開始．データ取得後グラフ表示 　グラフ解像度　720×420ピクセル 　横軸　0～180分　　15秒ステップ 　縦軸　0～5.25 V　　12.5 mVステップ/0～525 mA 　1.25 mAステップ 　その他：USBの接続状況をメッセージで表示	表示グラフ 赤線：充電電流 緑線：充電側電池電圧 黄線：放電側電池電圧
USB接続	USBスレーブとして動作．オープン・アクセサリ・ライブラリによるアクセサリ・モードで動作	－

(b) スマートフォン側

表2 USB通信データ・フォーマット

機能	スマートフォン→アクセサリ	スマートフォン←アクセサリ
接続確認	なし	USB接続イベント検出時に自動送信 「0x01, 'O', 'K'」文字OKを返送
計測開始要求と応答	開始ボタン・タップ時に送信「0x02」	応答として返送「0x02, 0xUU, 0xLL, 0xCU」 UU：計測値個数÷128，LL：計測値個数%128[注] CU：放電電流設定値 0＝0 mA/1＝0 mA/2＝140 mA/3＝210 mA/ 4＝280 mA/5＝350 mA/6＝420 mA/7＝490 mA
計測要求と応答	計測開始要求後計測値個数分だけ取得できるまで各々を繰り返し送信する「0x0n」 n：計測値の種類 3＝電源電圧/4＝シャント抵抗電圧/5＝充電側電池電圧/6＝放電側電池電圧	応答として返送「0x0 n, 0xmm, 0xD1, 0xD2, 0xD3, …0xD60」 n：計測値の種類(要求と同じ値) D1～D60：計測バッファ内のデータ60バイト分で(計測値÷128)と(計測値%128)の2バイトの組で送信する[注] 60バイト未満の場合も60バイトを送信する
切り離し	アプリ終了時送信「0x7F」	応答なし

注：Android側でバイトも符号付きとして扱うので，正の値として扱えるように128で割り算して上位バイトと下位バイトを分けている

ステップ1：ハードウェアの製作

　実際に充放電機能を実行するアクセサリのハードウェアを製作します．USBホストとなりますので，PICマイコンの16ビット・ファミリを使い，充電制御には専用ICを使って構成します．

● 充放電器のハードウェア構成

　製作する充放電器のハードウェア構成は，図3のようにしました．中心となるのはPICマイコンで，USBホストとする必要がありますので，PIC24FJ64GB002

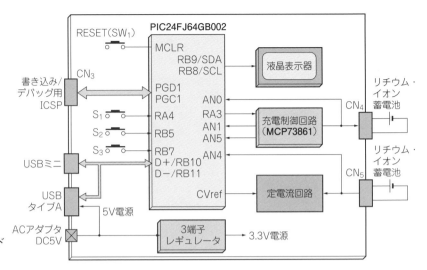

図3 充放電器アクセサリのハードウェア構成

という28ピンの16ビットPICマイコンを使います．

充電制御にはMCP73861というリチウム・イオン蓄電池充電制御用の専用ICを使いました．これで，充電の際の多くの条件が簡単にクリアできます．制御はイネーブル・ピンのON/OFFだけです．

USBコネクタは，アクセサリとしてはタイプAコネクタだけでよいのですが，別途タブレットに接続できるUSBデバイスとしても使えるように，ミニBコネクタも追加しています．これでファームウェアを変更すれば，タブレットに接続できるUSBデバイスとすることもできます．

電源は充電とスマートフォン用に，5V，1A近くの大きな電流を必要としますので，5VのACアダプタから直接供給することとしました．タイプAコネクタには5V，500mAの電源を供給する必要がありますから，これにはACアダプタから直接供給するようにしています．したがってACアダプタにはDC5V出力のものしか使えませんので注意してください．内部回路用の電源としては，マイコン周りは3.3Vですが，充電制御回路は5Vで動作しています．

液晶表示器にはI²Cインターフェースのものを使いましたので2本の線だけで接続できます．16文字2行の英数字表示ができます．スイッチは汎用で使えるスイッチを3個用意しました．

PICマイコンのプログラミング用コネクタには，PICkit 3用の6ピンのシリアル・ピン・ヘッダを使っています．放電回路にはOPアンプとトランジスタで構成した定電流回路を使います．

● 充電制御ICの機能と使い方

リチウム・イオン蓄電池の充電制御には，マイクロチップ・テクノロジー社のMCP73861を使いました．このICの特徴は下記のようになっています．

- 電流制御トランジスタを内蔵
- 高精度な出力電圧：±0.5%
- 最大充電電流：1.2A
- 充電時間がプログラマブル
- 異常検出と強制充電終了による保護
- 温度による保護制御も可能

パッケージはSOICを使いましたので，ピン配置は図4(a)のようになっています．

電気的な仕様は表3のようになっています．ここでは充電電圧を4.2Vの設定で使っています．

標準的な使用回路は図4(b)のように単体で動作するようになっていますが，本稿ではEN端子をPICマ

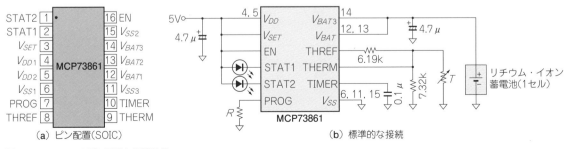

図4 MCP73861のピン配置と標準接続

表3 充電制御IC MCP73861の電気的仕様

項 目	Min	Typ	Max	単位	備 考
供給電源電圧	4.5	–	12	V	
開始電源電圧スレッショルド	4.25	4.5	4.65	V	
停止電源電圧スレッショルド	4.2	4.4	4.55	V	
安定化出力電圧	4.079	4.1	4.121	V	$V_{SET} = V_{SS}$
	4.179	4.2	4.221		$V_{SET} = V_{DD}$
充電電流変動	85	100	115	mA	PROG = Open
	1020	1200	1380		PROG = V_{SS}
	425	500	575		PROG = 1.6 kΩ
事前処理電流	5	10	15	mA	PROG = Open
	60	120	180		PROG = V_{SS}
	25	50	75		PROG = 1.6 kΩ
事前処理スレッショルド電圧	2.7	2.8	2.9	V	$V_{SET} = V_{SS}$
	2.75	2.85	2.95		$V_{SET} = V_{DD}$
充電終了電流	6	8.5	11	mA	PROG = Open
	70	90	120		PROG = V_{SS}
	32	41	50		PROG = 1.6 kΩ
STAT1/TAT2のLow電圧	–	0.2	0.4	V	最大負荷 Typ 8 mA
EN 入力電圧	1.4	–	0.8	V	High Low
温度センサ用電圧出力	2.475	2.55	2.625	V	
温度スレッショルド	1.18	1.25	1.32	V	上限
	0.59	0.62	0.66		下限
事前処理安全タイマ	45	60	75	分	$C_{timer} =$ 0.1 μFの場合
高速充電安全タイマ	1.1	1.5	1.9	時間	
充電終了タイマ	2.2	3	3.8	時間	

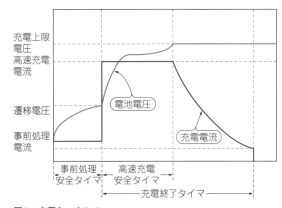

図5 充電シーケンス

圧を加えればよいので，THREFピンの電圧を1/3に分圧して入力します．

● 充電シーケンス

▶予備充電で電池の異常をチェックする

このICを使った場合の充電のシーケンスは図5のようになります．最初に短時間だけ少電流で充電し，電圧が確かに上昇するかを確認します．これで上昇が確認できれば高速充電に移行しますが，一定時間内に一定電圧まで上昇しない場合はエラーとして充電動作を終了します．

▶1セルの最大電圧4.2Vを超えないようにする

高速充電に移行したあとは電池電圧が4.2Vになるまで継続しますが，一定時間内に4.2Vにならない場合は強制終了します．

4.2Vに達したら，電圧が一定になるように充電電流を制限します．充電電流が次第に減少し，一定電流以下になるか，一定時間が経過したら正常終了とします．

これらの安全タイマの時間はTIMERピンの外付けのコンデンサで決定されます．

● 回路設計

全体構成図に基づいて作成した回路図を図6に示します．PICマイコンにはPIC24FJ64GB002の28ピンを使いました．プログラム・サイズはそれほど大きくはないのでPIC24FJ32GB002でも動作します．

USBコネクタはタイプAとミニBを用意しています．ミニBからのUSBバス・パワーは使わないものとします．タイプAにはDC 5 V，500 mAの供給が必要ですから，DCジャックからのDC 5 Vをノイズ・フィルタ経由で直接接続します．スマートフォンからのノイズが結構大きかったのでフィルタを追加しました．

液晶表示器にはI²Cインターフェースのものを使いましたので接続は簡単で，PICマイコンのI²Cピンに接続するだけです．ただし，I²Cですのでプルアップ抵抗が必要で，この液晶表示器の駆動能力が小さいの

イコンから制御し，STAT1ピンの状態をモニタすることでPICマイコンから開始/停止を制御できるようにしています．

このICではPROGピンの抵抗Rで充電電流を100 mA（$R = \infty$）から1.2 A（$R = 0$）の範囲で可変できるようになっています．このRに5 kΩの可変抵抗を使用して電流を半固定で設定できるようにしました．

ENピンによりIC動作開始停止の制御ができ，"L"にすると動作を強制終了し，内部状態を初期化します．"H"にすると初期化状態から動作を開始します．

STAT1ピンは状態を表し，停止中は"H"で，事前処理開始で"L"となり，正常終了の場合1 Hz周期でフラッシュします．何らかの異常の場合は"H"となります．この出力はオープン・ドレインなので，PICマイコンに接続する場合はプルアップ抵抗が必要です．

さらに温度センサTにより温度制御をすることができますが，今回は温度制御は必要ないので固定抵抗で常に正常状態になるようにします．これには，THERMピンに温度スレッショルドの上下限の間の電

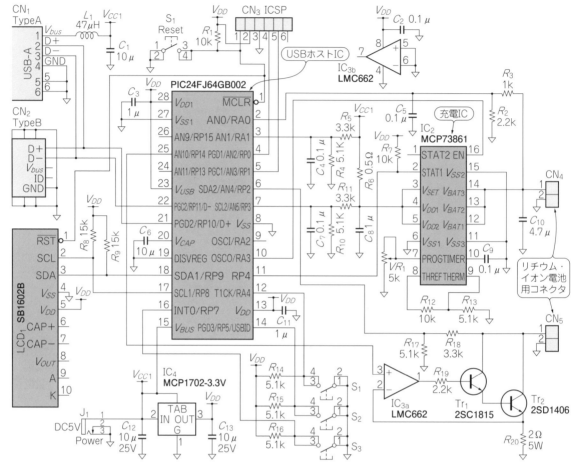

図6 充放電器アクセサリの回路

で15kΩとちょっと大きめの抵抗にしています．また，リセット・ピンにはリセット・スイッチの信号を接続します．こうしないと，リセットが電源のON/OFFでしかできなくなります．

電源はDCジャックからのDC 5 Vを使いますが，PICマイコン，液晶表示器には3.3 Vが必要ですので，レギュレータを使って生成します．タクト・スイッチを3個接続しますが，プルアップ抵抗が必要です．充電ICとの接続も2ピンだけですので簡単です．

電圧計測電圧が最大5 Vとなりますから，PICマイコンのA-Dコンバータに接続するため3.3 Vに降圧する必要があります．このため，抵抗分圧してからPICマイコンに接続しています．

充電電流の計測は，充電ICへの供給電流を0.5Ωのシャント抵抗の電圧降下を計測して変換しています．このためシャント抵抗の両端の電圧を計測しています．

放電にはOPアンプと2段のカスケード接続のトランジスタと2Ωの抵抗で定電流回路を構成し，一定の電流で放電するようにしています．

この電流をPICマイコンのコンパレータ用リファレンスの5ビットのD-Aコンバータの出力を利用して設定制御しています．最終段のトランジスタは発熱しますから放熱器を付けておきます．また，D-Aコンバータの出力電流がわずかなので，OPアンプにはCMOSタイプのものを使う必要があります．

電池との接続はコネクタとしていますが，このコネクタは読者が使用している電池のものに合わせたほうがよいでしょう．

組み立てが完了した基板が**写真3**です．

部品面は左側に液晶表示器とUSBコネクタ，PICマイコンがあり，中央のOPアンプ周りには結構たくさんの抵抗があります．右側に放熱器付きの放電用トランジスタがあり，電池用のコネクタが2個基板の右端に並んでいます．右上側に充電電流設定用の可変抵抗があり，その上にDCジャックがあります．

はんだ面はレギュレータと充電IC，USBミニBコネクタ，チップ・コンデンサが実装されています．修正用のジャンパ線が1本あります．ミニBコネクタはここでは使いませんので，実装しなくても問題はありません．

(a) 部品面　　　　　　　　　　　　　　　　　(b) はんだ面

写真3　製作した基板

ステップ2：PIC24のファームウェアの制作

● ファームウェアの全体構成

アクセサリのPICマイコンのファームウェアは，USBフレームワークのAndroidホスト・クラスとして作成します．Androidホスト・クラスをUSBフレームワークで製作する場合のファームウェア全体構成は，図7のようになります．

全体がユーザ・アプリケーション部とフレームワーク部で構成されます．USBフレームワーク部は，フレームワーク本体からコピーまたは登録するだけです．

▶ユーザ・アプリ部

メイン関数部とUSBイベント処理部で構成されます．メイン関数部では，初期化部でUSBフレームワークの初期化関数を実行し，メイン・ループに入ります．

▶メイン・ループ

USBのステート関数となるUSBTasks()を実行します．いわゆるポーリング方式でUSBのステートを進めながらデバイスのデタッチ検出とプラグ＆プレイを実行しますので，できるだけ短時間でこの関数を繰り返す必要があります．したがって，ユーザ・アプリもステート方式で作成し，できるだけ短時間内にメイン・ループの最初に戻るようにします．ただし，USBの送受信そのものは割り込みで実行されますので，USBTasks()関数を繰り返す時間には特に制限はありません．

USB通信

ユーザ・アプリからUSBの送受信を行う場合には，Androidホスト・クラスに用意されているRead/Write関数を呼び出します．

USB送受信実行中のイベントを処理するために関数が呼ばれますが，必須の処理はフレームワーク内部

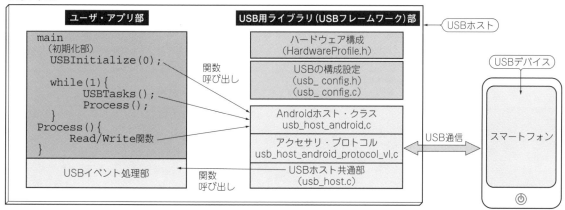

図7　Androidホスト・クラスのファームウェア構成

で実行されており，ユーザが何らかの追加をするための関数をまとめたものがUSBイベント処理部です．

実際の処理内容はUSBフレームワークのデモプログラムの中に雛形が用意されていますから，コピーするだけでそのまま使えます．

USBフレームワークには，このほかに設定用のファイルが必要となります．ハードウェア構成を設定する「HardwareProfile.h」と，USB設定用の「usb_config.h」と「usb_config.c」です．

ハードウェア設定ファイルは使用するハードウェアに合わせて作成する必要がありますが，usb_config.hとusb_config.cファイルは，デモ・プログラムのものをそのままコピーして使います．

● USB接続デバイスの特定

アクセサリは常にアンドロイド機器が接続(アタッチ)されるのをチェックし，アンドロイド機器が接続されたことを検知します．接続を検知したらUSBホストとしてUSB列挙手順(enumeration)を開始し，アンドロイド機器からUSBデバイス・デスクリプタを取得してベンダIDとプロダクトIDをチェックします．そして，ベンダIDがGoogle社のID(0x18D1)で，プロダクトIDが0x2D00または0x2D01であれば正常な相手と判定します．

次に「あらかじめ決められた識別文字列情報」を送信し，続けてアクセサリ・モード動作開始を要求するUSB制御コマンドを送信します．これを受けたスマートフォンは「あらかじめ決められた識別文字列情報」と，自分がもっている文字列情報とを比較し，一致すれば正しい相手と認識し，アクセサリがもっているUSB通信プロトコルを使ってバルク転送モードのエンド・ポイントでデバイスとの通信を確立します．

ここで，「あらかじめ決められた識別文字列情報」としては次のような文字列IDがサポートされています．各文字列の最大サイズは256バイトで，0x00で終

表4 スマートフォンのアクセサリ・モード種別

項目	ケース1	ケース2	
ベンダID	0x18D1	0x18D1	
プロダクトID	0x2D00	0x2D01	
インターフェース	#0	#0	#1
エンドポイント	バルク IN × 1		
	バルク OUT × 1		
エンドポイント用途	標準通信用	標準通信用	デバッグ通信用

表5 Androidホスト・クラスが提供するAPIメソッド

関数名	書式と機能
USBInitialize(0)	ホスト・スタックを初期化する 《書式》BOOL USBHostInit(unsigned long flags) 　　　　flags：予約(0にする) 　　　　戻り値：TRUE＝正常完了，FLASE＝メモリに配置失敗
AndroidAppStart	アンドロイド・クラスの初期化．リセット直後に1回のみ実行 《書式》void AndroidAppStart(ANDROID_ACCESSORY_INFORMATION*info); 　　　　info：アクセサリの情報構造体へのポインタ
USBTasks	スマートフォンのアタッチ検出以降のステート管理を実行する 《書式》void USBTasks(void);
AndroidAppWrite	Androidホスト・クラス送信実行関数 《書式》BYTE AndroidAppWrite(void* handle,BYTE* data,DWORD size); 　　　　handle：デバイス・アタッチ時に取得したデバイス・ハンドル，data：スマートフォンに送信するデータ・バッファへのポインタ，size：送信するバイト数，戻り値：結果フラグ
AndroidAppRead	Androidホスト・クラス受信実行関数 《書式》BYTE AndroidAppRead(void* handle, BYTE* data, DWORD size); 　　　　handle：デバイス・アタッチ時に取得したデバイス・ハンドル，data：受信データ・バッファのポインタ，size：受信データ・バッファのサイズ，戻り値：結果フラグ
AndroidAppIsWriteComplete	送信の結果情報 《書式》BOOL AndroidAppIsWriteComplete(void* handle, BYTE* errorCode, DWORD* size); 　　　　handle：デバイス・アタッチ時に取得したデバイス・ハンドル，errorCode：エラー・コードのポインタ，size：送信したバイト数へのポインタ，戻り値：TRUE＝正常完了/FLASE＝失敗
AndroidAppIsReadComplete	受信の結果情報 《書式》BOOL AndroidAppIsReadComplete(void* handle, BYTE* errorCode,DWORD* size); 　　　　handle：デバイス・アタッチ時に取得したデバイス・ハンドル，errorCode：エラー・コードのポインタ，size：受信したバイト数へのポインタ，戻り値：TRUE＝正常完了/FLASE＝失敗

端されている必要があります．

```
manufacturer name:
model name:
description:
version:
URI:
serial number:
```

スマートフォンをアクセサリ・モードで使った場合，USBデバイスとしての種別は**表4**のような二つの場合があります．しかし，インターフェース＃1は特殊なデバッグ用で通常は使いませんので，いずれの場合もインターフェース＃0でバルク転送モードの通信をすることになります．

したがって，USBホスト側となるPICマイコンはバルク転送モードを使って通信することになります．

● Androidホスト・クラスの使い方

PICマイコンのファームウェアで使うUSBフレームワークはAndroidホスト・クラスです．このなかで用意されているAPIには**表5**に示すようなものがあります．ファームウェアでは，これらのAPIを使ってUSB通信を実行します．

このAPIの使い方は下記の手順で行います．

- `USBInitialize(0)`と`AndroidAppStart`で初期化する
- メイン・ループで常に`USBTasks`を実行する
- `AndroidAppWrite`，`AndroidAppRead`で送受信を実行し，そのつど`USBTasks`関数に戻る
- リード／ライトの際には`AndroidAppIsWriteComplete`か`AndroidAppIsReadComplete`でレディ・チェックをする

このような条件で使うことになるので，全体をステート・マシンとして構成し，毎回`USBTasks`関数を実行するようにする必要があります．

プロジェクトの作成

新規にMPLAB X IDEのプロジェクトを作成します．このときのプロジェクトのファイルは**図8**の手順でコピーまたは新規作成します．

● (1) 事前準備

事前準備として専用のフォルダを作成します．ここでは，作成するファームウェアのためのディレクトリを「D:\Android_Book」としていますので，このディレクトリを新規作成します．

次に，USBフレームワーク本体をここにコピーします．このフレームワーク本体はApplication Libraryをインストールしたディレクトリ「C:\Microchip Solutions v2012-02-15\Microchip」のフォルダの下にすべてまとめられていますので，この「Microchip」フォルダごと新規作成したフォルダ「D:\Android_Book」の下にコピーします．

● (2) フォルダの作成とファイルのコピー

プロジェクトを格納するフォルダを新規作成し，そこにファイルをコピーあるいは登録する作業は，**図8**に示すような手順①から手順④の順で行います．

図の左側が事前準備でコピーしたUSBフレームワーク本体部で，右側がこれから作成する新規プロジェクトのフォルダ，下側がUSBのデモプログラムのフ

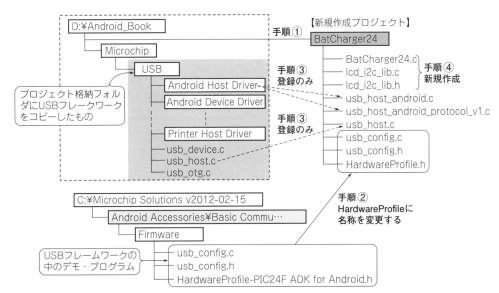

図8 Androidホストのプロジェクトの作成手順

ォルダになります．

▶手順①
　新規作成プロジェクトのフォルダ「BatCharger24」を「D：\Android_Book」の下に作成します．

▶手順②
　USBフレームワークのAndroidデモプログラムの中から，次の三つのファイルをコピーします．
- usb_config.h
- usb_config.c
- HardwareProfile‐PIC24F ADK for Android.h

HardwareProfile‐PIC24F ADK for Android.hのファイルは，コピー後ファイル名を「HardwareProfile.h」に変更します．

　usb_confgi.cとusb_config.hは，本来はプロジェクトに合わせて作成しなければならないのですが，本稿で使う範囲ではそのまま使えますのでコピーだけで問題ありません．

▶手順③
　次に，MPLAB X IDEを起動し，プロジェクト「BatCharger24」を同じ名前のBatCharger24フォルダに作成します．
　さらに，図8のようにUSBフレームワークのなかから，次の三つのファイルをプロジェクトに登録します．これはコピー不要で，プロジェクトに登録するだけです．
- usb_host_android.c
- usb_host_android_protocol_v1.c
- usb_host.c

▶手順④
　ユーザ・プログラムとして下記の三つのファイルを新規作成します．下側の二つのファイルは液晶表示器用のライブラリとなっています．
- BatCharger24.c
- lcd_i2c_lib.c
- lcd_i2c_lib.h

● (3) プロジェクトの作成
　以上で準備ができましたから，MPLAB X IDEで新規にプロジェクトを作成します．プロジェクトを作成する際，下記の設定が必要になります．
- Memory ModelをLarge data modelとする
- Heap sizeを1500バイトとする
- Include directoriesに下記の二つを登録する
  D:\Android_Book\BatCharger24
  D:\Android_Book\Microchip\Include

ファームウェアの詳細

　ファームウェアとして実際に作成する必要があるのは，メイン・プログラムの「BatCharger24.c」と液晶表示器のライブラリの「lcd_i2c_lib.c」と「lcd_i2c_lib.h」，ハードウェア定義の「HardwareProfile.h」ですが，「usb_config.c」の内容も確認しておきます．

● (1) usb_config.cファイルの詳細
　このファイルは新規作成は不要で，フレームワークの例題からコピーするだけで大丈夫です．このusb_config.cファイルの中で，接続するUSBデバイスをTPL（Target Peripheral List）としてリスト1のように定義しています．
　あらかじめ定められたGoogleのベンダIDとプロダクトIDで指定し，クラスやプロトコルは無指定となっています．
　さらに両方のIDとも任意という指定も追加されていますので，基本的にIDは無視していて何でも接続可能という条件になっています．あとはAndroidプロトコルの中で，特定の文字列で区別しています．

● (2) HardwareProfile.hの詳細
　新規作成が必要なハードウェアの構成を決める「HardwareProfile.h」の詳細です．この内容はリスト2のようになっています．
　ここで定義しているのは，クロック周波数と充電ICの制御ピン，スイッチのピンとLEDの出力ピンだけです．

リスト1　usb_config.cの内容

```
//****************************************
// Client Driver Function Pointer Table
//   for the USB Embedded Host foundation
//****************************************
CLIENT_DRIVER_TABLE usbClientDrvTable[] =
{
    {
        AndroidAppInitialize,
        AndroidAppEventHandler,
        AndroidAppDataEventHandler,
        0
    }
};
//****************************************
// USB Embedded Host Targeted Peripheral List (TPL)
//****************************************
USB_TPL usbTPL[] =
{
    /*[1] Device identification information
      [2] Initial USB configuration to use
      [3] Client driver table entry
      [4] Flags (HNP supported, client driver entry,
          SetConfiguration() commands allowed
    ─────────────────────────────
        [1]         [2][3] [4]
    ─────────────────────────────*/
    { INIT_VID_PID( 0x18D1ul, 0x2D00ul ), 0, 0, {0} },
                                       // Android accessory
    { INIT_VID_PID( 0x18D1ul, 0x2D01ul ), 0, 0, {0} },
                                       // Android accessory
    { INIT_VID_PID( 0xFFFFul, 0xFFFFul ), 0, 0, {0} },
                                       // Enumerates everything
};
```

（注記：USBドライバ関数とのリンク・テーブル／ここで接続するUSBデバイスを特定する）

リスト2　HardwareProfile.hの内容

```
/************************************************************
 * ハードウェア設定ファイル
 ************************************************************/
#define CLOCK_FREQ 32000000
/** バッテリ制御I/O定義 ****************************/
#define STAT1           PORTBbits.RB4
#define EN              LATAbits.LATA3
/** スイッチ定義 ****************************/
#define S1              PORTAbits.RA4
#define S2              PORTBbits.RB5
#define S3              PORTBbits.RB7
#define LED0_On()       LATBbits.LATB13 = 1
#define LED1_On()       LATBbits.LATB15 = 1
#define LED0_Off()      LATBbits.LATB13 = 0
#define LED1_Off()      LATBbits.LATB15 = 0
```

● (3) メイン・プログラムの宣言部詳細

次にメイン・プログラム BatCharger24.cの作成ですが，最初の宣言部の詳細は**リスト3**のようになっています．

最初に必要なファイルをインクルードしています．ここではUSBフレームワーク関連のヘッダ・ファイルをまとめてインクルードしています．

次にコンフィギュレーション設定です．ここでは，USBモジュール用の96 MHzのクロック生成をONとし，メイン・クロックは内蔵クロックとしてPLLを有効にしています．これで32 MHzのメイン・クロックとなります．

あとは各種定数と変数の宣言定義が続いています．充放電中の計測データを保存するバッファを用意しています．それぞれ720回ぶんの計測データを保存します．

最後のほうに，アクセサリ接続を特定するための文字列を宣言しています．この文字列でスマートフォンが接続相手を特定します．

● (4) メイン関数部の詳細

アクセサリとして，スマートフォンをUSBスレーブで接続して機能を果たす処理を実行します．まず，初期化部は**リスト4**のようになっています．

入出力ピンの入出力モードを初期設定後，A-Dコンバータ，タイマ2，電圧リファレンス，液晶表示器のそれぞれの初期化を実行し，最後にUSBとAndroidアプリケーション部の初期化を実行してから，メイン・ループに入ります．

電圧リファレンスの出力で放電用の定電流回路の電流設定を行いますので，出力をピンに接続するように設定しています．

液晶表示器用にI²Cの初期設定が必要ですが，この液晶表示器の応答性能があまりよくないので，I²Cの転送速度を100 kbpsの転送速度に設定しています．

次が**リスト5**のメイン・ループで，最初にスイッチのチェック関数OffLineを実行し，押されていたら

リスト3　メイン・プログラムの宣言部

```
/************************************************************
 * リチウム電池充電放電マネージャ
 * PIC24FJ64GB002でUSBホストモード
 ************************************************************/
/* ファイルのインクルード */
#include "USB/usb.h"
#include "USB/usb_host_android.h"
#include "Compiler.h"
#include "HardwareProfile.h"

#define MAX_ALLOWED_CURRENT (500) // Maximum power mA
/* コンフィギュレーションの設定 */
_CONFIG1(WINDIS_OFF & FWDTEN_OFF & ICS_PGx1 & GCP_OFF & JTAGEN_OFF)
_CONFIG2(POSCMOD_NONE & I2C1SEL_PRI & OSCIOFNC_OFF & FCKSM_CSDCMD
    & FNOSC_FRCPLL & PLL96MHZ_ON & PLLDIV_DIV2 & IESO_OFF)
_CONFIG3(SOSCSEL_IO)
/* ステート変数の宣言 */
typedef enum{
    DEVICE_NOT_CONNECTED,
    DEVICE_CONNECTED,
    RECEIVE,              ← USB接続シーケンス用のステート変数
    RECEIVE_WAIT,
    SEND,
    SEND_WAIT,
}AP_STATE;
volatile AP_STATE State;
/* コマンドの宣言定義 **/
typedef enum _AP_COMMAND{
    OKCHECK     = 0x01,
    START       = 0x02,
    MsrPower    = 0x03,   ← USBで送受するコマンドの種別
    MsrShunt    = 0x04,
    MsrBattery  = 0x05,
    MsrDischarge= 0x06,
    DISCONNECT  = 0x7F
}AP_COMMAND;
volatile AP_COMMAND Command;

/* グローバル変数定義 */
static void* device_handle = NULL;
static BOOL device_attached = FALSE;
static BYTE read_buffer[64];
static BYTE send_buffer[64];
static BYTE count, Block ,setCur;
unsigned int Value[5], Interval, Index;
float InVolt, OutVolt, BatVolt, LiVolt, OutCur;
BYTE UpMesg[17] = "CHG xxxmA x.xxV";
BYTE LowMesg[17] = "DIS x.xxV xxxmA";
/*データ保存バッファ定義 15sec*720 = 3Hour */
#define MAXSIZE 720
BYTE Power[MAXSIZE*2+2];      ← 充放電計測データ用バッファ
BYTE Shunt[MAXSIZE*2+2];
BYTE Battery[MAXSIZE*2+2];
BYTE Discharge[MAXSIZE*2+2];
/** アンドロイド接続用パラメータ **/
static char manufacturer[]   = "Microchip Design Lab";
static char model[]          = "BatCharger";         ← 相手を特定する文字列の定義
static char description[]    = "Battery Charger Board";
static char version[]        = "1.0";
static char uri[]            = "http://www.picfun.com";
static char serial[]         = "N/A";
ANDROID_ACCESSORY_INFORMATION myDeviceInfo ={
    manufacturer,       sizeof(manufacturer),
    model,              sizeof(model),
    description,        sizeof(description),
    version,            sizeof(version),
    uri,                sizeof(uri),
    serial,             sizeof(serial)
};
/** 関数プロトタイピング **/
void OffLine(void);
void Process(void);
unsigned int ADConv(unsigned int chnl);
void ftostring(int seisu, int shousu, float data, BYTE
*buffer);
```

対応する処理を実行します．

続いて，USBTasks()関数を実行してUSBの内部ステートの更新をしています．ここに短時間で戻るように以下のプログラムを作成します．

次に，接続中にスマートフォンが切り離されるのを毎回チェックしていて，切り離されたらステートを初期状態に戻しています．

あとはステートごとの処理で順番に進めます．まず初期状態のDEVICE_NOT_CONNECTEDステートの間は，常にスマートフォンのアタッチをチェックし，アタッチを検出したら次のDEVICE_CONNECTEDステートに進みます．

DEVICE_CONNECTEDステートでは，接続を確認するため確認応答をスマートフォンに送信するため，SENDステートに進めています．

これで進むSENDステートでは，データ送信を実行し，成功したら次のSEND_WAITステートに進みます．SEND_WAITステートで送信完了をチェックし，完了したらRECEIVEステートに進んで受信待ちとします．

RECEIVEステートでは受信を実行し，正常に実行

できたら次のRECEIVE_WAITステートに進みます．ここで，受信できるまで繰り返し待つことになります．

受信完了したら受信データの処理をするProcess()関数を呼び出して，それぞれのデータ処理を実行します．

データ処理が完了したら，通常はまたRECEIVEス

リスト4 初期化部

```
/************ メイン関数 ******************/
int main(void){
  int i;

  CLKDIV = 0x0020;              // 96MHz PLL On CPU 32MHz
  /* I/O初期化 */
  TRISA = 0x0013;               ← I/Oピン初期設定
  TRISB = 0x5FFF;
  // ADCの初期設定
  AD1CON1 = 0x80E0;  ← ADC初期設定    // Off, Auto Start
  AD1CON2 = 0x0000;                    // VDD,VSS
  AD1CON3 = 0x1F05;                    // 31TAD, 5TCY
  AD1CHS  = 0x0000;                    // AN0
  AD1PCFG = 0xFFCC;                    // AN0,1,4,5
  AD1CSSL = 0x0000;                    // No Scan
  // タイマ2初期設定
  PR2 = 62500;           ← タイマ2     // 250msec
  IPC1bits.T2IP = 3;       初期設定    // Interrupt priority = 3
  T2CON = 0x0020;                      // Internal 1/64
  IFS0bits.T2IF = 0;
  IEC0bits.T2IE = 1;     ← 電圧リファレ
  // CVR初期設定          ンス初期設定
  CVRCON = 0x00E0;                     // Level 0
  // I2Cの初期設定        ← I2C初期設定
  I2C1BRG = 0x9C;                      // 100kHz@16MHz
  I2C1CON = 0x8000;                    // I2Cイネーブル
  /* 液晶表示器の初期化 */
  lcd_init();           ← 液晶表示初期化
  lcd_cmd(0x01);                       // 全消去
  lcd_str("Start Charger");
  setCur = 0;
  Index = 0;
  Block = 0;
  count = 0;
  for(i=0; i<MAXSIZE*2; i++){
          Power[i] = 0;
          Shunt[i] = 0;     ← 保存バッファ・クリア
          Battery[i] = 0;
          Discharge[i] = 0;
  }                            ← USBフレーム
  /* USB初期化とAPスタート */    ワーク初期化
  State = DEVICE_NOT_CONNECTED;        // USB初期状態にリセット
  USBInitialize(0);                    // USB初期化
  AndroidAppStart(&myDeviceInfo);      // Androidアクセサリ初期化
```

リスト5 メイン・ループ部

```
/************ メインループ ******************/
  while(1){
    DWORD size;
    BYTE errorCode, Result;

    OffLine();         ← スイッチの処理      // スイッチチェック
  /*** USBステート関数実行 ***/
    USBTasks();       ← USBのステート関数     // USB送受信実行
  /* デタッチ検出 */
    if(device_attached == FALSE){         // デバイス未接続か？
          LED0_Off();       ← USBの切り      // 目印LED
          LED1_On();         離し確認
          lcd_icon(3, 0);                  // アイコン消去
          State = DEVICE_NOT_CONNECTED;    // 初期状態へ
    }
  /***** ステートに従って処理実行 ********/
    switch(State){
      case DEVICE_NOT_CONNECTED:           // デバイス未接続中
        /**** アタッチ検出 ****/
        if(device_attached == TRUE){      // アタッチされたか？
          LED0_On();                      // 目印LED
          LED1_Off();
          State = DEVICE_CONNECTED;       // 接続処理へ
        }
        break;
      case DEVICE_CONNECTED:              // 接続確認
        lcd_icon(3, 1);                   // アイコン点灯
        send_buffer[0] = OKCHECK;         // 接続確認応答
        send_buffer[1] = 'O';             // OKメッセージ返送
        send_buffer[2] = 'K';
        count = 3;
        State = SEND;   ← USB受信実行
        break;
      case RECEIVE:                       // Androidからの受信実行
        Result = AndroidAppRead(device_handle,
                         (BYTE*)&read_buffer,
(DWORD)sizeof(read_buffer));
        if(Result == USB_SUCCESS)
          State = RECEIVE_WAIT;           // 受信完了待ちへ
        break;
      case RECEIVE_WAIT:                  // 受信完了待ち
        if(AndroidAppIsReadComplete(device_handle,
                         &errorCode, &size) == TRUE){
          if(errorCode == USB_SUCCESS)    // 正常完了か？
            Process();                    // コマンド処理実行後次のステートへ
          else
            State = RECEIVE;              // 異常なら無視して次の受信へ
        }
        break;
      case SEND:                          // 送信実行 必要バイト数のみ送信
        Result = AndroidAppWrite(device_
                    handle,(BYTE*)&send_buffer, count);
        if(Result == USB_SUCCESS)
          State = SEND_WAIT;              // 正常なら送信待ちへ
        break;
      case SEND_WAIT:                     // 送信完了待ち
        if(AndroidAppIsWriteComplete(device_handle,
                         &errorCode, &size) == TRUE)
          State = RECEIVE;                // 完了で次の受信へ
        break;
      default:
        State = DEVICE_NOT_CONNECTED;
        break;
    }
  }
}
```

テートに戻って次の受信データ待ちとしますが，データ処理の結果を返送する場合には，SENDステートにしてデータ送信を実行します．

こうして一巡の送信，受信処理を繰り返します．

● (5) 受信データ処理関数部の詳細

受信データ処理関数Process()関数の詳細は**リスト6**となります．まず，受信データの1バイト目のコマンドの種別で分岐します．

接続確認要求の場合にはOK応答をセットして送信しますが，これは使っていません．

次に，充放電開始コマンドの場合には，現在保存されているデータ個数と放電電流値を返送し，データ・バッファのブロック・カウンタをリセットします．

あとは計測データの送信要求が4種類あり，それぞれごとにバッファの内容をブロック・カウンタで指定された位置から60バイトずつ送信し，ブロック・カウンタを更新します．送信する回数はスマートフォン側で計測個数を元に決定しますが，万一ブロック・カウンタがバッファ容量を越えたらリセットします．

1種類のデータで最大720×2バイトありますから，60バイトずつだと全部送るときには24回の送信が必要になります．これを4種類ぶんですから，最大96回の送信をすることになります．

切り離しコマンドの場合は，デバイス未接続状態にしているだけです．

● (6) タイマ2割り込み処理関数

タイマ2は250 ms周期のインターバル割り込みを生成するように設定されています．この割り込みの処理が**リスト7**となります．

ここでは，毎回計測の実行と液晶表示器への表示を実行しています．電源電圧，シャント抵抗の電圧を測定し，それぞれ分圧抵抗の比で実際の値に変換してから，充電電流を求めています．さらに充電電池電圧を計測してから，これらを液晶表示器の1行目に表示しています．

続いて，放電電池電圧を計測し，実際の値に変換しています．受信した放電電流値を実際の電流値にしてから，液晶表示器の2行目に表示しています．

過放電にならないよう，電池電圧が1.5 V以下になったら放電を終了させ，放電電流を0にして電池を開

リスト6 受信データ処理関数

```
/***********************************************
* USB受信コマンド処理実行関数
***********************************************/
void Process(void){
  int i;
  unsigned char temp[5];              // 変換データ一時格納エリア

  switch(read_buffer[0]){              // コマンド取得
  /* 接続確認要求の場合 */
  case OKCHECK:
    send_buffer[0] = OKCHECK;          // 確認か？
    send_buffer[1] = 'O';              // OKメッセージ返送
    send_buffer[2] = 'K';
    count = 3;                         // 送信バイト数セット
    State = SEND;                      // 送信へ
    Block = 0;
    break;
  case START:
    Block = 0;
    send_buffer[0] = START;            // 表示開始要求
    send_buffer[1] = (BYTE)(Index/128);// 応答
    send_buffer[2] = (BYTE)(Index%128);// データ数返送
    send_buffer[3] = setCur;           // 放電電流設定値
    count = 4;
    State = SEND;
    break;
  /* 計測要求の場合 */
  case MsrPower:                       // 電源電圧測定
    send_buffer[0] = MsrPower;
    send_buffer[1] = 60;
    for(i=0; i<60; i++){               // 60バイトごと送信
      send_buffer[i+2] = Power[Block*60+i];
    }
    Block++;                           // ブロックカウンタ更新
    if(Block >= (MAXSIZE*2)/60){       // 終了か？
      Block = 0;
    }
    count = 62;
    State = SEND;                      // 送信ステートへ
    break;
  case MsrShunt:                       // シャント抵抗電圧測定
    send_buffer[0] = MsrShunt;
    send_buffer[1] = 60;
    for(i=0; i<60; i++){
      send_buffer[i+2] = Shunt[Block*60+i];
    }
    Block++;
    if(Block >= (MAXSIZE*2)/60){
      Block = 0;
    }
    count = 62;
    State = SEND;
    break;
  case MsrBattery:                     // 充電側電池電圧測定
    send_buffer[0] = MsrBattery;
    send_buffer[1] = 60;
    for(i=0; i<60; i++){
      send_buffer[i+2] = Battery[Block*60+i];
    }
    Block++;
    if(Block >= (MAXSIZE*2)/60){
      Block = 0;
    }
    count = 62;
    State = SEND;
    break;
  case MsrDischarge:                   // 放電側電池電圧測定
    send_buffer[0] = MsrDischarge;
    send_buffer[1] = 60;
    for(i=0; i<60; i++){
      send_buffer[i+2] = Discharge[Block*60+i];
    }
    Block++;
    if(Block >= (MAXSIZE*2)/60){
      Block = 0;
    }
    count = 62;
    State = SEND;
    break;
  case DISCONNECT:
    State = DEVICE_NOT_CONNECTED;      // 初期状態へ
    break;
  default :
    break;
  }
}
```

リスト7 タイマ割り込み処理関数

```
/****************************************
* タイマ2割り込み処理関数
*   放電、充電中のデータを収集しバッファに格納
*****************************************/
void __attribute__((interrupt, no_auto_psv)) _T2Interrupt(void)
{
    IFS0bits.T2IF = 0;
    // シャント抵抗入力側電圧測定           ←電源電圧測定
    Value[0] = ADConv(1);                  // AN1
    InVolt = ((float)Value[0] * 1.653 * 3.3)/1024;
    // シャント抵抗出力側電圧測定     ←シャント抵抗電圧測定
    Value[1] = ADConv(5);                  // AN5
    OutVolt = ((float)Value[1] * 1.653 * 3.3)/1024;
    // 充電電流値計算 mA 500Ωシャント抵抗
    OutCur = (InVolt - OutVolt)*2000;      ←充電電流を計算
    if(OutCur < 0)
       OutCur = 0;
    // 電池電圧測定  ←充電電池電圧測定
    Value[2] = ADConv(0);                  // AN0
    // 電圧に変換 実機分圧比補正=1.470
    BatVolt = ((float)Value[2] * 1.456 * 3.30)/1024;
    // 液晶表示器に表示  ←表示バッファに格納
    ftostring(3, 0, OutCur, UpMesg + 4);
    ftostring(1, 2, BatVolt, UpMesg + 11);  ←1行目表示
    lcd_cmd(0x80);                         // 1 line
    lcd_str(UpMesg);                       // 表示
    // 電流値の較正をする際にこのコメントをはずして
    // シャント抵抗のInとOutの電圧を液晶表示器に表示する
    // ftostring(1,3, InVolt, LowMesg + 4);
    // ftostring(1,3, OutVolt, LowMesg + 11);
    // lcd_cmd(0xC0);
    // lcd_str(LowMesg);
    // 放電電圧計測   ←放電電池電圧測定
    Value[3] = ADConv(4);                  // AN4
    // 電圧に変換
    LiVolt = ((float)Value[3] * 3.30 *1.64)/1024;
    if(LiVolt < 1.5){                      ←放電終了の
        CVRCON = 0xE0;                        チェック
        setCur = 0;                        // 1.5Vで放電停止
    }
    // 電流値の較正をする際にここをコメントアウトする ←表示バッファに格納
    ftostring(1, 2, LiVolt, LowMesg + 4);
    ftostring(3, 0, (setCur*70), LowMesg+11);  // 放電電流値の表示
    lcd_cmd(0xC0);     ←2行目表示
    lcd_str(LowMesg);
    // データ保存
    Interval++;                            ←15秒経ったか
    if(Interval >= 60){                    // 15secごと
        Interval = 0;
        if(Index < MAXSIZE){
            // バッファ格納  ←計測データをバッファに保存
            Power[Index*2]    = (BYTE)(Value[0]/128);
            Power[Index*2+1]  = (BYTE)(Value[0]%128);
            Shunt[Index*2]    = (BYTE)(Value[1]/128);
            Shunt[Index*2+1]  = (BYTE)(Value[1]%128);
            Battery[Index*2]  = (BYTE)(Value[2]/128);
            Battery[Index*2+1]= (BYTE)(Value[2]%128);
            Discharge[Index*2]  = (BYTE)(Value[3]/128);
            Discharge[Index*2+1]= (BYTE)(Value[3]%128);
            Index++;         ←ポインタ更新
        }
    }
}
```

リスト8 スイッチ入力処理関数

```
/****************************************
* オフライン中の処理関数
*   スイッチのチェック
*****************************************/
void OffLine(void){
    // 充放電の開始
    if(S1 == 0){                           // SW1オン待ち
        EN = 1;        ←充電開始            // 充電ICオン
        lcd_cmd(0x01);
        lcd_str("Start");
        CVRCON = 0xE1; ←放電開始            // 70mA
        setCur = 1;
        T2CONbits.TON = 1; ←タイマ2開始     // Timer2 start
        while(S1 == 0);
    }
    // 充放電の停止
    if(S3 == 0){
        T2CONbits.TON = 0;                 // Timer2 stop
        EN = 0;          ←充電停止
        CVRCON = 0x00E0; ←放電停止          // レベル0
        setCur = 0;
        lcd_cmd(0x01);                     // 液晶表示器クリア
        lcd_str("Stop");
        while(S3 == 0);
    }
    // 放電電流の切り替え 70,140,210,280,350,420,490mA
    if(S2 == 0){
        if(T2CONbits.TON == 1){            // 動作中か?
            setCur++;    ←放電電流の変更    // 1-7で繰り返し
            if(setCur > 7)
                setCur = 1;
            CVRCON = 0xE0 + setCur;        // 放電電流設定
        }
        while(S2 == 0);  ←D-Aコンバータ
    }                       の出力変更
}
```

● (7) スイッチ入力処理関数

メイン・ループでは常時，リスト8のスイッチ入力処理関数を呼んでいます．

S_1 が押されたら充放電開始で，メッセージを出力し充電制御ICのENをONとしてD-Aコンバータの出力を開始します．

S_3 が押されたら，充放電停止でENピンをOFFとし，A-Dコンバータ出力も0Vとします．

S_2 が押された場合は放電電流の切り替えで，70 mAから490 mAの間で7段階でサイクリックに切り替えます．これに合わせてD-Aコンバータの出力電圧も切り替えています．

以上が充放電アクセサリの主要なプログラム部となります．残りは液晶表示器のライブラリだけですので，これはI^2Cの通信のみですから説明は省略します．

● 書き込みと動作確認

新規作成が必要なプログラムを作成したら，全体をコンパイルします．エラーが特になくコンパイルが成功したら，PICマイコンに書き込みます．この書き込みにはPICkit 3というプログラマを使います．

書き込みが完了すればすぐ実行を開始します．

この充放電器は単体でも動作するようになっていますから，この時点でも動作を確認することができます．

放状態にしています．

最後に，15秒経ったかをチェックし，15秒ごとに計測値を送信バッファに保存しています．

充電電流値を0.5Ωのシャント抵抗の電圧降下で求めていますので較正が必要です．この較正をする際には，リストでコメント・アウトしてある部分を変更して，電源電圧とシャント抵抗電圧を2行目に表示させて行います．

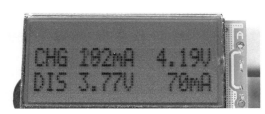

写真4 液晶表示器の表示例

ファームウェアが動作を開始すると液晶表示器に「Start Charger」と表示されるはずです．

充電あるいは放電のコネクタにバッテリを接続してから，「Start」のスイッチをONにすると充電と放電の両方とも動作を開始します．このときの液晶表示器の表示例が**写真4**です．

充電の際の電流値を設定します．まず，未充電のバッテリを接続してから，startすると**写真4**の表示となりますから，液晶表示器の1行目の電流値を見ながら，基板上の半固定抵抗を回せば電流値が変わるはずですので，適当な電流値に設定します．放電のほうは特に調整する項目はありません．S_2を押すごとに2行目の電流値が変われば正常に動作しています．

ステップ3：スマートフォンのアプリ制作

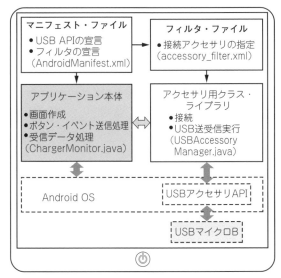

図9 アプリケーションの全体構成

リスト9 ハンドラの基本的な処理の流れ

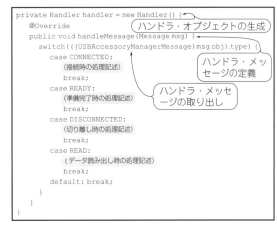

● アプリケーションの全体構成

スマートフォン側のアプリケーション・プログラムの全体構成を簡単に表すと**図9**のようになります．

まず，USBで接続されるアクセサリは，マニフェスト・ファイル（AndroidManifest.xml）で，フィルタ指定することで特定されます．そのフィルタとして，フィルタ・ファイル（accessory_filter.xml）が指定され，ここに実際に接続可能なアクセサリが指定されています．

USBアクセサリの接続とUSBの送受信は，マイクロチップ社から提供されているアクセサリ用クラス・ライブラリ（USBAccessoryManager.java）がすべて実行します．つまり，アプリケーション本体からの送信データはこのライブラリで送信されますし，USBで受信したデータはアプリケーション本体（ChargerMonitor.java）に渡され，ここで受信データの処理をします．

さらに，アプリケーション本体ではスマートフォンの画面の表示処理を行い，ボタンが押されたときのイベント処理も実行します．

アクセサリ・ライブラリAPIの使い方

スマートフォンのアプリケーション・プログラムを作成する際には，マイクロチップ社から提供されているUSBアクセサリ・クラス・ライブラリを使ってアクセサリとのUSB通信を記述することになります．このライブラリの使い方を説明します．

まず，このUSBアクセサリ・ライブラリでサポートされているメソッドは**表6**のようになっています．

通常使うときの手順としては次のようにします．

●（1）USBアクセサリ・マネージャ・オブジェクトを生成する

アプリケーション起動時にUSBAccessory Manager()メソッドを使って生成します．たとえば，次のように記述すれば，accessoryManagerという

表6　ライブラリで提供されるメソッド

メソッド	書式と機能内容
USBAccessoryManager	USBアクセサリ・マネージャ・オブジェクトを生成する 《書式》USBAccessoryManager(Handler handler, int what) 　Handler：イベントを通知するハンドラ・クラス名，what：アクセサリのイベント種別で以下順となる…CONNECTED→READY→READ→DISCONNECTED, ERROR
enable	USBアクセサリのEnumeration実行 《書式》RETURN_CODES enable(Context context, Intent intent) 　context：アプリケーションの指定情報, intent：インテントの指定，次の戻り値がある： 　DEVICE_MANAGER_IS_NULL/ACCESSORIES_LIST_IS_EMPTY/FILE_DESCRIPTOR_WOULD_NOT_OPEN/PERMISSION_PENDING/SUCCESS 通常はアプリケーション・スタート時にはenableがすでに実行された状態で，CONNECTEDイベントを返すところから開始する．いったん停止したのち再開したとき本関数を実行して再接続する必要がある
disable	USBマネージャを無効化しすべてのリソースを解放する 《書式》void disable(Context context) 　context：アプリケーションの指定
isConnected	USBマネージャの接続状態問い合わせ 《書式》boolean isConnected() 　戻り値：true＝接続中/false＝切り離し中
read	USBアクセサリからの受信．実際の読み込み動作はライブラリ内部のスレッドで実行される 《書式》int read(byte[]array) 　array：読み込むバッファ，戻り値：読み込みバイト数(最大はバッファ・サイズ)
write	USBアクセサリへの送信 《書式》void write(byte[]data) 　data：送信データ・バッファ(通常は最大64バイト送信)

リスト10　アプリケーション遷移時の処理の流れ

インスタンスで，handlerという名称のハンドラにUSBEventメッセージを渡すようにして生成されます．

　accessoryManager=new USBAccessoryManager(handler, USBEvent);

● (2) ハンドラを作成し，その中にイベントごとの処理を記述する

　ハンドラにUSBアクセサリ・マネージャのメッセージが渡されますから，それぞれの処理を記述します．

　(1)で生成したインスタンスの場合のメッセージは，**リスト9**のように記述すれば取り出せますので，取り出したメッセージごとの処理を記述します．メッセージはUSBアクセサリ・ライブラリの一つである「USBAccessoryManagerMessage.java」というファイルの中で定義されているUSBAccessoryManagerMessageという定数で供給されます．**表6**のようにCONNECTED，READY，READ，DISCONNECTEDのメッセージ種類があります．

● (3) ライフ・サイクル遷移ごとの処理

　アプリケーションがいったん停止したり，再起動したりした場合に合わせて，USBアクセサリも終了と再接続をする必要があります．この場合の記述は**リスト10**のようにします．

　いったん停止した場合は，アクセサリ側に停止したことを通知してアクセサリの処理を止める必要があります．その後，自分自身をdisable()メソッドで停止させます．

　再接続した場合には，USBのEnumerationをやり直す必要がありますから，enable()メソッドを呼んでUSB Enumerationを実行し，インテントを取得してアプリケーションに渡します．

アプリケーション

● 画面構成

　この充放電器のスマートフォンの画面は**図10**のようにしました．スマートフォン側の機能はグラフで充放電の経過を表示するだけですから，ボタンは開始コマンドの1個だけで，大部分がグラフ表示をする領域となります．

　ボタンの下に，デバッグ用にUSBの接続状況を表示するメッセージ領域をいくつか用意しています．このメッセージでUSB接続状況が大体わかります．

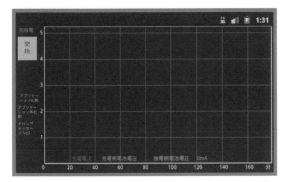

図10 充放電器のスマートフォンの画面

この画面表示のプログラムは，通常のEclipseではリソース・ファイルで作成するのですが，グラフ領域の表示を一緒にしようとするとちょっと面倒なので，プログラムとして直接記述して作成します．

グラフを表示する部分は，720×420ドットの範囲で表示し，横軸は15秒単位で1ドットとして表示させます．したがって，15秒×720 = 180分ということになります．縦軸は80ドットで1Vとしましたので，0Vから5.25Vまで表示できることになります．電流の場合も0から525 mAの表示として目盛を合わせています．

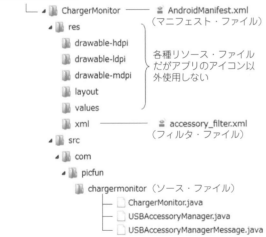

図11 コピー後のファイル構成

図12 プロジェクトの生成

● Eclipseのプロジェクトの作成

Eclipseの開発環境の構築は完了しているものとし，本製作に使うソース・ファイルも，あらかじめトランジスタ技術誌のウェブ・サイトからダウンロードして入手されているものとします．

また，Eclipseの環境がD:\Androidフォルダ下に作られているものとします．この環境の下でプロジェクトを作成します．

まず，プロジェクトを格納するフォルダ「D:\Android\projects」を新規に作成します．もともとEclipseのデフォルトのプロジェクト用のフォルダは「D:\Android\workspace」となっているのですが，さらにプロジェクト・フォルダを別に用意するのは，workspaceにダウンロードしたソースをコピーしてプロジェクトを作ろうとすると，「既にプロジェクトが存在する」というエラーで作成できないため，workspaceとは異なるフォルダに作成する必要があるからです．

次に，このD:\Android\projectsフォルダの下に，ここで作成する充放電器のフォルダを「ChargerMonitor」という名称で作成します．そしてダウンロードしたソース・ファイルをこのフォルダ下にすべてコピーします．

コピー完了後のフォルダ内のファイル構成は図11のようになっているはずです．

これで準備ができましたから，次にEclipseを起動し，メニューから「File」→「New」→「Project」とします．

最初に開くダイアログで「Android Project」を選択して［Next］とします．

図13 ChargerMonitorのプロジェクト・ファイル構成

これで開く図12の「Crate Android Project」のダイアログでは，「Create project from existing source」にチェックを入れてから［Browse］ボタンを押し，ソースをコピーしたディレクトリを指定します．ここでは，次のディレクトリを指定しています．

D:\Android\projects\ChargerMonitor

これを指定すると自動的にProject Name欄にプロジェクト名「ChargerMonitor」が表示されます．

これで［Next］とすると「Select Build Target」のダイアログになりますので，ここでは「Android 2.3.3でGoogle APIsの10」のSDKバージョンを選択してから［Finish］とします．

これでプロジェクトが自動作成され，図13のようなファイル構成で新規プロジェクトが生成されます．

プロジェクトにエラー・フラグがない状態であれば，デモプログラムを実行できます．さっそく実機で実行してみましょう．

実機で実行させるためには，ダウンロードが必要です．実機（Nexus S）をパソコンのUSBに接続し，USBドライバをインストールします．

Eclipse上で「Run」→「Run Configuration」とすると「Create, manage, and run configuration」という図14のダイアログが表示されますので，Androidタグで実行させるプロジェクトを選択します．

続いて，Targetタグを選んで表示されるダイアログで「Manual」にチェックを入れてから［Run］をクリックします．

これで図15のダイアログが表示されます．ここで上側の「Choose a running Android device」にチェックを入れ，さらに欄内の実機デバイスを選択して［OK］とすれば実機へのダウンロードが実行されます．

ダウンロードが完了すると実機に図10と同じ画面が表示されます．

● マニフェスト・ファイルとフィルタ・ファイル

マニフェスト・ファイルは，アプリケーションを起動した場合に実行するアクティビティを指定するファイルです．この製作例でのマニフェスト・ファイルはリスト11のようにしました．

最初にプログラムのパッケージ名やアクティビティ名を定義していて，プログラムをダウンロードした場合，ここに記述されているパッケージ名とアクティビティ名がアプリケーションを区別する名称として使われます．

次に，最低のAndroid APIレベルを指定しています．続いてイベント通知設定をしていますが，ここでアクセサリが接続されたときイベント通知をするように指定し，さらにフィルタ・ファイルでアクセサリを特定するように設定しています．

最後に，AndroidのAPIレベル10に含まれているUSB拡張ライブラリであるUSBアクセサリAPIライ

図14 プロジェクトの実行

図15 実機を選択するとダウンロードされる

リスト11 アプリ全体の宣言を行う…マニフェスト・ファイル

リスト12 接続するアダプタ基板を特定する文字列を記したフィルタ・ファイル

ブラリを使うという宣言をしています．

指定されたフィルタ・ファイルの内容がリスト12の下側で，ここに接続アクセサリを特定するための文字列情報が指定されています．USBで接続されたあと，アクセサリから送られてくる文字列と，ここの文字列が一致するかどうかで接続を許可するかどうかを決定しています．

アプリケーション本体の詳細

アプリケーション本体は下記のようなメソッドやサブクラスで構成されています．
- フィールドの定義（変数，定数の定義）
- onCreateメソッドでGUIを表示
- アプリ遷移に伴うイベントごとの処理メソッド
- USBイベントを処理するハンドラ部
- 受信データを処理するメソッド

以下にそれぞれの詳細を説明します．

● (1) onCreateメソッドの詳細

起動時に実行されるonCreateメソッドの内容はリスト13のようになっています．

最初にGUI画面表示設定を行っています．この製作ではGUI記述をリソースのxmlファイルではなく，直接プログラム中に記述しています．

まず，画面全体を横配置として，表示操作部とグラフ表示部を横に並べています．次に，表示操作部を縦配置とし，そこに表題と開始ボタンを配置し，その下にはデバッグ用としてUSBの接続状態をメッセージ表示するための3個のテキスト・ボックスを追加しています．

さらに，グラフ領域の描画をしてから，開始ボタンのリスナ・クラスの定義と，USBクラス・マネージャのオブジェクトを作成しています．

● (2) アプリケーション遷移イベント処理メソッド

アプリケーションが遷移する際のイベント処理メソッドを用意します．リスト14のようにonStart，onResume，onPauseの三つのイベント処理を用意

リスト13　onCreateメソッドの内容

```java
/***** 最初に実行されるメソッド  GUIの表示 ********************/
@Override
public void onCreate(Bundle savedInstanceState) {
  super.onCreate(savedInstanceState);
  requestWindowFeature(Window.FEATURE_NO_TITLE);
  /*** レイアウト定義 *******/
  LinearLayout layout = new LinearLayout(this);
  layout.setOrientation(LinearLayout.HORIZONTAL);  // 横配置指定
  setContentView(layout);
  // サブレイアウト
  LinearLayout layout2 = new LinearLayout(this);
    layout2.setOrientation(LinearLayout.VERTICAL);  // 縦配置指定
    layout2.setGravity(Gravity.LEFT);
    // 見出しテキスト表示
    text = new TextView(this);
    text.setLayoutParams(new LinearLayout.LayoutParams(65,WC));
    text.setTextSize(10f);
      text.setTextColor(Color.MAGENTA);  // 表題表示
    text.setText("充放電");
    layout2.addView(text);
    // ボタン生成
    LinearLayout.LayoutParams params2 = new LinearLayout.
                                    LayoutParams(60, WC);
  params2.setMargins(0,10,0,0);
  Charge = new Button(this);
  // 充電開始ボタン
  Charge.setBackgroundColor(Color.YELLOW);
  Charge.setTextSize(12f);
  Charge.setTextColor(Color.BLACK);  // 開始ボタン生成
  Charge.setText("開始");
  Charge.setLayoutParams(params2);
  layout2.addView(Charge);
  // デバッグ用メッセージボックス生成
    LinearLayout.LayoutParams params3 = new LinearLayout.
                                    LayoutParams(60, WC);
  params3.setMargins(5, 100, 0, 0);
    LinearLayout.LayoutParams params4 = new LinearLayout.
                                    LayoutParams(60, WC);
  params4.setMargins(0, 5, 0, 0);
   text1 = new TextView(this);
   text1.setLayoutParams(params3);
   text1.setTextSize(8f);                // デバッグ用メッ
   text1.setText("デバッグメッセージ No1");  // セージ・ボック
   layout2.addView(text1);               // ス生成
   text2 = new TextView(this);
   text2.setTextSize(8f);
   text2.setLayoutParams(params4);
   text2.setText("デバッグメッセージ No2");
   layout2.addView(text2);
   text3 = new TextView(this);
   text3.setTextSize(8f);
   text3.setLayoutParams(params4);
   text3.setText("デバッグメッセージ No3");
   layout2.addView(text3);
  layout.addView(layout2);
  // グラフ描画
   graph = new MyView(this);  // グラフ部表示
  layout.addView(graph);
  // ボタンイベントリスナ生成     // 開始ボタン・リスナ定義
   Charge.setOnClickListener((OnClickListener) new
                                    ContStart());
   /********** USBクラス　ハンドラ生成 **************************/
   accessoryManager = new USBAccessoryManager(handler,
                                    USBEvent);  // ハンドラ定義
}
```

リスト14　アプリ遷移に伴うメソッド

```java
/*********** アプリケーション遷移イベント処理 **************/
@Override
public void onStart() {
    super.onStart();
    text1.setTextColor(Color.GREEN);
    text1.setText("アプリケーション起動");  // 起動時の処理
}
@Override
public void onResume() {
  super.onResume();
    text2.setTextColor(Color.GREEN);
    text2.setText("アプリケーション再起動");  // 再起動時の処理
  accessoryManager.enable(this, getIntent());  // USB再接続実行
}
@Override
public void onPause() {
  super.onPause();
    commandPacket[0] = (byte)DISCONNECT;   // 切り離し要求
    accessoryManager.write(commandPacket);
  accessoryManager.disable(this);           // USB切り離し実行
  text2.setTextColor(Color.YELLOW);
  text2.setText("アプリケーション一旦停止");  // 一旦停止の処理
}
```

しています．onResumeイベント処理では，USBの再接続を実行して新たなインテントを取得しています．これでアプリ停止，再起動の際の自動起動を可能としています．

いずれもアクセサリ・クラス・ライブラリが提供するメソッドを使っています．

● (3) USBイベント処理ハンドラ

USBイベントに対応するハンドラが**リスト15**で，USBホストの接続，切り離しと送受信のイベントを処理します．実際の送受信そのものは，アクセサリ・ライブラリ内のスレッドで実行されますので，ここではスレッドから呼び出されるメソッドに必要な処理を追加します．

ハンドラの引き数として渡されるメッセージを取り出し，その種類でイベントを区別して分岐しています．CONNECTEDの接続開始，READYの接続完了，DISCONNECTEDの切り離しでは単にメッセージを表示するだけです．

次のREADで実際の受信データの処理を実行しますが，毎回まだ接続中かどうかを確認し，切り離されていたら強制終了します．接続中であれば，受信したデータ中に一定数のデータがあるかを確認し，あればProcess()メソッドを呼び出して処理し，なければ何もしないですぐに抜けます．

リスト15 USBイベント・ハンドラの詳細

```
/********** USBイベントハンドル *********/
    private Handler handler = new Handler() {
        @Override
        /* USBライブラリ応答メッセージ処理 */
        public void handleMessage(Message msg) {
            switch(((USBAccessoryManagerMessage)msg.obj).type) {
                case CONNECTED:
                    text1.setTextColor(Color.GREEN);
                    text1.setText("USBホストが接続されました");
                    break;
                case READY:
                    text2.setTextColor(Color.GREEN);
                    text2.setText("USBホスト正常接続完了");
                    break;
                case DISCONNECTED:
                    text2.setTextColor(Color.RED);
                    text2.setText("USBホストが切り離されました");
                    break;
                case READ:
                    if(accessoryManager.isConnected() == false) {
                        text1.setTextColor(Color.YELLOW);
                        text1.setText("USBホストが接続なし，終了します！");
                        return;
                    }
                    if(accessoryManager.available() > 2) {
                        // 受信データ残チェック
                        accessoryManager.read(commandPacket);
                        // 受信データ取り出し
                        // USB受信メッセージごとの処理
                        Process();
                    }
                    break;
                default:break;
            }
        }
    };
```

リスト16 受信データ処理メソッドの詳細

```
/***** データ表示処理関数 ********/
private void Process(){
    switch(commandPacket[0]) {
        case OKCHECK:// 接続確認コマンドの場合
            if((commandPacket[1] == 'O')&&(commandPacket[2]
                == 'K'))
                text3.setText("正常接続確認");
            else
                text3.setText("接続確認失敗");
            break;
        case START:
            Index = commandPacket[1]*128+commandPacket[2];
                                                  // データ数取得
            setPoint = (int)commandPacket[3];
            Counter = 0;
            commandPacket[0] = MsrPower;      // 最初のデータ要求
            accessoryManager.write(commandPacket);// 送信実行
            break;
        case MsrPower:
            // 1バッファ受信 60個
            text1.setTextColor(Color.YELLOW);
            text1.setText("電源");
            for(i=0; i<60; i++){
                Data[Counter] = commandPacket[i+2];
                                                // データバッファ保存
                Counter++;
            }
            if(Counter >= MAXSIZE*2){           // 全データ受信完了
                for(i=0; i<Index; i++)
                    PowerVolt[i] = (float)((float)(Data[2*
                    i]*128+Data[2*i+1])*1.653*3.3)/1024;
                // 次のデータ要求
                Counter = 0;
                commandPacket[0] = MsrShunt;// 最初のデータ要求
                accessoryManager.write(commandPacket);
                                                  // 送信実行
            }
            else{
                commandPacket[0] = MsrPower;// データ繰り返し要求
                accessoryManager.write(commandPacket);
                                                  // 送信実行
            }
            break;
        
        (一部省略)
        
        case MsrDischarge:
            text1.setText("放電");
            // 1バッファ受信 60個
            for(i=0; i<60; i++){
                Data[Counter] = commandPacket[i+2];
                                                // データバッファ保存
                Counter++;
            }
            if(Counter >= MAXSIZE*2){           // 全データ受信完了
                Counter = 0;
                for(i=0; i<Index; i++){
                    DischargeVolt[i]=(float)((float)(Data
                    [2*i]*128+Data[2*i+1])*1.640*3.3)/1024;
                }
                // 電流計算 2000*0.8=1600
                for(i=0; i<Index; i++){
                    ChargeCurrent[i] = (PowerVolt[i]-
                        ShuntVolt[i])*1600;
                    if(ChargeCurrent[i] < 0)
                        ChargeCurrent[i] = 0;
                }
                // 表示出力
                handler.post(new Runnable(){
                    public void run(){
                        graph.invalidate();   // データグラフの再表示
                    }});
            }
            else{
                commandPacket[0] = MsrDischarge;
                                             // データ繰り返し要求
                accessoryManager.write(commandPacket);
                                                  // 送信実行
            }});
            break;
        default: break;
    }
}
```

● (4) 受信データ処理実行メソッド

受信したデータ処理を行います．リスト16に示すように，1バイト目のデータ種別で分岐しています．

リスト17 グラフ表示クラスの詳細

```
/**** グラフを描画するクラス ****/
class MyView extends View{
    // Viewの初期化          ←─初期化
    public MyView(Context context){
        super(context);
    }
    // グラフ描画実行メソッド
    public void onDraw(Canvas canvas){
        super.onDraw(canvas);
        Paint set_paint = new Paint();
        //背景色の設定
        canvas.drawColor(Color.BLACK); ←─座標の表示
        // 座標の表示 青色で表示
        set_paint.setColor(Color.BLUE);
        set_paint.setStrokeWidth(1);     ←─縦軸横軸座
        for(i=0; i<=9; i++)// 縦軸の表示 10本    標の表示
            canvas.drawLine(19+i*80, 0, 19+i*80, 419,
                                                set_paint);
        for(i=0; i<6; i++)// 横軸の表示  7本
            canvas.drawLine(19, i*80+20, 739, i*80+20,
                                                set_paint);
        // 外枠ライン白色で描画
        set_paint.setColor(Color.WHITE);
        set_paint.setStrokeWidth(2);
        canvas.drawLine(19, 0, 19, 419, set_paint);
        canvas.drawLine(19, 0, 739, 0, set_paint);
        canvas.drawLine(19, 419, 739, 419 ,set_paint);
        canvas.drawLine(734, 0, 734, 419, set_paint);
        // 軸目盛の表示
        set_paint.setAntiAlias(true);
        set_paint.setTextSize(16f);
        set_paint.setColor(Color.WHITE);
        for(i=0; i<9; i++)// X座標目盛
            canvas.drawText(Integer.toString(i*20),
                            10+i*80, 437, set_paint);
        canvas.drawText("分", 715, 437, set_paint);
        for(i=1; i<=6; i++)// Y座標目盛
            canvas.drawText(Integer.toString(i), 5, 424-
                                    i*80, set_paint);
        // グラフ説明表示 ←─グラフ種類の表示
        set_paint.setColor(Color.RED);
        canvas.drawText("充電電流", 105, 410, set_paint);
        set_paint.setColor(Color.GREEN);
        canvas.drawText("充電側電池電圧", 200, 410, set_paint);
        set_paint.setColor(Color.YELLOW);
        canvas.drawText("放電側電池電圧", 365, 410, set_paint);
        // 放電電流値表示 ←─放電電流値表示
        canvas.drawText(Integer.toString(setPoint*70)+"mA", 500,
                                        410, set_paint);
        // 実際のグラフの表示  ←─データ・グラフの表示
        for(i=1; i<Index; i++){
            set_paint.setColor(Color.RED);
            canvas.drawLine(i+19, 419-ChargeCurrent[i-1], i+20,
                        419-ChargeCurrent[i], set_paint);
            set_paint.setColor(Color.GREEN);
            canvas.drawLine(i+19, 419-BatteryVolt[i-1]*80,
                    i+20, 419-BatteryVolt[i]*80, set_paint);
            set_paint.setColor(Color.YELLOW);
            canvas.drawLine(i+19, 419-DischargeVolt[i-1]*80,
                    i+20, 419-DischargeVolt[i]*80, set_paint);
/*                          ←─データ・グラフの表示追加分
            set_paint.setColor(Color.CYAN);
            canvas.drawLine(i+19, 419-PowerVolt[i-1]*80, i+20,
                        419-PowerVolt[i]*80, set_paint);
            set_paint.setColor(Color.GRAY);
            canvas.drawLine(i+19, 419-ShuntVolt[i-1]*80, i+20,
                        419-ShuntVolt[i]*80, set_paint);
*/
        }
    }
}
```

接続確認応答の場合は，OK応答の確認後メッセージを表示しているだけです．

開始コマンドへの応答の場合は，バッファ・ポインタをリセットし，受信したデータ個数をIndexとして保存してから，最初の計測要求を送信しています．

これへの応答としてデータ受信した場合は，計測のデータとしてバッファに保存します．Index個数を越えるまでこの計測要求とデータ受信を繰り返します．

さらに4種の電圧値をすべて受信完了したら，シャント抵抗の電圧値から充電電流値を求めて電圧値と一緒にグラフに表示します．

● (5) グラフ表示サブクラス

最後が，リスト17に示す実際にデータ・グラフを表示するサブクラスです．

最初に呼び出されたコンテキストで初期化してから実際の表示メソッドを実行しています．

グラフ表示では，呼ばれるたびに座標からすべて再描画しています．

座標は固定座標で軸を描き，周囲を白枠で囲っています．さらに軸目盛を小さめの文字で描画しています．

次に，グラフの種別を文字と色で区別してから，最後に実際のデータをグラフにして表示しています．グラフは2点間を直線で結んでいるだけです．

実　験

充放電器の電源を接続し，実際に充電，放電させる電池をコネクタに接続します．その後，StartスイッチをONとすれば液晶表示器に動作状況が表示されます．そのまましばらく動作をさせておいてから，スマートフォンをUSBケーブルで接続します．

これでスマートフォン側のアプリケーションが自動的に起動し，グラフ座標画面が表示されます．開始ボタンをタップすれば通信を開始し，計測できているデータをすべて受信完了するとデータ・グラフが表示されます．720回の全データをすべて受信するには2～3秒かかります．図17が実際に動作させた例です．

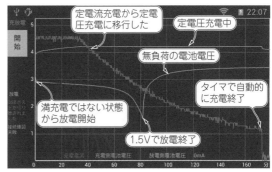

図17　動作させた画面

（初出：「トランジスタ技術」2012年9月号）

Appendix 4

全セルに優しく均等充電
直列接続のお供に！ バランス回路

リチウム・イオン蓄電池は，直列数や並列数を変更することで，ユーザ電子回路に合わせた電圧や容量を得られます．どのように電池の構成を決めるかを説明します．

■ 電圧や容量を増したい…

● 電圧を高くしたい場合…

電池を直列に接続することで電圧を上げられます．

たとえば12 Vの機器にリチウム・イオン蓄電池を使いたい場合，3直列または4直列構成とします．

```
3直列のとき出力電圧は9.0～12.6 Vです．
  下限  3.0 V × 3直列 = 9.0 V
  平均  3.7 V × 3直列 = 11.1 V
  上限  4.2 V × 3直列 = 12.6 V
4直列のとき出力電圧は12.0～16.8 Vです．
  下限  3.0 V × 4直列 = 12.0 V
  平均  3.7 V × 4直列 = 14.8 V
  上限  4.2 V × 4直列 = 16.8 V
```

電子回路の入力電圧仕様に合わせた構成を選択することができます．10本直列にした構成例を図1に示します．

● 容量を大きくしたい場合…

電池を並列に接続することで容量を増やせます．

たとえば，1.5 Aの機器を3時間動作させるような機器があった場合，必要な容量は，

電流×時間 = 1.5 A × 3時間 = 4.5 Ah

です．

電池1本あたりの容量を2.25 Ahで計算してみると，2本あれば必要なエネルギが得られます．

必要な容量÷電池1本の容量 = 4.5 Ah ÷ 2.25 Ah = 2本

● 大電流で使いたい場合…

電流が大きいと，容量から単純計算で求まる時間，連続供給できません．

たとえば，9 Aが必要な機器を連続15分間動作させたい場合，必要な容量は，

電流×時間 = 9 A × 15分間 = 9 × 15/60時間 = 2.25 Ah

です．

電池1本あたり2.25 Ahとすると1本で済むはずです．

必要な容量÷電池1本の容量 = 2.25 Ah ÷ 2.25 Ah = 1本

しかし，電池では最大放電電流(たとえば4.5 A)が決まっており，4.5 A < 9 Aです．この構成では電力が供給できません．

この場合，2本あれば4.5 A × 2本 = 9 Aとなり放電できるので，必要な容量は2.25 Ah × 2本 = 4.5 Ahです．

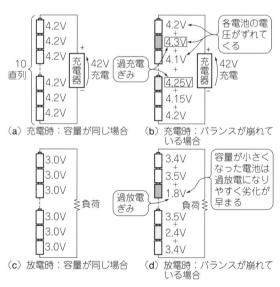

図2 多セルの直列接続が危ない理由…使っていてバランスが崩れると過充電や過放電のセルができてしまう

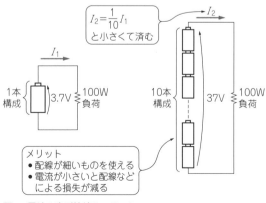

図1 電池の直列接続のメリット

■ 直列接続時の課題

● 直列接続は危険！

リチウム・イオン蓄電池は電動アシスト自転車や電気自動車，家庭用バックアップ電源装置などで使われています．このようなアプリケーションでは電池を7～100個直列接続し，電圧を24～400Vに上げて使用しています．高電圧にする理由は，鉛蓄電池からの置き換えによる電圧調整や，モータなどの駆動系への電力供給，商用電源AC 200Vなどへ効率のよい変換をするためです．

電圧を上げることで，供給ラインに流れる電流を下げ配線などの発熱などを抑えるメリットもあります．

このような多直列構成にする場合，特に気をつけなればいけないことがあります．それは，容量バランスの調整です．多直列構成の場合，図2に示すように，各電池の容量バランスが崩れると，ある電池だけ過充電や過放電になり劣化が早まります．容量バランスの調整はバランス回路を設けることで対応が可能です．

● 特性をそろえて出荷したはずの電池パックのセル・バランスが崩れていく

多直列のバッテリ・パックで構成している単電池は，容量などの特性が似かよったものを選んでいます．そうすることで容量のアンバランスを起きにくくしています．それでも，電池内部の自己放電量や劣化のばらつきなどにより少しずつバランスが崩れていきます．

特に，アンバランスを引き起こす要因として温度があります．電池の自己放電量は温度によって変化します．バッテリ・パック内で温度がばらついている場合，温度が高い電池と温度が低い電池では自己放電量に大きく差が発生します．電池の種類によって自己放電量は異なりますが，もし極端に20℃の差があった場合，自己放電によって月に2%程度の容量差が発生します．このようにしていったん発生した容量差は縮まることがありません．そこで，バランス回路を使い容量差を少なくします．

■ 2種類のバランス回路

リチウム・イオン蓄電池は，充電されているエネルギ量と電池電圧の間に相関があります．電池電圧が高いときはエネルギ量が高く，低いときはエネルギ量も低いのです．

この関係を利用して容量バランスを調整します．調整方法にはいくつかありますが，電圧が高くなった電池を放電する抵抗放電タイプや，電圧が低い電池を充電する充電タイプなどがあります．

▶抵抗放電タイプ

最も一般的な方法です．過充電気味のものを抵抗で放電して容量を調整する方法です．電池電圧が設定電圧以上になると抵抗で放電を行い，充電量を調整します．基本原理と回路構成を図3と図4に示します．シンプルで，安価に組み込むことが可能です．対応ICを表1に示します．

抵抗で放電し熱としてエネルギを捨てるため，排熱を考慮する必要があります．

▶充電タイプ

容量が不足している電池を充電してバランスを合わせる方法です．全体を充電する充電器とは別に個々の電池を充電し容量不足を補う方法です．回路構成が大きく高価ですが，エネルギを熱として捨てることはなく抵抗放電タイプと比べてエコな方式です．

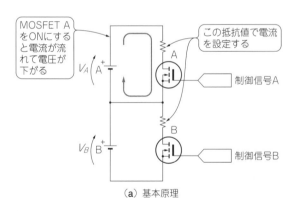

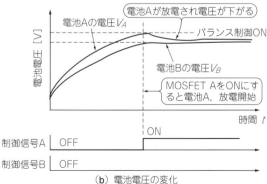

図3　セル・バランス調整回路の原理

表1　セル・バランス調整用IC

型　名	メーカ	セル数/IC	多直列構成
MM3513	ミツミ電機	1セル	使用可能
S-8209A/S-8209B	SII	1セル	使用可能
R5432V	リコー	3～5セル	使用可能
BQ29200	テキサス・イン	2セル	不可
BQ77PL900	スツルメンツ	5～10セル	不可

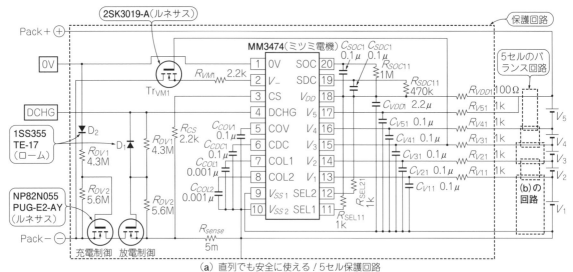

(a) 直列でも安全に使える！5セル保護回路

図4⁽¹⁾ セル・バランス調整回路の例

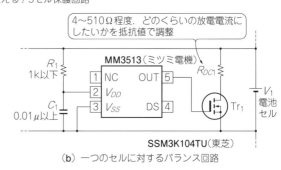

(b) 一つのセルに対するバランス回路

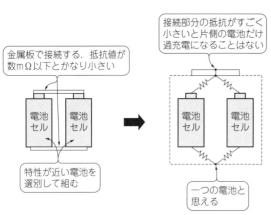

図5 並列接続は過充電や過放電の心配が要らない理由…同じ電圧の一つの電池と思える
セル同士の接続の配線抵抗がすごく小さい場合

● 並列接続のときはセル・バランスを気にしなくてよい

　容量を増やすためにセルを並列接続したようすを図5に示します．並列接続で，セル同士を接続したときの直列抵抗値がすごく小さい場合，ほぼ一つの電池と考えることができます．図6に示すように，たとえ容量のバランスが崩れても，それぞれのセルに加わる電圧は同じなので，過充電や過放電になる心配はありません．

〈佐藤 裕二〉

◆引用文献◆
(1) MM3513のアプリケーション・ノート，ミツミ電機．

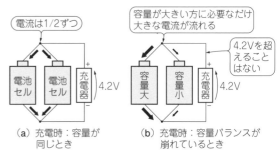

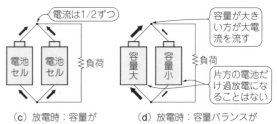

図6 並列接続の充電時／放電時の電流の流れ方

（初出：「トランジスタ技術」 2014年1月号）

第8章 電気代の安い夜間に充電し，いざというときに100Vを出力してくれるスゴイ奴

手作りだから大容量化も！鉛蓄電池搭載バックアップ交流電源

宮村 智也 Tomoya Miyamura

● AC 100V出力のバックアップ電源装置を作る…

　鉛蓄電池は入手しやすく身近です．小売店や通信販売でさまざまな種類，容量のものが販売されています．そこで，停電時でも自宅の電話やインターネットが利用できるように，鉛蓄電池を使ってAC 100V出力の簡易型バックアップ交流電源装置（以下，バックアップ電源）を製作しました．

停電時こそ電話やネットを使いたい

● 震災の教訓…停電すると固定電話が使えない！

　2011年3月11日に発生した東日本大震災は，東北地方を中心にわが国に甚大な被害をもたらしました．筆者は北関東在住ですが，自宅周辺は地震発生と同時に停電となり，翌日の昼すぎまで続きました．

　地震後は携帯電話にトラフィック（帯域）制限がかかってつながりづらく，安否連絡が終わらないうちに携帯電話の電池がなくなってしまいました．

　筆者宅の固定電話機は，ファックスやパソコン用のプリンタ機能をもつ複合機だったので，停電時には使えませんでした．このため，安否連絡が完了したのは停電から復帰した後でした．

　地震発生から1週間くらい携帯電話はつながりづらい状態が続きました．これに比べて固定電話はいつもと変わらない使い勝手であったように思います．しかし，昔の電話機はAC 100Vがなくても動きましたが，最近の固定電話機は多機能化が進んだ結果，停電時には使えないものが多くなってきました．

　最近は，台風の大型化や竜巻の発生といった極端な気象現象による停電発生のリスクが以前より増えているようにも感じます．停電時にも固定電話やインター

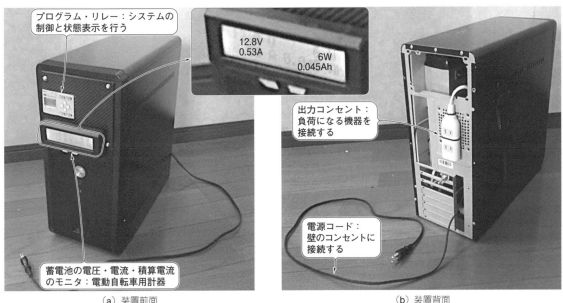

(a) 装置前面　　　　　　　(b) 装置背面

写真1　製作したバックアップ電源装置
自作パソコン用ATXケースにシステムを詰め込んで作る

ネットがある程度の時間利用できるよう，鉛蓄電池を使って AC 100 V が出力できるバックアップ用の交流電源装置を作ることを思い立ちました．

製作した装置の外観を**写真1**に，固定電話機と光モデム，ルータを負荷として運用しているようすを**写真2**に示します．

製作の三つの基本方針

● 方針①…自己放電で消耗した電気エネルギを自動で補充電

バックアップ電源は，日ごろの手入れが悪くていざというときに性能が発揮できないのでは困ります．

どんな蓄電池にも自己放電という現象が起こります．種類によって異なりますが，たいていの蓄電池は使っていなくても自己放電によって電気エネルギが消耗されます．これを補うのが補充電という作業です．

バックアップ電源装置は，平常時は出番がないので，日ごろの補充電を人手に頼るとついつい忘れがちになります．このため，日常の補充電は自動で行うことにしました．

● 方針②…補充電は電気代の安い夜間に行う

筆者宅は電気温水器を利用しているため，時間帯に応じて電力料金が変化します．筆者宅に適用されている電力料金プランを**図1**に示します．

夜間(23時～翌朝7時)に適用される電力単価は，朝晩(7時～10時と17時～23時)の半分以下，昼間(10時～17時)の1/3と安く設定されています．このため，補充電は23時から翌朝7時の間で行って，ランニング・コストを抑えることにしました．

● 方針③…停電を検出して自動で電源を切り替える

平常時は商用電力を負荷にバイパスして供給し，停電になったら自動的に蓄電池からの電力供給へ切り替える仕様にしました．こうすることで，いざというときに外部から自宅の固定電話に安否確認の連絡が入ってもこれに応答できます．

バックアップ電源装置に向く蓄電池を選ぶ

今回蓄電池に期待する性質は，いざというときに備えて，常時満充電でエネルギを一杯に貯めておける性質です．蓄電池にもいろいろな種類がありますが，それぞれに用途の向き不向きが存在します．

● 候補 その1：リチウム・イオン蓄電池…満充電でのスタンバイは苦手

実用化された蓄電池では最もエネルギ密度が高いリ

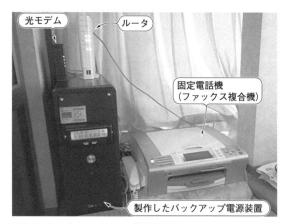

写真2 運用中のバックアップ電源装置
光モデム・ルータ・固定電話機(ファクス複合機)を負荷に使用中．負荷の消費電力は17 W だった

チウム・イオン蓄電池は，SOC(State Of Charge)が高い状態でのスタンバイが苦手で，満充電の状態で放っておくと電池の劣化が進む性質があります．いざというときに備えて満充電でスタンバイできないのでは，目指す装置の機能を満たしません．

また大容量のリチウム・イオン蓄電池は，個人での入手がまだ容易ではありません．したがって，リチウム・イオン蓄電池は採用しないことにしました．

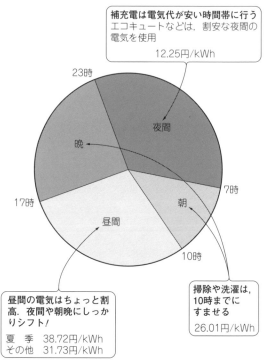

図1 東京電力の電気温水器利用者向け料金プラン[5]
電力料金の安い23時から翌朝7時の間に補充電

● **候補 その2：ニッケル水素蓄電池…「メモリ効果」があり，継ぎ足し充電は苦手**

次の候補は，小売店でも手に入れられるニッケル水素蓄電池です．製作したバックアップ電源装置は停電時の動作を保証するために，システム制御回路の電源をメインの蓄電池からとる構成にしました．また，ランニング・コストを抑えるために，平常時の昼間は充電器とバッテリは接続しない構成にしたかったので，制御回路は1日の半分以上，蓄電池駆動になります．

夜間の電力料金が安い時間帯に，昼間に制御回路が消費した電力と自己放電ぶんを充電したいのですが，これは蓄電池からするといわゆる「継ぎ足し充電」になります．ニッケル水素蓄電池は，「メモリ効果」の現象があるので，「継ぎ足し充電」には向いていません．いざというときに，積年のメモリ効果で期待した放電容量が得られないのは，バックアップ電源としては困ります．したがって，ニッケル水素蓄電池も候補から外しました．

● **候補 その3：鉛蓄電池…メモリ効果なし！ 満充電でのスタンバイも継ぎ足し充電もOK！**

残るは鉛蓄電池です．鉛蓄電池は，その性質から常に満充電付近での使用に向きます．鉛蓄電池をSOCが低い状態で放置すると，活物質である硫酸鉛が電池内に析出して劣化しますが，満充電にしておけばその心配がありません．満充電での保存に適する性質は，バックアップ電源装置を作るにはありがたい性質です．鉛蓄電池にはニッケル水素蓄電池やニッケル・カドミウム蓄電池に見られるメモリ効果がなく，継ぎ足し充電が可能です．

鉛蓄電池は，同容量の他の蓄電池に比べて重くかさばるのが難点ですが，大小さまざまなものが入手できることと，他の蓄電池よりも廉価に入手できることもあり，本製作では鉛蓄電池を採用しました．

● **鉛蓄電池にもいろいろある…通信工業用の制御弁式を採用**

ひと口に鉛蓄電池といっても，用途に応じてさまざまな種類のものが流通しています．

一番身近なのは自動車のエンジン始動用ですが，これらはベント式といって電槽(極板や電解液が入っている容器)が大気に開放されているため，蓄電池本体を倒したりすると電解液である希硫酸が外部に漏れ出します．

充電時に，ベント式の場合は，充電の電気化学反応のほかに電解液成分である水の電気分解も起こって可燃性のガス(水素と酸素の混合ガス)が外部に放出されます．この発生ガスは希硫酸のミスト(微粒子)を伴って放出されるため，周辺機器の腐食をもたらす恐れがあります．

こうした性質は，スタンバイ電源装置のように屋内で使用する機器には向きません．また，失われた電解液の水分の補充(補水という)もメンテナンスとして必要です．

上記のようなベント式の性質を改良した鉛蓄電池に，制御弁式があります．通常は電槽が密閉されており，電解液はグラスマットなどに含浸させてあるため倒したりしても電解液の漏出がありません．

充電時に発生する可燃ガスも通常は外部に放出されることはなく，内部の触媒の作用によって水に戻るので補水の必要がありません．

構造上，ベント式に比べ電解液量が少ないため同サイズのベント式より容量が小さい傾向にあります．構造が複雑で若干高価ですが，通常の使用ではガスの外部放出がなく補水の必要もないことは，屋内で使用する機器にとっては大きなメリットです．

*　　　*

以上の理由から，今回は通信工業用として特に自己放電が小さくなるよう配慮された制御弁式の鉛蓄電池WP20-12IE(Kung Long Techbology社)を2個並列に接続して使いました．鉛蓄電池は，身近なところではパソコン用の無停電電源装置に使われています．

システムの構成

製作したバックアップ電源装置の内部を**写真3**に，ブロック図を**図2**に，回路図を**図3(a)** に示します．主要な機能ブロックは，次の4点です．

(1) 蓄電池
(2) 充電器
(3) DC-ACインバータ
(4) 制御装置

(1)の蓄電池については選定の経緯をすでに紹介したので，それ以外の(2)～(4)について紹介します．

● **(2) 充電器…電圧が可変できて，電流制限がかけられる市販の電源キットを流用**

充電器は，秋月電子通商で販売している「実験室用定電圧安定化電源キット」を少々改造して使いました．

放電状態にある蓄電池は端子電圧が下がっているため，充電のため定電圧電源をいきなり接続すると大電流が流れます．電源装置の過電流保護の方式は種々あるので，過電流検知とともに出力を遮断するタイプの電源装置では，充電を開始できないことがあります．このため，電源装置の出力電流が設定値に達したら，出力電圧を下げて電流値が設定値に維持される市販の実験用安定化電源装置のCC(Constant Current)動作

写真3　製作したバックアップ用交流電源装置の内部
蓄電池には制御弁式鉛蓄電池WP20-12IE(Kung Long Batteries社)を2個並列接続で使用した

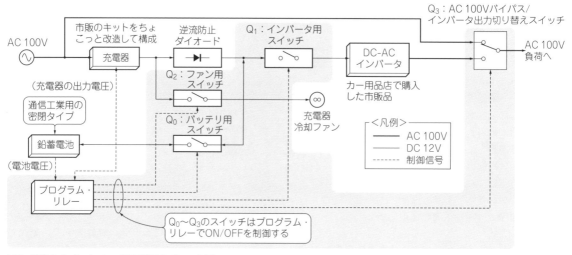

図2　製作したバックアップ電源装置のブロック図
手軽に製作できるよう，市販のキットやDC 12 VをAC 100 Vに変換するインバータを活用した

のような特性が充電器には求められます．このキットは，このような電流制限の機能を備えているだろうと考えて採用しました．

実際にキットを組み立てて動作させたところ，そのまま組み立てた状態では電流制限が12 A以下に設定できないことに気がつきました．このキットはシリーズ・レギュレータなので，12 Aを出力しようとした場合は，出力段のパワー・トランジスタの発熱も大きく，放熱が大変になります．また，電源トランスが大型化するため，図3(b)に示すように電流検出抵抗にダイオードを追加して，最大6 Aの出力電流になるようにしました．

回路の構成上，電源装置が動作していない状態で蓄電池をそのまま接続すると電源回路に電流が逆流し回路を壊す恐れがあるため，出力端子には逆流防止ダイオードを追加しています．

● (3) DC 12 VをAC 100 Vに変換するDC-ACインバータ

自家用車でユーザが利用できる電源は一般にDC 12 Vですが，車内で家庭用の電化製品が使えるよう，DC 12 VをAC 100 Vに変換するDC-ACインバータがホーム・

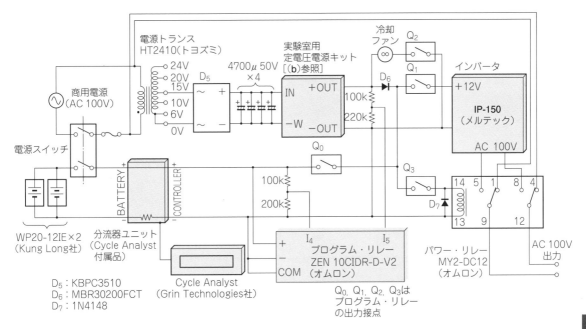

(a) 回路図

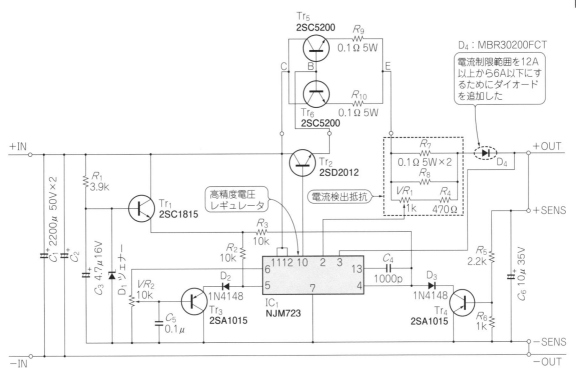

(b) 充電器回路詳細[(2)]

図3 回路図
充電器部は市販のキットを一部改造して使用した

センタやカー用品店で各種販売されています．

本装置にはホーム・センタで格安販売されていた，写真4に示すDC-ACインバータを使いました．定格出力は120Wです．格安品の多くの場合は，出力が

AC 100 Vとはいえ正弦波とは程遠い矩形波を出力するのですが，筆者宅の固定電話機や光モデム，ルータでの使用では特に問題ありませんでした．

電源波形が気になるようなら，高価ですが正弦波出

おさらい！ C言語すら不要のラダー・チャート　　　　　　　　　Column 1

昔ながらの制御装置PLC(p.96, コラム2)のプログラムは，図Aに示す機械式リレーで論理回路を表現したラダー・チャート(本文図5)を使って作ります．

これをPLC専用のソフトウェアでマイコン・プログラムに変換してPLC内蔵のマイコンに書き込むとハードウェアを自動制御できます．

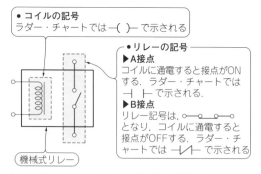

図A　リレーの接点とコイルで構成する機械式リレー

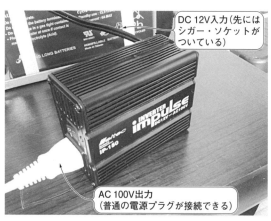

写真4　使用したDC-ACインバータ
IP-150(メルテック社)を使用した．同じものがホーム・センタやカー用品店で入手できる

力のDC-ACインバータを選ぶ手段があります．

● (4) 制御装置

図2と図3に示すスイッチ$Q_0 \sim Q_3$を適宜切り替えることで充電・放電・待機の三つの動作モードを切り替えます．$Q_0 \sim Q_3$を手動で切り替えても機能は達成できますが，冒頭に述べたとおりバックアップ電源装置は平常時の出番はないので，動作モードの切り替えは自動化したいところです．

今回は動作モード切り替えの自動化に，写真5に示すプログラム・リレー(ZEN10C1DR-D-V2, オムロン)を使いました．

機械式の接点出力を4点もっているので，$Q_0 \sim Q_2$の3点はプログラム・リレー内蔵のもの，Q_3は出力切り替えリレーのソレノイド駆動用に使っています．また，このプログラム・リレーには条件判定用にアナログ入力が2チャネルあるので，これを停電検出と蓄電池の電圧検出に使いました．図4に製作した装置の制

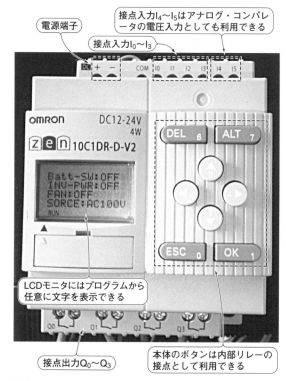

写真5　システム制御に使用したプログラム・リレー
ZEN10C1DR-D-V2(オムロン)を使用した．プログラムはラダー・チャートで作成する

御概要を示します．

このプログラム・リレーは，一般産業用のPLC(Programmable Logic Controller)の簡易版のような製品です．PLCと同じように制御ロジックはラダー・チャートでプログラムします．本体だけでもプログラム可能ですが，専用ソフトをパソコンにインストールし，パソコンでラダー・チャートを作成してプログラム・リレーに書き込むほうが作業が格段にラクでした．専

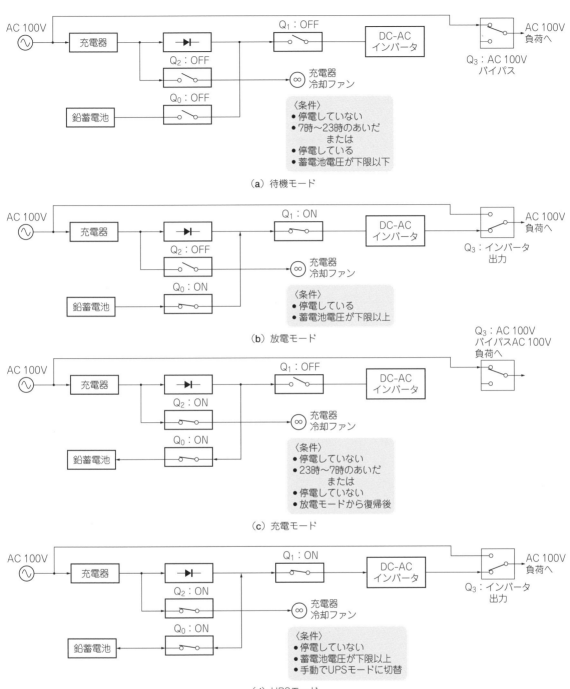

図4 制御の概要
蓄電池の端子電圧と商用電力の停電有無から，Q_0～Q_3を切り替えて動作モードを切り替える

用ソフトはプログラム・リレーのシミュレーション機能も提供しているので，デバッグも容易です．

図5に製作した装置のラダー・チャートを示します．プログラミングの詳細はプログラム・リレーの取り扱い説明書[3][4]や専門書に譲りますが，ちょっとした制御回路の構築には便利な部品です．

● 充電状態のモニタ

使用中の蓄電池端子における電圧，充放電電流，充放電時の積算電流がモニタできるよう，電動自転車向けの多機能メータであるCycle Analyst（Grin Technologies）を**写真6**に示すように取り付けました．充放電時の積算電流がわかると，精度良く蓄電池のSOCが

図5 制御プログラム

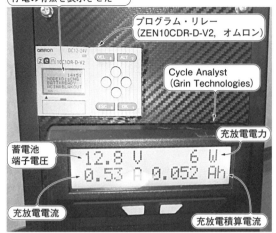

写真6 蓄電池の充電状態を Cycle Analyst で見える化
本来は海外の電動自転車用多機能メータ．直流電力計の機能がある

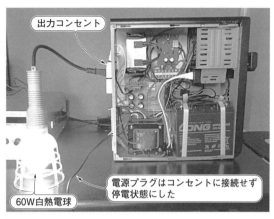

写真7 放電試験のようす
60Wの白熱電球を負荷にして，どれだけ点灯できるか試験した

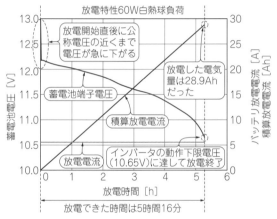

図6 放電中の蓄電池の電圧と電流（60W白熱電球負荷）
放電の進行とともに電圧が単調に減少している．インバータ動作下限電圧に達するまでに5時間16分かかった

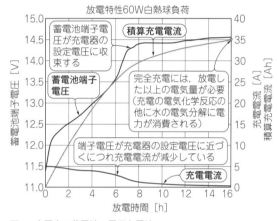

図7 充電中の蓄電池の電圧と電流
放電テスト終了後ただちに充電．定電圧充電ができていることを確認

把握できます．

今回は手持ち部品に Cycle Analyst があったのでこれを使いましたが，バックアップ電源には速度計などの不必要な機能もついているため，新たに購入するのであればマルツパーツ館で販売されている直流電力計キット［MDCM01-KIT（R2）］を利用するのもよいでしょう．

実験！実際に負荷をかけて性能チェック

● 60Wの白熱電球が5時間16分連続点灯できた！

製作した装置にどれほどの実力があるのかを調べるために，写真7に示すように60Wの白熱電球を負荷にして連続放電実験を行いました．実験は白熱電球が消灯するまで行いました．実験中の蓄電池端子におけ

る電圧・放電電流・積算電流の変化を図6に示します．蓄電池の端子電圧は時間の経過とともに単調に低下していき，端子電圧が10.65Vになったところで DC-AC インバータの動作が停止，負荷の白熱電球は消灯しました．試験開始から消灯までの時間は5時間16分でした．

公称容量19Ah（10時間率）の蓄電池を2個並列にしているので，38Ahの容量を期待しましたが，今回の実験では積算放電電流が28.9Ahで，期待した容量の76％に留まりました．実験中の放電電流は平均5.5Aほぼ一定で，放電率でいえば0.14C程度です．仕様書より容量が出なかった理由は複数考えられますが，実験時の室温が16℃と仕様書の試験条件（25℃）より低かったこと，放電率が0.1Cより高かったことが理由と考えられます．

筆者宅の固定電話機と光モデム・ルータをあわせた消費電力は17Wだったので，実験結果を踏まえれば，停電時には少なくとも18時間は筆者宅の固定電話やインターネットが利用できる計算になります．

Cを使うまでもない！　ナント1万円のマイコン内蔵多機能リレー　Column 2

● ON/OFF制御はお任せ！　制御装置「PLC」

ロジックICやマイコンが登場する以前は，自動制御を行う場合に，機械式リレーをたくさん用意して，各リレーの接点とコイルを配線することで目的の論理回路を作っていました．

これをマイコンのプログラムでソフトウェア的に置き換えて，大量の機械式リレーの用意や，配線の手間を省けるようにしたのがPLC（Programmable Logic Controller）と呼ばれる制御装置です．

● 個人で買える！　1万円の簡易版PLC

今回バックアップ電源の製作に使ったプログラムリレーZEN（オムロン，**写真A**）は，通常数十万円する工場などで使われているPLCの小規模版といえる製品で，本格的なPLCに比べると入出力接点の数やプログラムの規模に制限がありますが，1万円程度の価格で販売されていて個人で購入できます．

ラダー・チャートを記述するための仮想的なリレーには，ラッチング・リレーや各種のタイマ・リレー，カウンタ・リレーなどが用意されており，これらを組み合わせると複雑なプログラミングも実現できます．

図Bに簡単な例として，一般的なラダー・チャートの処理の流れを示します．Arduinoなどのマイコン・ボードから実際の負荷をON/OFFしようとした場合は，何らかのソレノイド駆動回路を追加する必要があります．機械式接点出力のZENであれば，直接負荷のON/OFFができるうえに，ZEN本体のLCDに任意のメッセージを表示させることもできます．

〈宮村 智也〉

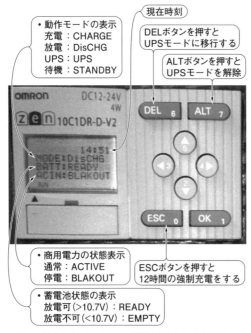

写真A　製作したバックアップ電源で動作中の簡易版PLC「プログラムリレーZEN」

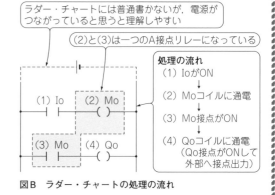

図B　ラダー・チャートの処理の流れ

● 完全充電には放電した以上の電気量を充電する

放電実験が終了した直後に製作した装置で充電を行いました．充電中の蓄電池端子における電圧・充電電流・積算電流の変化を図7に示します．

充電器の最大電流は5 A，電圧は蓄電池端で14.55 Vに設定しました．充電器の特性のため充電初期は定電流充電にはなりませんでしたが，充電の中盤以降は定電圧充電になっており，充電が安全に行われることが確認できました．

充電時の積算電流は16時間経過時点で34.9 Ahで，放電した電気量より19 %多くなっています．鉛蓄電池の充電電力は，充電後期には充電の電気化学反応に加え電解液成分である水の電気分解にも費やされるので，100 %充電するには放電した以上の電気量を注ぎ込む必要があります．

◆参考文献◆

(1) Kung Long Batteries Industrial Co., Ltd.：WP20-12IE データシート，http://akizukidenshi.com/download/WP20-12IE.pdf.
(2) 秋月電子通商：実験室用定電圧安定化電源キット（パワー・トランジスタ仕様）取扱説明書．
(3) オムロン：プログラムリレーZENユーザーズマニュアル．
(4) オムロン：サポートソフト形ZEN-SOFT01-V4オペレーションマニュアル．
(5) 東京電力ウェブ・サイト：電化上手，http:www.tepco.co.jp/e-rates/individual/menu/home/home01-j.html

（初出：「トランジスタ技術」 2014年1月号）

特設　大容量キャパシタ×電池で高速充放電バッテリ製作

第1章 電気二重層キャパシタとリチウム・イオン・キャパシタの応用

最新の大容量キャパシタを使った電源回路設計

秋村　忠義 Tadayoshi Akimura

　これまで，キャパシタ（コンデンサ）にエネルギを蓄えて電源として使うことなど考えもしなかったと思います．容量が数百F程度と小さく，自然放電が大きかったからです．質の良い電極材料や電解液が入手できるようになり，電気二重層を使っての高エネルギ蓄電が現実のものとなってきました．ここ数年，基本特許が切れた比較的古い技術であるリチウム・イオン・キャパシタ（LiC）の性能向上も進み，単位重さ当たりの蓄電量は，鉛電池に匹敵するものができてきました．

　電池すべてを大容量キャパシタに置き換えることは難しいですが，適所に使えば総合的な価値を高められるデバイスといえます．

大容量キャパシタの性質

　表1に大容量キャパシタの特徴を示します．

　大容量キャパシタは，充放電寿命が長く，内部抵抗が低く，微小電流から大電流まで効率良く充電できます．さらにメモリ効果などまったくなく，温度特性も電池より良い蓄電デバイスです．

　欠点は放電とともに大きく電圧が変動する（蓄電量に比例）ことですが，DC-DCコンバータの技術が向上して，入力電圧範囲が広くなったため，これも大きな問題にはならなくなってきました．むしろ電圧変動によって，端子電圧だけを見るという簡単なしくみで蓄電量や残量が正確に把握できます．

　鉛などの有害物質を使わない大容量キャパシタはエコ時代の申し子です．まだまだ高価ですが，量産化になれば急激なコスト・ダウンが見込めます．

● 大容量キャパシタの蓄電エネルギの定義
▶蓄電エネルギの単位 ［Ws］

　電気二重層キャパシタやリチウム・イオン・キャパシタをエネルギ蓄電装置として利用する場合，蓄電容量がポイントになります．

　蓄電エネルギU_{cap}［Ws］は，使用電圧範囲とキャパシタの容量C_{cap}［F］で決まります．使用電圧範囲は，充電上限電圧（耐圧）V_2，下限電圧V_1で決まります．

$$U_{cap}\,[\mathrm{Ws}] = C_{cap}(V_2^2 - V_1^2)/2 \cdots\cdots\cdots (1)$$
$$U_{cap}\,[\mathrm{Wh}] = U_{cap}\,[\mathrm{Ws}]\,/3600\,\mathrm{s}$$

▶電池は［Ah］，キャパシタは［Wh］

　電池と比較する場合も，Whを使うと比較しやすくなります．電池は電圧の変動が少ないのでAhで表記することが多いのですが，大容量キャパシタは充電量で電圧が大きく変動するからです．電池のWhは，（平均）電圧×Ahで算出できます．

表1　大容量キャパシタには「電気二重層キャパシタ」と，高エネルギ密度だが下限電圧がある「リチウム・イオン・キャパシタ」がある

蓄電デバイス	耐圧［V］	内部抵抗［Ω］	エネルギ密度［Wh/kg］	出力密度［W/kg］	充放電寿命	フローティング寿命	自己放電	温度特性	下限電圧
電気二重層キャパシタ	△ (2.5 V～3.3 V)	◎	×～△	◎	◎ (約100万回)	◎	×～◎	○	0 V
リチウム・イオン・キャパシタ	○ (3.8 V～4.0 V)	○～◎	○	○～◎	○ (約10万回)	◎	◎	○	2.0 V～2.4 V
鉛蓄電池	◎ (約6 V)	△	○	△	△	△	◎	△	約5.3 V
リチウム・イオン蓄電池	○ (3.6 V～4.3 V)	○	◎	○	△	△	◎	△	2.0～2.4 V

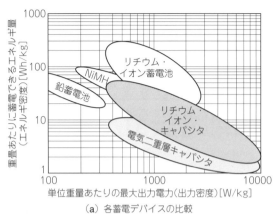
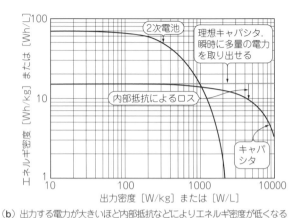

（a）各蓄電デバイスの比較　　　　　　　　（b）出力する電力が大きいほど内部抵抗などによりエネルギ密度が低くなる

図1　大容量キャパシタは電池より蓄積エネルギの密度は低いが，瞬間的に出力できるエネルギ密度は高い
横軸に出力密度，縦軸にエネルギ密度をプロットしたラゴーン・プロット

▶使用電圧の決定

リチウム・イオン・キャパシタには，自体に下限電圧があります．通常の電気二重層キャパシタの最低の電圧は，例えば負荷につける安定化電源の最低入力電圧など回路で決まります．

リチウム・イオン・キャパシタは充電上限電圧V_2が高く3.6～4.0Vですが，下限電圧V_1が2.0～2.2V程度でこれ以上の放電はできません．それでもV_2が高いので，全体として蓄電される容量はV_2が2.5～3.3Vの電気二重層キャパシタに比べ大きいです．

同じ電気二重層キャパシタで選ぶ場合は少しでも耐圧が高いものを選び，耐圧（V_2）まで充電して使うことで大容量を得られます．

● **大容量キャパシタは電池よりも大電流を出力できるが蓄積できるエネルギの密度が低い**

▶蓄電量と瞬間的に得られる電力の指標ラゴーン・プロットの活用

蓄電デバイスが，どの程度エネルギを蓄えられるか，どの程度瞬間的な大電力を供給できるか，の二つの指標を同時に知るために便利なグラフがラゴーン・プロットです．

横軸に瞬間的に供給できるエネルギの指標となる出力（パワー）密度（［W/kg］または［W/L］），縦軸に重量や体積当たりに蓄えられるエネルギの指標となるエネルギ密度（［Wh/kg］または［Wh/L］）として，各蓄電デバイスをプロットしたものです．

ラゴーン・プロットを活用することで，エネルギ密度と出力密度の観点から，どの蓄電デバイスが有利か，容易に判断できます．

図1に代表的な電池と大容量キャパシタのラゴーン・プロットの範囲を参考として示します．

このグラフは，実際にいろいろな電力値で定電力放電を行い，それぞれの電力値でのエネルギ密度を得て，それをプロットしました．

▶電池は蓄えられるエネルギの密度が高い

出力密度が要求される場合には電気二重層キャパシタが最も有利ですが，エネルギ密度がかなり低いです．リチウム・イオン・キャパシタはある程度のエネルギ密度がありながら，電気二重層キャパシタに近い出力密度が得られます．リチウム・イオン・キャパシタは各社この性能を改善中で，近い将来は電気二重層キャパシタを超える可能性もあります．

出力密度を要求しない場合は，他のパラメータを考えなければエネルギ密度が高い電池類が断然有利です．

縦に大きければ大きいほど，蓄えられるエネルギが多くなります．電池はやはりたくさんのエネルギが蓄えられます．

ところが，右にグラフが伸びていくに従って，電池の場合は急激にエネルギ密度が低下します．これは内部抵抗が大きいため，蓄えられているエネルギは大きくても，急激に取り出すことができないことを表しています．

▶大容量キャパシタは瞬間的に出力できるエネルギの密度が高い

大容量キャパシタは，一般的に電池よりも右のほうに長くグラフが伸びています．内部抵抗が低いために瞬間的に大きなエネルギを取り出せます．その反面，エネルギ密度は低く，全体として蓄えるエネルギは少ないです．

電池よりもエネルギ密度が小さい大容量キャパシタでも，瞬間的に大電力を取り出したい場合，実際に取り出せるエネルギは電池よりも大きいことがわかります．あまり瞬間的に大きなエネルギを取り出さない用途であれば，電池のほうが絶対的に有利なこともわかります．

用途ごとに求められる大容量キャパシタの特性

● 3ヶ月～6ヶ月で50%以上エネルギが残るものなら予備電源に使える

一度充電し，満充電のまま長時間放置し，必要なときに放電させる予備電源として使う場合は，自己放電が小さいことが重要です．各大容量キャパシタによって，自己放電の大きさは大きく違います．

満充電後，電圧比で24時間で90%以上も放電するものもあれば，240時間で数%しか放電しないものもあります．

この特性は電解液やセパレータの特性などで決まるようです．蓄電容量の大小にはあまり依存しません．

太陽光発電の充電やUPS用途などには自己放電が少ないものを選ぶ必要があります．

パワー・アシストや回生用の大容量キャパシタは，出力電流を多く取り出せる反面，自己放電が多い傾向があるので予備電源用には不向きです．

用途にもよりますが，3ヶ月～半年で50%以上残っているものを使うべきでしょう．自己放電の資料はカタログにはあまり記載されておらず，各メーカに直接問い合わせないと得られない場合がほとんどです．

リチウム・イオン・キャパシタは下限電圧（先述のV_1）があり，これ以上放電すると壊れます．長い間大容量キャパシタを充電しないでおくと，下限電圧を下回り，容量や内部抵抗が劣化します．完全に破損する場合もあるので注意が必要です．

● 大電流出力が必要なアシスト用には内部抵抗が低いものがいい

ゆっくり充電し，負荷も軽いものなら内部抵抗はさほど気になりませんが，UPSの放電時やパワー・アシストのように瞬間的に大電流を取り出す場合や，絶えず大きな電流での充放電を繰り返す場合，内部抵抗が小さいほうが有利です．

こういった用途には，パワー用の大容量キャパシタなど正規化時定数5ΩF以下のものが向いていますが，ケース・バイ・ケースなので用途によってきっちり計算します．正規化内部抵抗［ΩF］は容量値C_{int}と内部抵抗R_{int}との積で，充放電のしやすさの目安になる指標です．これは定電圧充電したときの時定数であり，値が小さいほど短い時間で充放電できます．

▶ 大電流出力時の電圧降下が小さいものがいい

図2に示すとおり，大容量キャパシタから急な大電流を取り出すと，電流（I_O）×内部抵抗（R_i）ぶんだけ電圧が落ち，出力密度［W/kg］が落ちます．このことを IR ドロップと呼んでいます．内部抵抗が大きいと，必要な電圧が取り出せなくなるので，取り出す電流に

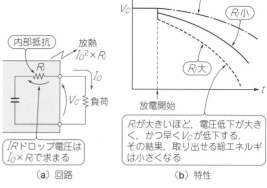

図2 大容量キャパシタから瞬間的に大電流を取り出すと電流×内部抵抗ぶんだけ出力電圧が落ちる
電圧低下ぶんの出力密度W/kgが落ちる．内部抵抗が大きいと必要な電圧が取り出せなくなる．この電圧低下は IR ドロップと呼ばれている

見合った内部抵抗の大容量キャパシタを選択する必要があります．

充放電を繰り返す場合，内部抵抗R_iにより，出し入れされるエネルギから$I_O^2 R_i$ぶんのエネルギが熱となって失われます．もったいないだけでなく温度上昇によって性能が劣化するので，この場合も流す電流に応じて内部抵抗が小さいものを選ぶ必要があります．

電池と何が違う？

● 寿命が長い
▶ 充放電寿命

大容量キャパシタは，深い放電深度（DOD：Depth of Discharge）でも電池より長持ちします．電気二重層キャパシタで100万回，リチウム・イオン・キャパシタで10万回と言われています．充放電回数の多い用途ではとても有利です．

放電深度とは，満充電から放電させて空になるまで放電させたときを放電深度100%とし，どこまでエネルギを放電させたかの割合をいいます．放電エネルギ量が全体の30%まで放電（70%は電池内部に残っている）させれば放電深度30%といった具合です．

電池の場合には電圧は比較的安定しているので，Ahで比を計算すればほぼWhの比と等しくなります．大容量キャパシタの場合にはV_2とV_1の電圧差から$U_{cap} = C_{cap}(V_1^2 - V_2^2)/2$からエネルギ計算をする必要があります．

2次電池の充放電寿命は通常は短いですが，放電深度を浅く使うことで最大数倍寿命を延ばせます．電池で寿命をもたせたい場合，本来必要な蓄電容量より大きな電池を使い，放電深度を浅く使って寿命を延ばしています．

▶フローティング使用時の寿命

フローティング使用でも，大容量キャパシタはその寿命が電池より一般に長くなっています．フローティングは，電池や大容量キャパシタで絶えず通電して満充電状態のまま待機している状態をいいます．いざというときに放電するUPSなどに使われます．

蓄電デバイスにはリーク電流が流れ続けるので鉛電池やリチウム・イオン蓄電池では，このような使用方法は極端に寿命を短くすることが知られています．

● 鉛蓄電池よりも使用温度範囲が広い

大容量キャパシタは充放電に化学反応を使いません（蓄電の仕組みは後述）．このため，使用温度範囲は概して電池よりも上限＋10℃，下限－10℃程度広くなっています．電池が苦手な高温下や低温下でも，特性の悪化はあってもキャパシタとして機能します．

鉛蓄電池の温度範囲は一般的な値では－15℃～＋50℃ですが，自動車に本来求められる温度は，寒冷地では－15℃を下回ることも多く，また暑い地域では＋50℃を軽く上回ります．他に代替がないために鉛蓄電池を使っているわけです．

大容量キャパシタの温度範囲（－25℃～＋70℃）でも足りないことも考えられますが，自動車用途としては少しでも広い温度範囲が求められています．メインの鉛蓄電池をそのまま大容量キャパシタに置き換えるのは容量上難しいのですが，大容量キャパシタは鉛蓄電池よりも有利な温度範囲になっています．

太陽電池を入力とした大容量キャパシタの充電回路

大容量キャパシタを蓄電に使った例として，太陽電池を入力とした充電回路を紹介します．**図3**に製作した回路を，**写真1**に外観を示します．

大容量キャパシタは大電流から微小電流まで充電できることから，天候で不安定に変化する充電電流を吸収しやすいといえます．さらに寿命が長いということは，太陽光蓄電のようなメンテナンスにコストがかかるものには向いているでしょう．

一番のメリットは，鉛のような有害物質を使わないという点で，エコなことです．

■ 大容量キャパシタが太陽光の蓄電に向く理由

● 繰り返し充放電の寿命は鉛蓄電池の100倍以上

昼間に充電して充電されたエネルギを夜使う太陽光発電システムは，1日1回の充放電を繰り返します．鉛蓄電池の一般的な充放電回数は，放電深度を浅くしても数百～1000回程度と言われています．大容量キャパシタは100％の放電深度で確実にその100倍以上の寿命があります．大容量キャパシタ単体のコストが高くても，定期的に蓄電装置を取り替えるコストが不要となることなども含めれば，全体として十分に採算が取れる事業モデルを考えることが可能であるといわれています．

● エネルギ密度は鉛に迫る

現在の大容量キャパシタ，特にリチウム・イオン・キャパシタのエネルギ密度（単位重さ当たりの蓄電容量）は10～25 Wh/kg，大きいもので30 Wh/kgです．鉛蓄電池の30～40 Wh/kgに極めて近く，決して大きく劣ってはいません．

● 環境に優しい材料が使われている

鉛のリサイクルができていない発展途上国では，古い鉛蓄電池が野原に放置されている例を見受けます．大容量キャパシタはたとえ放置されたとしても鉛ほどの有害性はなく，そのようなところには鉛蓄電池の代替として大変有望です．

● 曇天の微小電流も晴天の大電流も充電できる

鉛蓄電池は0.02 C（1 Ahの電池で0.02 A）以下の電流は充電できません．大容量キャパシタは，0.02 Cを大きく下回る微小電流（例えば0.005 C～0.001 C程度）でも充電できるものが多くあります．これの特性をソーラの蓄電に生かすと，曇天の微小な発電量でも充電できます．逆に急に太陽が出てきて5 C～10 C，あるいはそれ以上の大電流が大容量キャパシタに流れ込んでも充電可能です．

● 満充電近くでも内部抵抗が変化しない

鉛蓄電池は満充電近くになると内部抵抗が上昇して充電しにくくなる特性がありますが，大容量キャパシタはそういったことがありません．

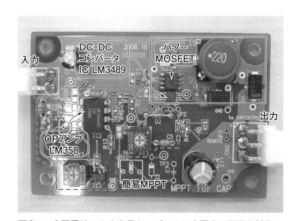

写真1 太陽電池から大容量キャパシタに充電する回路を製作
太陽電池の発電電力を落とさない回路付き

■ 大容量キャパシタの充電回路

充電の基本的な回路は，通常の電池と大きな差がないでしょう．CVCC(Constant Voltage Constant Current)電源で充電します．CCは電流を制限する機能で出力電流一定の定電流動作をします．CVは電圧を制限する機能で，出力電圧一定の定電圧動作をします．まずある程度の電流制限を掛けた状態で充電し，満充電の電圧値をCV電圧値に設定すれば充電できます．

大容量キャパシタには蓄電量に応じて電圧が大きく変動するデメリットがありますが，こと残量予想をする場合には，先の式(1)に従い，電圧を見て計算するだけで蓄電量がわかります．このため，シンプルな回路で高い精度の残量計測が可能です．電池のように電流を積算するなどの複雑なことは一切不要です．

● 電流制限が容易で入力電圧範囲の広いDC-DCコンバータLM3489を使う

コンバータICはPチャネルMOSFETを駆動できるLM3489を使いました．これは，容易に電流制限を掛けられ，大容量キャパシタの耐圧にあった低い出力電圧，いろいろな電源を入力につなげられる広い入力電圧範囲をもちます．

▶大容量キャパシタの充電電流を設定

R_1で，最大電流を調整します．大容量キャパシタは10A以上充電できるので，ここでの制限は使用素子が破壊しない電流値を計算します．

使用するMOSFETのオン抵抗値が関係するので，R_1に半固定抵抗を入れ，出力にダミーの負荷(定電流源や電子負荷)をつないで，出力電流を電流計でモニタしながら抵抗値を調整するのが手っ取り早いと思います．

今回は5Aの素子(MOSFETとSBD)を使っていますが，ディレーティングをみて約2Aで制限します．

▶充電電圧を設定

充電電圧は大容量キャパシタの耐圧を超えない値とします．

リチウム・イオン・キャパシタを使うことを想定し耐圧を4Vとした場合，充電電圧はR_4とR_6から決まります．LM3489の内部基準電圧は1.239Vなので，

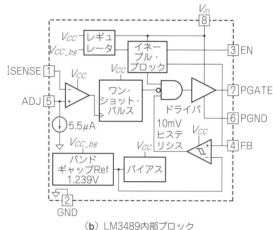

(b) LM3489内部ブロック

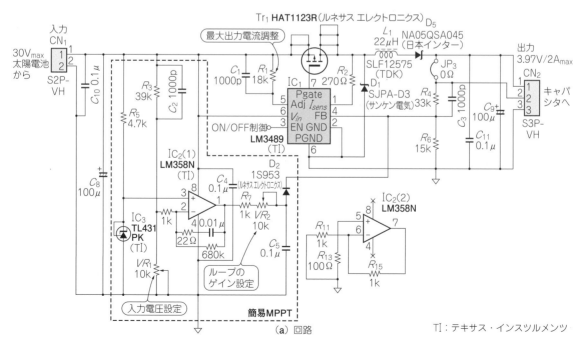

(a) 回路

TI：テキサス・インスツルメンツ

図3 太陽電池から大容量キャパシタに充電する回路
CVCC動作に使えるDC-DCコンバータLM3489を使う

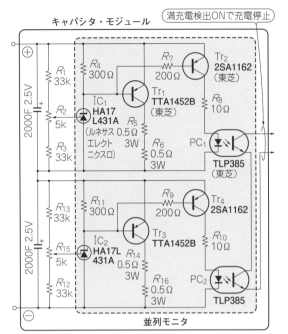

図4 電気二重層キャパシタを直列に接続する場合は，充電を均等化する並列モニタ回路が必要

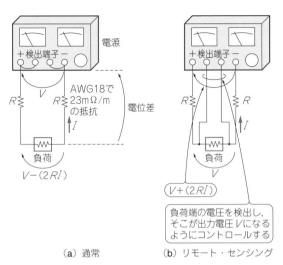

(a) 通常　　(b) リモート・センシング

図5 負荷電圧の検出は電源の出力端子ではせずに，負荷の近くへ配線する
配線の抵抗ぶんによる電圧降下が生じるのを防ぐ

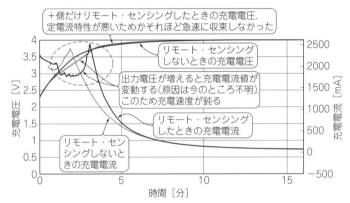

図6 リモート・センシングの有無による充電特性の違い
ICの定電流特性が良くないためか，リモート・センシングによる大きな効果は得られなかった

$V_{charge} = 1.239 \times (1 + R_4/R_6)$

$R_4 = 33\,k,\ R_6 = 15\,k$

で，計算上約3.96 Vの出力が得られます．

電気二重層キャパシタ2個を直列に接続する場合，例えば2.5 Vの2個直列なら5.0 Vに出力電圧を合わせます．$R_4 = 82\,k$，$R_6 = 27\,k$で約5.0 Vになります．その場合には，図4に示す並列モニタなどの充電を均等化する回路が必要です．並列モニタ回路は満充電を検出する信号を得るのが容易なので，その信号を利用して充電を停止する方法もあります．

▶リモート・センシングで充電電圧の精度を上げる

大容量キャパシタの＋側電圧を検出するR_4の先を直近で出力端子につながず，大容量キャパシタの近くまで配線します．これにより，充電電圧の精度を上げられます．

理由を図5に示す電源回路例で示します．電源と負荷をつなぐ実際の電線は抵抗をもちます．例えばAWG18のケーブルで23 mΩ/mあります．仮に電源から±それぞれ0.5 mのAWG18ケーブルで接続して10 A流した場合，電源の出力端より負荷端のほうが0.5 m×2×23 mΩ/m×10 A＝230 mVも電圧が落ちることになります．

この誤差を吸収するため，負荷端での電圧をモニタして，その電圧が設定した電圧になるようにコントロールすることをリモート・センシングといいます．

＋側だけでもリモート・センシングすることで，

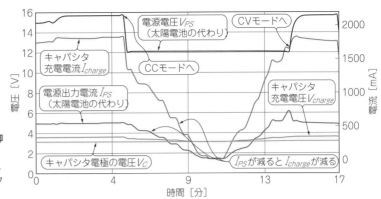

図7 発電素子の効率を保つため出力電流を制御する回路を挿入した充電実験
定電流出力の値を小さくしても電源電圧は一定．製作した回路の入力電圧を一定に保つフィードフォワードが働いていることが確認できる

＋ケーブルの抵抗による電圧降下をキャンセルでき，結果，満充電までの時間が短縮されます．

図3の回路図上はJP₃をカットしてCN₂の2ピンから大容量キャパシタ端子まで配線します．ただし，センシングの距離が長くなると帰還回路の動作が不安定になる可能性があります．

電流による電圧降下を最低限度に抑えるため，大容量キャパシタの端子は太い線で配線しますが，センシングの配線だけは細くても構いません．

図6にリモート・センシングの有無による充電特性を示します．一般的に大容量キャパシタの充電をリモート・センシングすると，CC充電からCV充電に切り替わった後，満充電に達するまでの時間が短くなります．ただし，今回の回路ではICの定電流特性が良くないためか，あまり大きな効果は得られませんでした．

● 太陽電池の発電効率が下がらないように出力電流を絞る機能を付け足す

太陽電池を使った回路で発電効率を制御するのは大容量キャパシタに限りません．鉛蓄電池用でも行われています．太陽電池から充電する場合，発電量に応じて充電電流を制御する必要があります．発電量が少ないのに大電流で充電しようとすると，太陽電池の出力端の電圧が下がって太陽電池の発電効率が悪くなります．

太陽電池のその時々における発電量は，出力電圧と出力電流の積で算出できます．発電素子の最大電力点を追従する機能であるMPPT（Maximum Power Point Tracking）を実現する充電制御回路は複雑になります．

簡易的に，太陽電池のセルの出力電圧がある一定の電圧範囲から下がらないように制御するだけでも十分に高い効率で発電できることが知られています．

▶入力電圧が低下したら出力電流を絞る回路

図3の破線内が発電素子の効率を保つため出力電流を制御する回路です．この部分を取り去れば，単なる

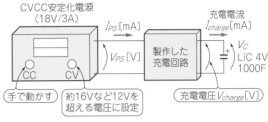

図8 CVCC電源を太陽電池の発電素子の代わりに使って製作した充電回路を動作実験した

CVCC電源となって通常の充電器として使えます．

入力電圧を絶えずモニタして，VR_1で調整された電圧以下になろうとすると出力電圧を落とすことで出力電流を制限する回路です．太陽電池が効率良く発電する電圧は，太陽電池のタイプによってさまざまなので，それは別途調べて，その電圧に合うようにVR_1を調整します．

鉛蓄電池用の太陽電池が多く出回っており，これは12〜16Vくらいに調整すればよいようです．VR_2でCC制御の効き具合いを調整します．入力電圧が落ちたときに極端に電流が減らないように調整します．

▶動作実験

この回路を使った充電の実験結果を図7に示します．太陽電池では実験しにくいので，図8のような構成にて実験しました．

太陽電池代わりとなる電源出力の定電流値を手で変えます．定電流値を下げていくと充電電流も下がり，上げていくと充電電流も増加します．

太陽電池代わりの定電流値を小さくしても太陽電池代わりの電源の出力電圧は一定です．入力電圧を一定に保つフィードフォワードが働いていることが確認できます．

定電流値が充電電流の制限値に設定している2Aを超えると，太陽電池代わりの電源は定電圧動作モードになります．定電圧電圧として設定した12V〜16Vといった値になります．

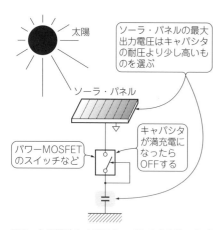

図9 太陽電池と大容量キャパシタを直接つなぐときは耐圧をある程度合わせ，過充電を検出して充電を止める回路を入れる必要がある

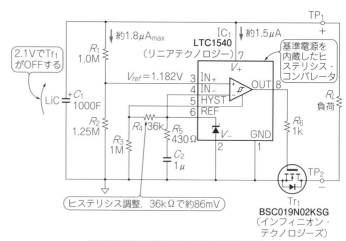

図10 リチウム・イオン・キャパシタは下限電圧があるので放電回路に過放電保護が必要
最大約3A用の回路．ヒステリシスがないと切断の瞬間ON/OFFを繰り返してしまう

● 大容量キャパシタでは直接充電も可能

製作したような充電回路がなくても，太陽電池を大容量キャパシタと直接つなげば十分に充電できます．この場合，**図9**に示すように太陽電池と大容量キャパシタの耐圧はある程度合わせておくことと，過充電を検出して充電を止める回路を入れておく必要があります．

鉛蓄電池でも直接接続して充電できますが，寿命を極端に縮めたり，急激に光量が上がった場合や満充電付近では充電効率が極端に落ちるため，効率が悪くなります．

● 大容量キャパシタに必要とされる容量の目算

負荷や，何Wを何時間もたせるか，使える太陽電池の大きさにより必要な大容量キャパシタの容量が決まります．

例えば1Wの負荷を10時間駆動したければ，蓄電エネルギ U_{cap} ＝10Whの大容量キャパシタが必要です．
蓄電エネルギ U_{cap} は，

$$U_{cap}[\text{Wh}] = C_{cap}(V_2^2 - V_1^2)/(2 \times 3600)$$

なので，

$$C_{cap} = U_{cap} \times (2 \times 3600)/(V_2^2 - V_1^2)$$

よって，

C_{cap} ＝6000 F

耐圧4V，下限2Vでこれだけの容量が必要です．

2.5Vの電気二重層キャパシタ2個直列で，5Vから2Vまで使用することにすると，同じ計算で，

C_{cap} ＝3429 F

これは2個直列の値なので1個の値は2倍の6857Fとなります．

キャパシタの内部抵抗の低さを生かす電源回路

大容量キャパシタにたまった電気を使う場合，電池と違って，大容量キャパシタは蓄電量に従って電圧が変動するため，変動に弱い負荷をつなぐ場合には安定化電源が必要です．DC-DCコンバータなど，安定化電源を利用することが一つの解決策です．

● 回路の構成

▶DC-DCコンバータを使う

大容量キャパシタは，蓄電した電力を使うほど電圧が落ちます． V_2 から V_1 まで，通常の電気二重層キャパシタで2.5V～0V，リチウム・イオン・キャパシタで4.0V～2.0Vなどで出力電圧が変わります．通常の電子機器の電源に使用する場合には，たいてい入力電圧範囲が広いDC-DCコンバータを使います．

▶過放電保護回路

特にリチウム・イオン・キャパシタの場合は下限電圧があり，これ以上電圧を下げてはいけないので，**図10**に示すような過放電保護があるべきです．

約2.1VでパワーMOSFETをOFFにします．ゲート-ソース間に加える電圧が2Vと低くてもドレイン-ソース間の抵抗が低くなるMOSFETを選ぶ必要がありますが，なかなか適切な素子が少ないのが現状です．このMOSFETのオン抵抗 R_{on} は，そのまま大容量キャパシタの内部抵抗に加算されてしまいます．

図10の例ではBSC019N02KSGを使いました．しっかりONにするには V_{GS} が2.5Vほど必要ですが，2.0Vでも内部抵抗3.5mΩ程度（サンプル1個の実測

3.1 mΩ）とそこそこ低い値です．これよりもさらにオン抵抗を小さくしたいのであれば，別途スイッチング電源などで昇圧して高い電圧でゲートを駆動したり，MOSFETを並列に接続するなどの対処が必要です．

▶回路消費電流に注意

過放電保護回路の消費電流は低くしておかないと，保護回路での電力消費が無視できなくなります．蓄電容量と比較して目的に対応できるだけの消費電流かどうかの確認が必要です．また，大容量キャパシタの自己放電電流相当ぶんより数分の1以下の電流に抑える必要があります．

今回使ったLTC1540はかなり低消費電流ですが，用途でさらに検討してください．

▶ヒステリシスが必要

ヒステリシスを設けないと，過放電保護回路が動作し始めそうなときや動作が止まりそうなときに，MOSFETがON/OFFをばたばたと繰り返します．これは負荷電流が切れると，R_{on}と配線抵抗R_xに発生する電圧がなくなり，過放電保護回路の検出電位が上昇してまたMOSFETをONにするからです．

LTC1540は，低消費電流に加え基準電圧を内蔵したコンパレータです．正確なヒステリシスのプログラミングも可能です．欠点は動作保証電圧が2V以上なので（1.6Vまで使えるが保証しない）2Vぴったりで動作させにくいことが挙げられますが，2.1Vではきちんと動作します．配線抵抗などで，電圧検出点と大容量キャパシタ端子と若干電圧に差が出ることも考慮したほうがよいと思います．

▶PチャネルのMOSFETも使える

一般的にNチャネルのMOSFETのほうがオン抵抗が低いので，今回はNチャネルのMOSFETを使いました．Pチャネルを使いたい場合は，IC_1の3ピンと4ピンを逆転させて，MOSFETをハイ・サイド（＋端子）側に入れれば動作します．

▶MOSFETの寄生ダイオードに注意

MOSFETはドレイン-ソース間にダイオードが寄生しています．充電の際にMOSFETがOFFで放電が止まっていても，このダイオードを介して充電できます．その反面，キャパシタ充電時の大電流でダイオードの発熱量が多くなります．

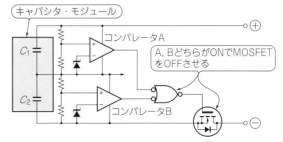

図11 複数のセルを直列接続したモジュールの過放電保護は，コンパレータのORをとって一つのMOSFETを駆動すればよい

▶モジュールの場合はMOSFETは一つでいい

図11のように複数のセルが直列接続されたモジュールの場合，コンパレータのORをとって一つのMOSFETを駆動すればよいです．

▶オン抵抗を下げるには並列接続

オン抵抗を下げたい場合には，MOSFETを並列接続します．入力容量が接続数倍に増えて，それだけ動作も遅くなり，MOSFETの瞬間的な発熱が増えるので気をつけてください．入力容量の小さいものを選ぶ，動作時のゲート・ドライブ電流を増やすなどの対策が必要な場合があります．

● DC-DCコンバータの出力イネーブル端子を過放電保護に使うときは実験で確認してから

DC-DCコンバータのICやモジュールには，出力イネーブル端子がついていてON/OFF動作を外部からコントロールできるものがあります．これらの機能を過放電保護に使うことも考えられます．MOSFETのスイッチなどを使わず，負荷に使っているDC-DCコンバータをディセーブルにして，OFFにすればよいのです．

しかしOFFにしても，動作時よりははるかに少なくなるものの，結構な電流が流れ続けてしまう製品があります．この機能を使う場合には，OFFの電流が大容量キャパシタの蓄電容量に対して十分に小さい電流であるか否か，チェックが必要です．

● 実験結果

図12のブロック図にて実験してみました．結果が

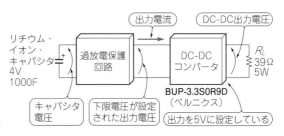

図12 過放電回路の動作を検証実験する接続

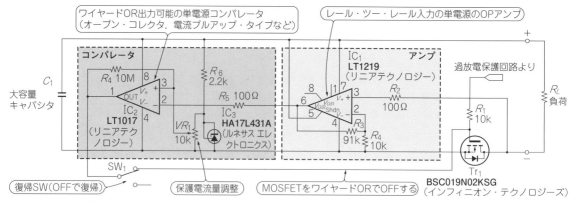

図14 大容量キャパシタの低インピーダンス性能を生かせる過電流保護回路例
MOSFETの両端の電圧を増幅してある一定の電圧を超えたときにMOSFETをOFFにする．IC₁，IC₂ともに電源電圧2V以上で動作するものを選ぶ

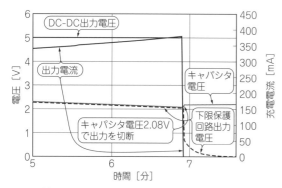

図13 製作した過放電保護回路の動作
大容量キャパシタの電圧＝保護回路の端子電圧が約2.1V以下となったとき，負荷と大容量キャパシタとが切り離されて大容量キャパシタの端子電圧が少し上昇する

図13です．大容量キャパシタの電圧＝保護回路の端子電圧が約2.1V以下に達したときに負荷と大容量キャパシタとが切り離されて，大容量キャパシタの端子電圧が若干上がっていることがわかります．

内部抵抗の低さを生かす過電流保護回路

内部抵抗の低さを生かそうと思うと，電池と異なり，大容量キャパシタの過電流保護回路は一工夫が必要です．

● 内部抵抗が大きいヒューズは使えない

多くのヒューズは内部抵抗が数十mΩ以上と大きく，大容量キャパシタの内部抵抗の低さを有効に使いたい場合は，使うのが難しいです．大電流用ヒューズで一部数mΩのものもありますが，品種が限られます．

抵抗は小さくしたいが，数A～10A程度で保護回路を働かせたい，という場合には，ヒューズでの保護は難しいでしょう．抵抗が小さくかつ溶断電流も小さいというヒューズはあまりないからです．ポリスイッチ

なども大抵10mΩ以上あるので使う前に確認します．

● 電子的な保護回路を使う

電池でも行われている方法です．

過放電保護のスイッチ部分にMOSFETなどを使っている場合，MOSFETの内部抵抗を使う方法が考えられます．MOSFETを使っていなくても，1mΩ程度の小さい電流検出抵抗を入れれば，さほど問題なく電流検出ができます．

回路例は図14です．MOSFETの両端の電圧を増幅して，ある一定の電圧を超えたときにMOSFET自体をOFFにする回路です．

オン抵抗をR_{on}，流れている電流をI_Oとすると，$V_{on} = R_{on}I_O$の電圧を検出することでI_Oを逆算してあるI_Oを超えたら動作するようにします．現実はR_{on}はばらつきなどが大きいので実験で動作電圧を決めるのがよいと思います．

図14は，過放電保護やほかの機能との動作の整合（OFFした後の復帰，先に過放電保護が動作してしまった場合など）は考慮に入れていません．実際に組む場合にはそういったことも踏まえて設計してください．

電流検出用ICも発売されているので，これを使うのも一案です．

● 温度検出

ヒューズと同様，温度ヒューズも，その内部抵抗のために，大電流用途の大容量キャパシタでは入れられない場合が多いです．これも電子的な温度検出を行ってMOSFETをOFFする回路を入れることがよいでしょう．

電気二重層キャパシタとリチウム・イオン・キャパシタの違い

● 電気二重層キャパシタ（EDLC）

図15のように，電圧印加前にばらばらだった電解

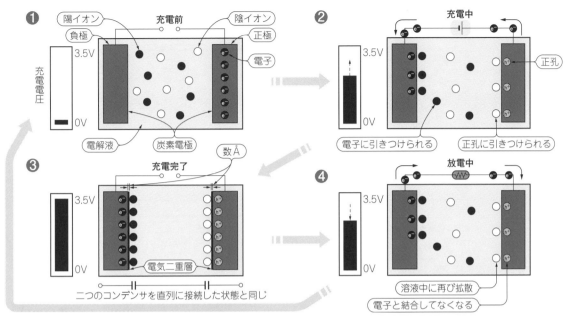

図15 電気二重層キャパシタの充放電動作は化学変化を伴わない
電荷の移動速度が速く，内部抵抗が低くなり，出力密度が大きくなる

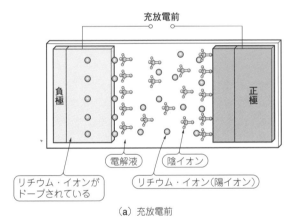

(a) 充放電前

図16 リチウム・イオン・キャパシタは負極が電気二重層キャパシタと違う
負極の静電容量は正極と比べて大きくなるように設計されている．セルの静電容量は電気二重層キャパシタの約2倍．負極のリチウム・ドープによって負極の電位が低くなり，セルの耐圧が4.0V程度まで高まった

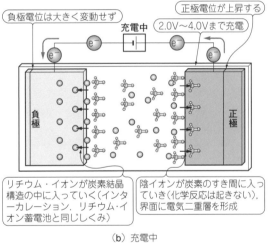

(b) 充電中

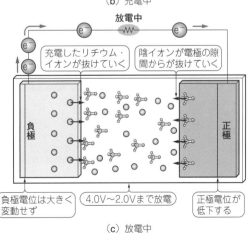

(c) 放電中

　液中のイオンが，充電とともに正極と電解液との界面にマイナス・イオン，負極と電解液との界面にプラス・イオンが集まり，それぞれに電気二重層を構成，両極に電荷として電気エネルギが溜まります．

　電極には正負極とも活性炭が使われ，全体として，正負極それぞれほぼ同じ静電容量のコンデンサが2個直列に接続されている構造になります（セルの静電容量は片方の極の静電容量の半分になる）．

　このように，充電・放電によってイオンの吸脱着がおき，化学反応を原理的に伴わないので，電荷の移動

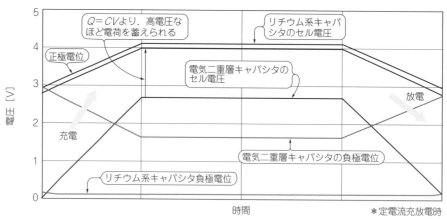

図17 電気二重層キャパシタとリチウム・イオン・キャパシタのセル電圧

速度が速く，内部抵抗が低くなり，出力密度が大きくなります．

同じ理由で，化学反応による劣化は原理的には起きず，充放電寿命，フローティング寿命は電池と比較にならないほど長くなります．

セルの耐圧は電極材料や電解液成分によって決定され，耐圧は現在の技術では3.3 V程度が最大といわれています．

帯域とノイズ

● 電気二重層キャパシタ

写真Aは日清紡ホールディングスの電気二重層キャパシタのパワー・セルと200 F，15 Vのモジュールです．このモジュールの内部抵抗は8 mΩ以下で，最大電流は600 A(1秒間)です．

アルミ電解コンデンサなどは，誘電体(絶縁物)の両端に取り付けられた電極に電圧を加えると双極子が配向することで電荷が貯えられます．

電気二重層キャパシタは，電解液と電極の界面に極めて短い距離を隔てて，正負の電荷が対向して配列する現象(電気二重層)を利用して，電荷を貯える方式です．電極には比表面積の大きな活性炭が使われています．

最近は，1000 F以上もの大容量キャパシタが開発されています．内部抵抗が数mΩ程度の低抵抗の電気二重層キャパシタは，数百Aという大電流での急速充電や放電が可能になり，電気自動車やハイブリッド自動車のモータ駆動用電源，回生エネル

(a) パワー・セル

(b) 15Vモジュール

写真A 電気二重層キャパシタの外観
日清紡ホールディングス

● リチウム・イオン・キャパシタ(LiC)

図16がリチウム・イオン・キャパシタの充放電の基本原理です．正極は電気二重層キャパシタと同じです．負極はリチウム・イオン蓄電池と同じ炭素材です．動作はリチウム・イオン蓄電池とほぼ同じで，異なるのは，あらかじめリチウムをドープしている点です．充電時，正極は電気二重層キャパシタと同じように電気二重層に電荷が溜まります．

負極は炭素原子間にリチウム・イオンが出入りするインターカレーション反応がおきています．充電の場合にはリチウム・イオンが負極に入り，放電では出てきます．

負極の静電容量は電気二重層キャパシタと異なり，正極と比べとても大きくなるように設計されています．セルの静電容量は正極の静電容量が支配的になり，電気二重層キャパシタの約2倍になります．

正極の静電容量をC_P，負極をC_Nとすると，直列の静電容量C_Sは，

$$C_S = C_P \times C_N / (C_P + C_N)$$

ここで，$C_P \gg C_N$とすれば，

$$C_S \fallingdotseq C_N$$

と，C_Sは，小さい静電容量のC_Nとほぼ等しくなるためです．さらに，負極のリチウム・ドープにより，負極の電位が低くなり，セルの耐圧が4.0 V程度まで上がりました．

結果として図17に示すように，電気二重層キャパシタの長寿命・低抵抗の特徴を生かしつつ，電気二重層キャパシタでは考えられないほどエネルギ密度の向上が実現しました．

(初出：「トランジスタ技術」2010年2月号)

Column

ギの蓄電用デバイスとして期待されています．

● リチウム・イオン・キャパシタ

写真B(a)は旭化成が開発しているリチウム・イオン・キャパシタのパッケージです．上限電圧4 V，下限電圧2 V，静電容量1000 F，出力密度は約30 kW/L，最大許容電流は約1000 Aです．

写真B(b)は太陽誘電が開発している円筒型のリチウム・イオン・キャパシタです．上限電圧3.8 V，下限電圧2.2 V，静電容量200 F，内部抵抗は50 mΩです．外形は直径25 mm，高さ40 mmです．

リチウム・イオン・キャパシタは，リチウム・イオン蓄電池と電気二重層キャパシタの，それぞれの長所を取り入れた構造をしている蓄電デバイスです．急速充放電性，長期耐久性，高い安全性があり，電気二重層キャパシタと比較して4～10倍程度のエネルギ密度と高い端子電圧を実現しています．

〈高橋 久〉

(a) ラミネート・パック型（旭化成）　　(b) 円筒型（太陽誘電）

写真B　リチウム・イオン・キャパシタの外観

Appendix A

チョッパヤ充放電！ 電気二重層キャパシタの高速シミュレーション
停止時にモータが出すエネルギを全キャッチ！ 電池を使い切る

高効率化のキメ技

　電気二重層キャパシタは，電解コンデンサなどの一般的なものに比べて大容量を作りやすい特徴があります．現時点での大容量キャパシタの採用事例の多くは，蓄電池の補完的な役割です．

　大容量キャパシタは短時間で充放電させるのに対し，蓄電池は充放電に時間がかかるため，この二つを組み合わせた回路実験は難しくなります．

　大容量キャパシタの応用事例として，環境からエネルギを取り出し動作させようというエナジ・ハーベストが注目されていますが，取り扱う電力が小さくなり，やはり回路実験は困難です．

　そんなとき，大容量キャパシタのSPICEモデルがあれば，アプリケーションに組み込んでシミュレーションできます．そういった現実では扱いにくいシステムを検討するのは，シミュレーションの得意な分野です．

基礎知識

● 蓄電池より高速に充放電できる

　最近注目される応用としては，自動車の減速時のエネルギを再利用して燃費を改善する回生エネルギの蓄電があります．

　大容量キャパシタは，蓄電池と比較して内部抵抗が小さいため，最低限の損失で回生エネルギを蓄電できます．

　ただし，電池に比べて蓄電できる容量が小さいため，蓄電池と組み合わせて用いる，つまり大容量キャパシタは主電池を補完する役割を担っていることが多いようです．

● 種類

　現在，さまざまな大容量キャパシタが発売されています．主流は，電気二重層キャパシタ，ハイブリッド・キャパシタ，レドックス・キャパシタです．電極活物質や電解質によって区分されています．

　最近は，リチウム・イオン蓄電池の利点と電気二重層キャパシタの利点を掛け合わせた，リチウム・イオン・キャパシタも注目されています．

● 電気二重層キャパシタの動作原理

　電気二重層キャパシタは，EDLC(Electric Double Layer Capacitor)とも呼びます．

　電気二重層という界面現象を利用したコンデンサで，誘電体を用いる一般的なコンデンサとは動作原理が異なります．

　一般的なコンデンサと電気二重層キャパシタの動作原理の模式図を**図1**に示します．

　電気二重層とは，異なる二つの層である固体電極と電解液が接する界面において，正と負の電荷が対向して配列した層のことを言います．

　一対の固体電極を電解液に浸し直流電圧を印加すると，プラスに分極された電極にはマイナス・イオン，マイナスに分極された電極にはプラス・イオンが静電力で引き寄せられ，それぞれの電極の界面に電気二重層が形成されます．電気二重層キャパシタは，電解液中のイオンを電極に物理的に吸着させることにより，電荷を蓄電できるコンデンサです．

● 電気二重層キャパシタの容量と適応範囲

　電気二重層キャパシタは，容量により分類されてい

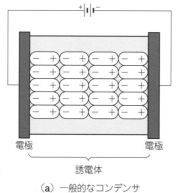
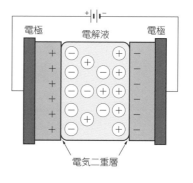

図1 一般的なコンデンサと電気二重層キャパシタの違い
（a）一般的なコンデンサ　　（b）電気二重層キャパシタ

ます．
(1) 超小容量(0.1 F以下)

携帯端末などの小型機器で使われます．面実装品が一般的です．

(2) 小容量(0.1 Fから1 F)

コイン型電気二重層キャパシタです．小型機器のメモリ・バックアップ用電源によく応用されています．

(3) 中容量(1 Fから500 F)

白物家電，プリンタ複合機器，電動工具，自動車の電子制御ブレーキ・システムなどに採用されています．

(4) 大容量(500 Fから5000 F)

UPS(Uninterruptible Power Supply；無停電電源装置)などの非常用電源に採用されています．最近では，自動車，太陽光発電システム，風力発電システムの蓄電システムに活用される例もあります．蓄電池との併用も多いです．

(5) 超大容量(5000 F以上)

ハイブリッド自動車での採用が検討されています．先行して，ハイブリッド・トラック，ハイブリッド・バスには採用実績もあります．将来的には，燃料電池システム(エネルギ密度が大きいが出力密度が小さいの)と超大容量キャパシタ(エネルギ密度は小さいが出力密度が大きい)の併用で実用化が期待されています．

● 電気二重層キャパシタの特徴

電子回路設計者の視点での電気二重層キャパシタの特徴は次の通りです．

(1) 数秒間で充電が可能
(2) 充電制御回路が不要
(3) 繰り返し充放電サイクルが多い(例として，3 Vで100万回の充放電サイクルが可能など)
(4) SOC(State of Charge；どの程度の充電状態にあるか)の認識が比較的簡単
(5) 内部抵抗が大きい

シミュレーションの準備①…等価回路を作る

● 構造から考えると不適

電気二重層キャパシタのSPICEモデルは，電気的特性を等価回路で再現して作ります．

一番単純な電気二重層キャパシタのモデルは理想コンデンサの図2(a)です．内部抵抗を考慮した等価回路が図2(b)です．

内部構造に注目すると，電気抵抗をもった導体である活性炭を粒子状にして使っています．その粒子間を電解液で挟んだ構造により電気二重層が生まれ，大きな静電容量が発生しています．それらを考慮すると，図2(c)のような抵抗とコンデンサの配列として取り扱う等価回路もあります．

しかし，これらは電気二重層キャパシタの構造から考えられている等価回路モデルであり，実際の回路設計では，再現性が不足します．

▶実用的な等価回路

回路設計に使える要件は，充電特性と放電特性に再現性があることです．これらを満たせば，過渡解析を実施できます．

図3に，実際の電気二重層キャパシタのSPICEモデルのコンセプトとなる等価回路を示します．

電気二重層キャパシタの定格電圧を考慮し，インピーダンス成分とリーク成分を抵抗およびコンデンサで表現しています．ユーザ定義がしやすいように.PARAMにて，モデル・パラメータ化を行っています．

● 短時間で解析を終わらせるしかけを入れる

通常の電子回路の過渡解析の場合，nsからms程度の解析が普通です．しかし，電気二重層キャパシタの過渡解析の場合，10分間など分単位の解析となります．SPICEの世界では，時間単位が秒[sec]なので，10分間のシミュレーションの場合，10×60 = 600秒のシミュレーション時間です．

そこで，タイムスケールという考え方を採用し，計算時間を大幅に短縮します．T_{scale} というパラメータをユーザ定義します．実際に計算に使うコンデンサ容量を C_{sim} とすると，

$$C_{sim} = C/T_{scale}$$

とします．$T_{scale} = 60$ の場合，シミュレーション結果の1秒は1分に相当します．

● 精度の高い等価回路モデル

図3は，電気二重層キャパシタの実用的なSPICEモデルの概念です．

実際の電気二重層キャパシタの部品モデルでは，電気的特性の再現性を高めるために，図3を基本にしてより高度な等価回路モデル(図4)へと展開していきます．ここに示したモデルは，0.1 F〜1 Fで有効な等価回路モデルになります．容量が大きく異なると，関数

(a) 単純なタイプ　(b) 内部抵抗を考えたタイプ　(c) 内部抵抗をより詳しく考えたタイプ

図2　電気二重層キャパシタの等価回路は構造から作れるが…

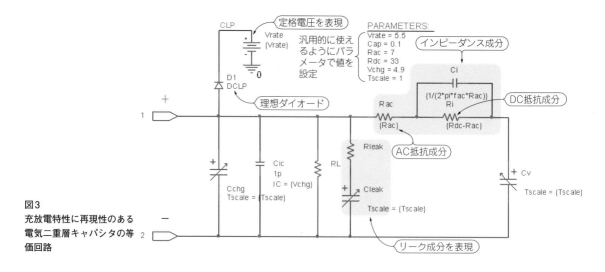

図3 充放電特性に再現性のある電気二重層キャパシタの等価回路

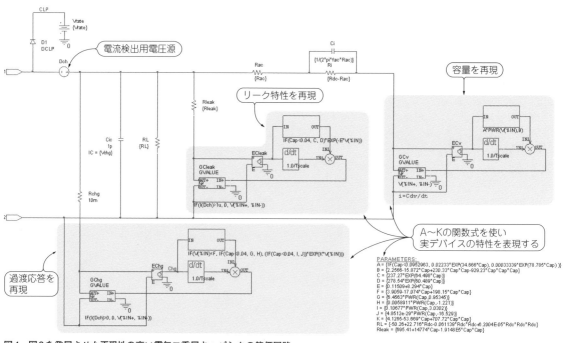

図4 図3を発展させた再現性の高い電気二重層キャパシタの等価回路

式を作り直す必要があります．

図4の等価回路モデルのネットリストをリスト1に示します．

手軽に応用できるように，モデル・パラメータ化を行ってあります．データシートから値を読み取り，パラメータ値を変更することで，任意の電気二重層キャパシタのSPICEモデルを作成できます．

シミュレーションの準備②… パラメータを入れる

図4の等価回路を元にした，電気二重層キャパシタの部品モデルの作成手順を紹介します．

例として，定格容量0.1 F，定格電圧5.5 Vの電気二重層キャパシタを対象とします．

● 必要なモデル・パラメータは五つ

決めなければいけないモデル・パラメータを表1に示します．これらのモデル・パラメータのうち，VRATE，CAP，RACおよびRDCの四つは，対象となる電気二重層キャパシタのデータシート（仕様書）から読み取ることができます．今回の製品では以下の値でした．

リスト1
電気二重層キャパシタのSPICEモデルのネットリスト

モデル・パラメータを設定する（facは変更しなくてよい）

```
*$
*PART NUMBER: EDLC
*All Rights Reserved Copyright (C) Siam Bee Technologies Inc.2013
.SUBCKT EDLC 1 2 PARAMS: vrate=5.5 cap=0.1 rac=7 rdc=33 vchg=4.9 tscale=1 fac=5
.param a={if(cap<0.0952963, 0.02233*exp(34.666*cap), 0.00033339*exp(78.785*cap) )}
.param b={2.2566-15.872*cap+230.33*cap*cap-929.23*cap*cap*cap}
.param c={237.27*exp(64.498*cap)}
.param d={278.54*exp(60.489*cap)}
.param e={0.11509+8.294*cap}
.param f={3.9059-17.074*cap+198.15*cap*cap}
.param g={6.4563*pwr(cap,0.95345)}
.param h={0.0058911*pwr(cap,-1.221)}
.param i={0.10677*pwr(cap,3.0302)}
.param j={4.8512e-29*pwr(cap,-16.529)}
.param k={4.1265-53.669*cap+707.72*cap*cap}
.param rl={-50.26+22.716*rdc-0.061139*rdc*rdc+6.2004e-05*rdc*rdc*rdc}
.param rleak={695.41+14774*cap-1.9148e5*cap*cap}
R_Rchg      N987521 N988135 10m
E_ECleak    N988011 0 N987911 2 1
X_DIFFER1   N987657 N987673 SCHEMATIC1_DIFFER1 PARAMS: Tscale={Tscale}
D_D1        1 CLP DCLP
R_Rleak     N987521 N987911 {Rleak}
G_GChg      N988135 2 VALUE { IF(I(V_Dch)>0, 0, V(N988235, 0)) }
E_MULT1     N987707 0 VALUE {V(N987679)*V(N987673)}
V_Dch       N987521 1 DC 0 AC 0 0
X_DIFFER3   CHG N988221 SCHEMATIC1_DIFFER3 PARAMS: Tscale={Tscale}
R_RL        N987521 2 {RL}
G_GCleak    N987911 2 VALUE { IF(I(V_Dch)>1u, 0, V(N988037, 0)) }
E_ABM1      N987679 0 VALUE { A*PWR(V(N987657),B) }
X_DIFFER2   N988011 N988023 SCHEMATIC1_DIFFER2 PARAMS: Tscale={Tscale}
C_Ci        N987571 N987567 {1/(2*pi*fac*Rac)}
R_Rac       N987521 N987571 {Rac}
V_Vrate     CLP 0 {Vrate}
E_MULT3     N988235 0 VALUE {V(N988227)*V(N988221)}
E_ECv       N987657 0 N987567 2 1
E_ABM3      N988227 0 VALUE { IF(V(CHG)<F, IF(Cap<0.04, G, H), (IF(Cap<0.04, I, J))*EXP(K*V(CHG))) }
R_Ri        N987571 N987567 {Rdc-Rac}
E_EChg      CHG 0 N988135 2 1
E_MULT2     N988037 0 VALUE {V(N988029)*V(N988023)}
G_GCv       N987567 2 VALUE { V(N987707, 0) }
C_Cic       N987521 2 1p
.IC V(N987521)={Vchg}
E_ABM2      N988029 0 VALUE { IF(Cap<0.04, C, D)*EXP(-E*V(N988011)) }
.model DCLP D (N=0.01)
.ENDS
*$
.subckt SCHEMATIC1_DIFFER1 IN OUT PARAMS: Tscale=1
C_DIFFER1   IN $$U_DIFFER1 1
V_DIFFER1   $$U_DIFFER1 0 0v
E_DIFFER1   OUT 0 VALUE {1.0/Tscale * I(V_DIFFER1)}
.ends SCHEMATIC1_DIFFER1
*$
.subckt SCHEMATIC1_DIFFER3 IN OUT PARAMS: Tscale=1
C_DIFFER3   IN $$U_DIFFER3 1
V_DIFFER3   $$U_DIFFER3 0 0v
E_DIFFER3   OUT 0 VALUE {1.0/Tscale * I(V_DIFFER3)}
.ends SCHEMATIC1_DIFFER3
*$
.subckt SCHEMATIC1_DIFFER2 IN OUT PARAMS: Tscale=1
C_DIFFER2   IN $$U_DIFFER2 1
V_DIFFER2   $$U_DIFFER2 0 0v
E_DIFFER2   OUT 0 VALUE {1.0/Tscale * I(V_DIFFER2)}
.ends SCHEMATIC1_DIFFER2
*$
```

VRATE = 5.5 V
CAP = 0.1 F
RAC = 7 Ω
RDC = 33 Ω

データシート（仕様書）からこれらの値が得られない場合，製造メーカに問い合わせを行えば教えてくれます．

T_{scale}はタイムスケール機能用です．タイムスケール機能を活用しない場合には，デフォルトの1です．

VCHGは放電特性図から読みとりますが，電気二重層キャパシタの充電特性図が得られない場合は，自分で測定を行います．今回，例としてとりあげた製品は，0.2 A/5 Vの充電時間が14秒でした．充電されたあとの電圧は4.9 Vなので，VCHG = 4.9 Vとします．

これらのパラメータをリスト1のネットリストに入

表1 モデル作成に必要なパラメータ

パラメータ	意 味
VRATE	定格電圧
CAP	定格容量
RAC	交流抵抗成分
RDC	直流抵抗成分
VCHG	充電後の電圧
TSCALE	タイムスケール

力すれば，SPICEモデルが完成します．

充放電のお試しシミュレーション

作成したSPICEモデルの評価検証を充電特性および放電特性のシミュレーションで行います．

充電特性と放電特性のシミュレーション上での評価回路を作成し，シミュレーションを実行していきます．これらの評価回路図の作成手法は，さまざまな回路モデリングに応用できます．

● 充電特性

充電特性を調べる回路を**図5**に示します．

定電圧電源V1を配置し，0.2Aの定電流電源をBで表現します．回路図が描けたら，シミュレーションの設定を行います．過渡解析を選択し，0秒から15秒まで0.1秒の間隔でシミュレーションを実行します．

シミュレーション結果を**図6**に示します．検証する項目は，14秒で充電電圧の4.9Vに達しているかどうかを検証します．充電特性における実測とシミュレーションの結果の比較図を**図7**に示します．再現性が確認できます．

● 放電特性

放電特性を調べる回路を**図8**に示します．

実測の条件に合わせて100μWで放電させます．定電流を表現する関数にB素子を活用して，100μWの定電力放電を実現します．

負荷条件が100μWと小さいため，放電時間が長くなります．そこでT_{scale}機能を活用します．$T_{scale}=60$とすれば，解析結果の1秒を1分に換算できます．

過渡解析を選択し，0秒から120秒まで1秒間隔でシミュレーションを実行します．

シミュレーション結果を**図9**に示します．$T_{scale}=60$としたので，1秒を1分に換算して読み取ります．

内部抵抗が大きいため，放電直後に電圧降下が見られます．放電特性における実測とシミュレーションの結果の比較図を**図10**に示します．十分な再現性が確認できます．

最新の電気二重層キャパシタ「リチウム・イオン・キャパシタ」のモデル

リチウム・イオン・キャパシタは，リチウム・イオン蓄電池と電気二重層キャパシタの利点を合わせもつデバイスです．

(1) リチウム・イオン蓄電池の利点
- 高電圧
- 高容量
- 自己放電が少ない

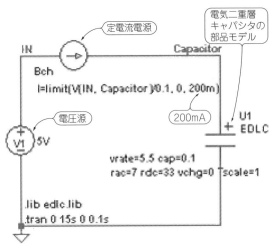

図5 充電特性を測るシミュレーション回路

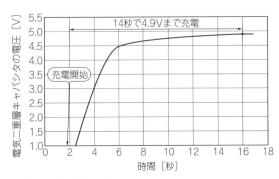

図6 充電特性の解析結果

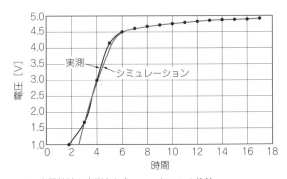

図7 充電特性の実測とシミュレーションの比較

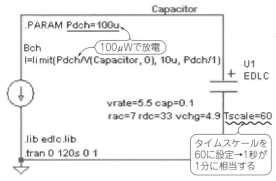

図8 放電特性を測るシミュレーション回路

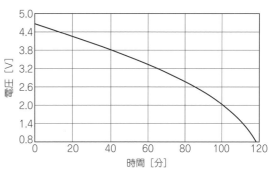

図9 放電特性の解析結果
横軸は［秒］で出力されるが［分］に読み換えている

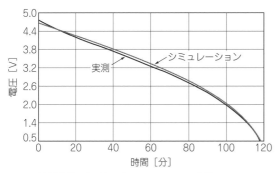

図10 放電特性の実測とシミュレーションの比較

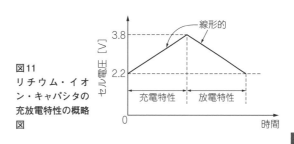

図11 リチウム・イオン・キャパシタの充放電特性の概略図

(2) 電気二重層キャパシタの利点
- 高出力
- 高寿命(繰り返しサイクル数)
- 安全性

リチウム・イオン・キャパシタは，セル電圧と負極の静電容量が増加するため，従来の電気二重層キャパシタと比較し，エネルギ密度で優れています．

従来の電気二重層キャパシタの定格電圧は2.5Vから3V程度ですが，リチウム・イオンをあらかじめ負極にドープする(リチウム・プレドープ)ことによって，定格電圧を4V程度まで上昇させることができます．

リチウム・イオン・キャパシタの充放電特性図の概略を図11に示します．大きな特徴は，充電特性と放電特性が線形的であることです．このような特徴の場合，SOC(State of Charge：充電状態，わかりやすくいえば残量)の管理も容易であると思います．

SPICEの部品モデルは，Appendix 3のリチウム・イオン2次電池で紹介した等価回路図を基本に構成することで作成できます．

*　*　*

電気二重層キャパシタは容量の大きさによって，さまざまなアプリケーション回路があります．

今回のモデルは電気二重層としては小容量(0.1Fから1F)です．単独での蓄電よりも何らかの2次電池(リチウム・イオン2次電池が多い)との併用で採用される場合が多いでしょう．

Appendix 3で紹介したリチウム・イオン2次電池のSPICEモデルと今回の電気二重層キャパシタのSPICEモデルを活用し，併用したアプリケーション回路のシミュレーションを行ってみてください．

〈堀米　毅〉

(初出：「トランジスタ技術」2013年10月号)

第2章 高トルク駆動／長時間運転が可能なハイブリッド電動車いすに見る

電池＋キャパシタのエネルギ・リサイクル装置のしくみ研究

高橋 久 Hisashi Takahashi

研究① 鉛蓄電池＋キャパシタのハイブリッド電源

電動車いすやシニア・カーといった移動体はモータで車輪が駆動され，電源に2次電池が使われています．
写真1に電動車いすの外観を，図1に構成，図2に駆動回路を示します．24 Vの鉛蓄電池を使い，家庭に供給されている100 V_{RMS} 電源で充電できます．

■ 動力源として必要なエネルギと回生エネルギを算出

● 運動エネルギを電気エネルギにして蓄電する

車いすが走行しているときは，運動エネルギをもっています．車いすを停止するにはこの運動エネルギを0にする必要があります．
これまでは摩擦ブレーキを使って熱エネルギに変えて消費していました．このエネルギを蓄電して再利用すれば，バッテリによる走行距離を伸ばすことができ，エコに貢献します．このエネルギを回収して再利用することを回生と呼びます．

● 車いすに必要なトルクから電源に要求される容量を算出

図3に示す車いすを走行するのに必要な車軸から見た全トルク T [Nm] は，次式で求められます．

$$T = mR\frac{dv}{dt} + mR^2\frac{d\omega_x}{dt} + D_A vR + D_L(\omega_r + \omega_l) + mgR[\mu\cos\theta + \sin\theta]$$

ただし，人が搭乗したときの全質量 m [kg]，車輪の半径 R [m]，車輪と路面の転がり摩擦係数 μ，移動速度 v [m/s]，重力加速度 g = 9.807 m/s²，路面の傾き θ [rad]，車いすと空気の粘性制動係数 D_A [Nms/rad]，車輪の粘性制動係数 D_L [Nms/rad]，車いすの進行方向を変える回転角速度 ω_x [rad/s]，左右車輪の回転角速度 ω_l [rad/s]，ω_r [rad/s]

例えば，車輪の半径 R が0.3 m，全質量 m が100 kgの車いすが，傾斜角10°の坂を停止した状態から1.66 m/s（6 km/h）の速度まで加速度2 m/s²で加速し直線走行しようとするとき，転がり摩擦係数を0.03，粘性制動係数は無視できるものとしてトルクを求める

写真1 鉛蓄電池を動力源として搭載する電動車いす
左右の前輪には車輪の向きを変えずに車いすの進行方向を変えられるWESNホイールを使っている

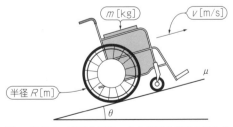

図3 搭載すべき動力源のエネルギ量を算出するために利用した車いすの物理量モデル

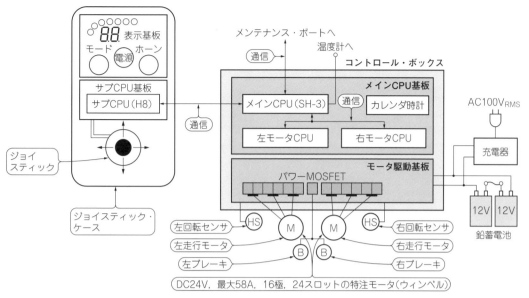

図1　鉛蓄電池を動力源として搭載する電動車いすの電気系統図

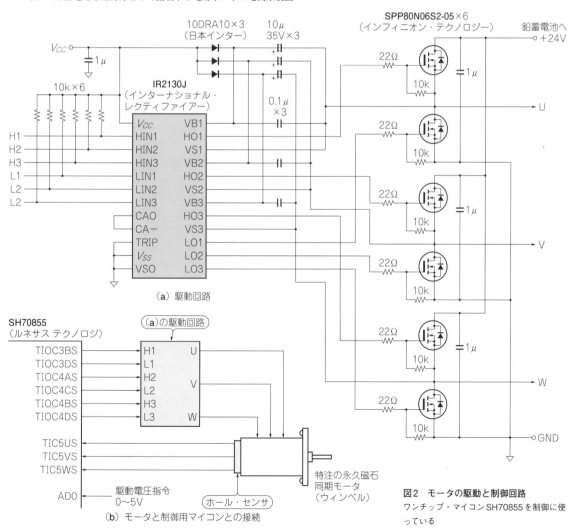

図2　モータの駆動と制御回路
ワンチップ・マイコンSH70855を制御に使っている

と，

$$T = 100 \times 0.3 \times 2 + 100 \times 9.8 \times 0.3 \times (0.03 \times \cos 10 + \sin 10) = 120 \text{ Nm}$$

になります．6 km/h時の車輪の回転速度は53 min^{-1} (0.884 RPS)になり，モータと車輪間に1：50のギヤが組み込まれているとき，モータの回転速度は2651 min^{-1}(44.2 RPS)になります．

モータに24 V，3000 min^{-1}品を使う場合，モータの逆起電力定数K_E [Vs/rad]およびトルク定数K_T [Nm/A]は，次のように求まります．

$$K_E = K_T = 24/(3000/60 \times 2 \times \pi) = 0.0764$$

ここで，ギヤの効率を90%とした場合，モータに供給する電流I_a [A]は，必要トルクT_m [Nm]，ギヤ比R_G，ギヤ効率Eff_Gとすると，

$$I_a = T_m/R_G/K_T/Eff_G = 120/50/0.0764/0.9 = 35 \text{ A}$$

となり，電源から35 Aの電流を供給する必要があります．

加速が終了して一定速度になったときに，必要なトルクは約60 Nm，平地を走行するときは約8.82 Nmになります．このときの電流は，それぞれ約17.5 A，2.6 Aとなります．

実際には空気の粘性抵抗や路面と車輪の転がり粘性抵抗があるため，電流が少し大きくなります．また，制御回路の電源も同一電源から供給されることになるので，さらに電源装置から供給される電流は大きくなります．

例えば，粘性制動抵抗を補償する電流が0.4 A，制御回路の電源が0.6 Aであるとすると，坂道で加速するには36 Aの駆動電流が必要になり，一定速度の駆動では約18.5 Aの電流を必要とします．平地での一定速度での走行時には，駆動電流は約3.6 Aになります．

● 停止時にどの程度エネルギを回収できるのか

質量mの車いすが，速度vで走行しているとき，車いすがもっている運動エネルギEは，次式で求まります．

$$E = \frac{1}{2}mv^2$$

ここで，$m = 100$ kg，$v = 1.66$ m/sとした場合，運動エネルギは，

$$E = \frac{1}{2}mv^2 = \frac{1}{2} \times 100 \times 1.66^2 = 138.8 \text{ J}$$

になります．車いすを停止するためには，このエネルギを0にする必要があります．

例えば，6 km/hの速度で移動しているとき，1秒後に停止しようとすると，車いすがもっている運動エネルギ138.8 Jを1秒間で0にする必要があります．

1秒間で138.8 Jを24 Vの2次電池に蓄えるためには，5.78 Aの電流を2次電池に流し込めばよいことになります．実際には，転がり摩擦や粘性制動摩擦のためにエネルギが消費されるので，2次電池に戻るエネルギは，車いすがもっている運動エネルギより少なくなります．

● ワンチップ・マイコンでモータを駆動する

電動車いすの駆動には，ロータ磁極位置を検出するホール・センサが組み込まれた永久磁石同期モータが多く使われています．車いすの左右の車輪を独立して駆動できるように，それぞれの車輪にモータが使われます．モータは3相インバータ回路で駆動され，モータに供給される電圧や電流の調整は，PWM制御によって行われます．

電動車いすに要求されることは，加速性能が良く，10°程度の坂を登ることができ，1回の充電当たりの走行距離が長いことです．国内では車いすの最高走行速度は6 km/hと決められています．

図2の駆動回路は800 kWの電力をモータに供給できます．回路はMOSFETを6個使った3相ブリッジ回路とMOSFETを駆動する3相ブリッジ・ドライバで構成されています．MOSFETのON/OFFの制御は，ワンチップ・マイコンSH70855からH1，H2，H3，L1，L2，L3端子に与えるディジタル信号で行います．

制御用のワンチップ・マイコンSH70855は，モータに組み込まれたホール・センサからの信号を入力するための端子を備えています．このためリスト1に示す簡単なプログラムでモータを駆動できます(1台のモータを駆動する場合)．SH70855から出力されるPWM信号は，H1～3，L1～3の端子に与えることで，永久磁石同期モータを駆動できます．

車いすには，2個の永久磁石同期モータが使われているので駆動回路が2個必要です．SH70855は2個のPWMポートを備えているので，CPU1個で2台のモータを駆動できます．

■ 回生エネルギを蓄える回路

● エネルギ回生にはモータの端子電圧を鉛蓄電池の端子電圧よりも高くする必要がある

回生では，車いすの運動エネルギを電気エネルギに変換して，鉛蓄電池やキャパシタに蓄電することが必要です．

運動エネルギの回収には，通常は移動体に取り付けられているモータを発電機として利用します．モータを駆動するインバータの電源よりモータの端子電圧が高い場合は，モータから蓄電デバイスに電流が流れ，回生できます．

しかし，移動体が発電しながら低速で移動しているときは，図4(a)に示すようにモータの端子電圧がキャパシタや2次電池よりも低いため，車いすがもつエ

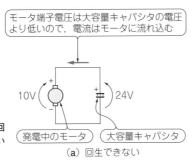
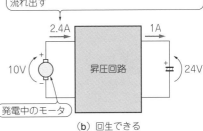

図4 蓄電デバイスにエネルギを回生するには,モータ電圧よりも高い電圧を生成する必要がある

(a) 回生できない　　(b) 回生できる

リスト1　ホール・センサ信号を使った永久磁石同期モータの制御プログラム

```
// 永久磁石同期モータ駆動プログラム

#include <math.h>
#include "Func001.h"
#include "shfunc.h"

void main(void)
{
    volatile float volx;

    open_hw();              // ハードウェアのオープン

    PwmHz    = 10000;       // PWM周波数の設定
    PwmDty[0] = 50.0;       // PWMデータの初期値設定
    PwmDty[1] = 50.0;       // PWMデータの初期値設定
    PwmDty[2] = 50.0;       // PWMデータの初期値設定
    PwmDt    = 1;           // デッドタイムの設定
    PwmFunc  = 3;           // ブラシレスDCモータ用に設定

    put_pwm();              // PWMデータの出力
    start_pwm();            // PWM信号発生
    PwmDIR = 1;             // モータ回転方向の設定

    while(1)
    {
        start_timer_us(250);
        {
            get_adc(0);     // ADコンバータの0チャンネルの読み込み
            volx =100.0-(70.0*AdData
              [0]/1024.0);  // 0～100の電圧指令に変換
            PwmDty[0] = PwmDty[1] = PwmDty[2]
              = volx;       // PWMデータの設定
            put_pwm();      // PWMデータの出力
        }
        chk_end_timer();
    }
}
```

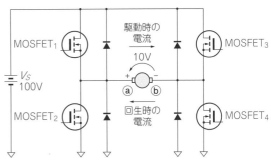

図5　回生回路も兼ねるMOSFETを使ったブラシ付きDCモータを駆動するインバータ回路

ネルギを直接蓄電できません.

モータの端子電圧が電源電圧より低くてもモータから電流を取り出し,蓄電デバイスに蓄電するためには,図4(b)に示すように,昇圧回路を使って電圧を高くします.

高効率なモータの駆動は,図5に示すようなインバータ回路を使いPWM制御によって行われています.トランジスタやMOSFETをONかOFFのスイッチング領域で使い,出力電圧は負荷に印加される電圧の時間平均になります.具体的には,パワー・デバイスのONとOFFの時間比率によって,モータに正または負の任意の電圧を供給できます.

また,スイッチングの仕方によって,モータからエネルギを取り出し,電源に戻す回生ができます.

● エネルギ回生時のモータ駆動回路の動作

ブラシ付きDCモータも永久磁石同期モータも回生の原理は同じです.ここでは図5に示したブラシ付きDCモータを使ってエネルギ回生の動作を説明します.

図中に示すように電源電圧が$100 V_{RMS}$で,モータ端子電圧は,ⓐ点がプラス,ⓑ点がマイナスであり,端子間電圧が10 Vであるとしましょう.

このとき,電流がⓐ点からⓑ点に向かって流れるとき,モータはトルクを発生して負荷を駆動しています.回生時は,電流はⓑ点からⓐ点に向かって流れます.

$MOSFET_1$と$MOSFET_4$がONになっている時間をt_1,$MOSFET_2$と$MOSFET_3$がONになっている時間をt_2とします.

次のような動作のとき,モータからエネルギが回生されています.

① $MOSFET_1$ と $MOSFET_4$ が OFF,$MOSFET_2$ と $MOSFET_3$がON

電流は電源のプラス端子から$MOSFET_3$を通り,モータのⓑ点からⓐ点に向かって流れ,$MOSFET_2$を通って電源のマイナス端子に入ります.

② $MOSFET_1$ と $MOSFET_4$ が ON,$MOSFET_2$ と $MOSFET_3$がOFF

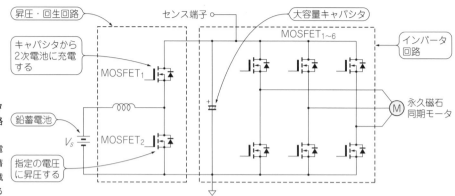

図6 永久磁石同期モータの駆動用インバータ回路と昇圧・回生回路
インバータ回路に供給する電源にキャパシタを使うと鉛蓄電池への電流の入出力量が減り、鉛蓄電池の寿命を延ばせる

モータに含まれているインダクタンスのために，電流の流れる方向は変化できず，モータのⓐ点からMOSFET$_1$に含まれるダイオードを通って，電源のプラス端子に入り，電源のマイナス端子からMOSFET$_4$に含まれるダイオードを通ってモータのⓑ点に入ります．このとき，電源は充電されている状態になります．
③ ①の状態になりⓑ点からⓐ点に向かって流れるモータ電流を増大して②の状態に入ります．

これを繰り返します．

● 鉛蓄電池に回生しきれないエネルギは大容量キャパシタに充電して過電圧を防ぐ

鉛蓄電池には内部インピーダンスがあり，高速に大きな充電電流を流そうとしても，電流が流れ込まず，電池の端子電圧が上昇します．端子電圧が上昇すると，電池に接続されている電子回路やモータ駆動用インバータ回路の耐圧を超えたとき，電子回路やパワー・デバイスを破壊する可能性があります．

これは，2次電池と並列に大容量キャパシタを挿入することで防止できます．

図6に示すように，インバータ回路に供給する電源をキャパシタで構成し，2次電池と組み合わせることで，2次電池への電流の入出力量が減少し，2次電池の寿命を延ばせます．

この回路ではインバータ回路に供給する電圧が指定した電圧になるように，昇圧・回生回路のMOSFET$_2$をON/OFF制御します．

一方，エネルギが回生され，インバータに接続された大容量キャパシタの電圧が高くなったときは，昇圧・回生回路に示す上段のMOSFET$_1$を制御して，キャパシタから2次電池に電流を流して充電を行います．

このような制御を行うことで，2次電池の電流の出し入れが低減し，電池の寿命を延ばせます．

研究② 燃料電池＋キャパシタのハイブリッド電源

● 電源ユニットの構成

燃料電池は，水素と酸素を利用して水の電気分解の逆の化学反応により直接電気へ変換し発電するもので，環境負荷が小さいエネルギ源です．しかし，出力抵抗が低くありません．ここでは，鉛蓄電池を燃料電池に置き換え，インピーダンスが低い電気二重層キャパシタを組み合わせて構築した電源装置を紹介します．

写真2に，電動車いす用に開発した燃料電池と電気二重層キャパシタを組み合わせた電源ユニットの外観を，図7に電源回路を示します．

燃料電池はFC-R＆Dの出力電圧6V，出力電力25Wの燃料電池モジュールを使います．このモジュールを4個直列に接続して，出力電圧24V，出力電力100Wの発電能力のある電源としています．水素吸蔵合金を入れたボンベは180ℓタイプで405Whのエネルギがあり直径は約50mmです．

燃料電池の出力電力は安定していません．周囲温度や水素ガスの流量によって変化します．内部抵抗が高く，出力電圧は出力電流によって変化します．

● 大容量キャパシタは大電流の充放電を補助

短時間でも大きな電力が必要な負荷の場合，電気二重層キャパシタ（ELDC）やリチウム・イオン・キャパシタ（LiC）といった大容量キャパシタを燃料電池に並列に接続することで，出力容量の小さい燃料電池を使えます．

▶回生エネルギをキャパシタに蓄電する

燃料電池は負荷側から発生したエネルギを回収して蓄電できません．キャパシタを使うことで，回生エネルギが発生した場合はそれを蓄電して再利用できます．

▶急速放電はキャパシタから給電させる

例えば24V，100Wの燃料電池では4Aの電流を取り出せますが，取り出す電流値によって出力電圧が低

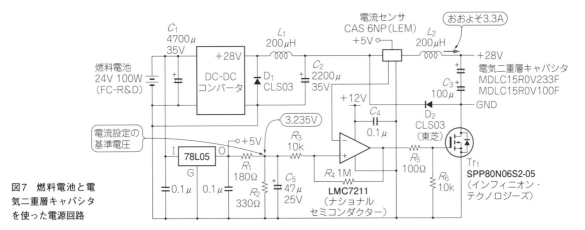

図7 燃料電池と電気二重層キャパシタを使った電源回路

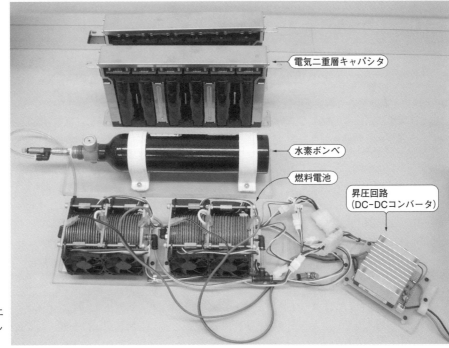

写真2 燃料電池と電気二重層コンデンサを搭載した車いすの電源ユニット

(a) 構成した電源

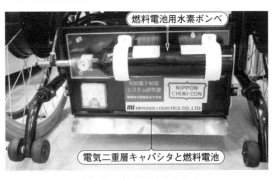

(b) 車いすに搭載したようす

下してしまいます.

100 Fの電気二重層キャパシタが燃料電池の出力に接続されている場合は，24 Aの電流を5秒間流しても，出力電圧は1 V低下する程度です.

燃料電池だけで24 Aの電流を短時間でも取り出そうとすると約600 Wのものが必要になり，サイズは大きく，コストは高くなります.

モータは停止状態から加速して走行するときには，加速のためのトルクが必要になり，大きな電力が必要です．加速が終わったときは，空気抵抗や軸受けの粘性によって発生する粘性制動トルク，タイヤと路面の転がり摩擦トルクを補償すれば，車いすは一定速度で走行します．通常，これらのトルクはそれほど大きくありません．

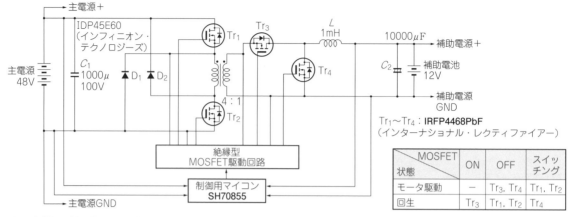

図8 主電源と補助電源間で双方向に電力を伝達できるDC-DCコンバータ回路

キャパシタは，モータのように起動時に短時間だけ大きな電流が必要な用途への燃料電池の利用を可能にします．

● 主電源と補助電源で電力を融通し合う回路

図8に示す回路は，主電源と補助電源の絶縁を保ちつつ，主電源から補助電源へ，あるいは補助電源から主電源にエネルギを伝達できるDC-DCコンバータ回路です．この回路を使うことで，主電源あるいは補助電源のいずれに回生されたエネルギであっても，相互に利用できます．

主電池から補助電池にエネルギを伝達する場合は，S_3とS_4はOFFの状態を保ち，S_1とS_2をスイッチングします．すると主電池からトランスを経由して補助電池に電力が供給されます．一方，補助電池から主電池にエネルギを伝達する場合は，S_1とS_2はOFFの状態を保ち，S_3をONにした状態でS_4をスイッチングします．このときは，補助電池からトランスを経由して主電池に電力が供給されます．

● 燃料電池の出力はキャパシタの端子電圧より高くする

燃料電池の電圧がキャパシタの端子電圧より低くなると，燃料電池が発生したエネルギは使われません．そこで，燃料電池の出力電圧をDC-DCコンバータによって昇圧し，キャパシタに供給することで，発電エネルギを積極的に利用できるようになります．

燃料電池の出力電圧24 V，キャパシタに100 Fを直接接続した回路では，キャパシタに蓄積されるエネルギE_1は28800 Jです．

$$E_1 = \frac{1}{2}CV^2 = \frac{1}{2} \times 100 \times 24^2 = 28800$$

一方，昇圧回路で30 Vに昇圧したと仮定した場合，キャパシタに蓄積されるエネルギE_2は，45000 Jになります．直接接続する回路より1.5倍以上のエネルギを燃料電池から取り出し，蓄えられます．

$$E_2 = \frac{1}{2}CV^2 = \frac{1}{2} \times 100 \times 30^2 = 45000$$

● 昇圧回路には電流制限回路を接続する

昇圧回路（DC-DCコンバータ）の出力に大容量キャパシタが接続された場合，DC-DCコンバータの出力電圧より大容量キャパシタの電圧が低いと，昇圧回路から大容量キャパシタに大きな充電電流が流れます．これは大容量キャパシタのインピーダンスが極めて低いからです．

市販されているDC-DCコンバータには過電流による破壊を防止する保護回路が組み込まれています．定格以上の電流が流れると保護機能が動作して出力が停止したり，断続的な出力になるなどの動作になります．

このためDC-DCコンバータの出力とキャパシタ間に電流制限回路を挿入して燃料電池から安定した電力を得ます．ここで使う電流制限回路は，燃料電池が発生したエネルギを消費しないように，高効率な回路方式が求められます．

図7に示す回路のDC-DCコンバータの出力電圧は28 Vです．出力電流は電流センサを用いて検出され約3.3 Aに制限されています．電流センサはCAS 6NP（LEM）を使い，検出コイルは3ターンに設定しています．コンパレータ回路は，電流センサの出力電圧と電流の最大値を設定する基準電圧を比較しています．電流センサの出力電圧が基準電圧より低いとき，MOSFETはON，高い場合はOFFになります．また，抵抗R_3とR_4によってフィードフォワードによるヒステリシス電圧が設定されています．このためコイルL_2に流れる電流は約0.3 Aの脈動があります．

（初出：「トランジスタ技術」2010年2月号）

第3章 大電流を高速充放電できる優れた能力を回路で引き出す

残量検出&充電バランサ付き 30A高速充電器の試作

よし ひろし Hiroshi Yoshi

キャパシタ容量を100%使いきるための三つの回路

① 充電回路

パワー回路向けの電気二重層キャパシタは，内部抵抗が数mΩと低いため，キャパシタの性能を体感するためには数十Aの充電回路が必要です．

② 電流バイパス回路

キャパシタを直列に接続して，高耐圧のキャパシタ・モジュールを構成する際，各キャパシタの充電電圧を監視して調整する回路が必要です．調整とは，直列接続されたキャパシタの中で，先に満充電に近付いたキャパシタへの充電電流をバイパスすることです．

③ 残容量算出回路

電気二重層キャパシタは，電池系のデバイスと異なり，両端電圧から蓄積エネルギが正確にわかります．

そこで，蓄電エネルギを計測する回路を製作します．

① 充電回路の試作

30A/2.5Vで充電する回路を作ります（**写真1**）．

これだけの電流でも，キャパシタの内部抵抗による電圧降下は，計算上で0.8mΩ×30A＝24mVしか発生しません．

試作した回路を**図1**と**図2**に示します．

● 100kHzの降圧チョッパ

市販のスイッチング電源用の制御ICを使ってもよいのですが，ここではアトメル社のATtiny861というワンチップ・マイコンのPWMを使って電圧と電流を制御します．このマイコンは8MHzのオシレータを内蔵しており，PLLで64MHzを得ることができます．64MHzをPWMのクロックに利用することで，分解能を640にしても，スイッチング周波数を100kHzまで上げることができます．

スイッチング周波数が高いので小型のコイルを使用できます．電流容量を稼ぐために，PWMによる降圧チョッパを2回路並列にしただけでなく，各回路では10μHのコイルを3個並列に接続しています．コイルも発熱するので表面実装品を銅板にはんだ付けして使用します．

● 入出力間の遅延が小さいMOSFETドライバ

PWM周波数を高くしたのでパワーMOSFETの駆動には高速応答が要求されます．ゲート・ドライバ初段にバイポーラを使う例が多いのですが，電流制限抵抗と浮遊容量の遅延に加え，バイポーラの遅延が加わって，期待する動作ができませんでした．**図2(b)**に示すように，MOSFETを使ってゲート・ドライバを構成します．MOSFETのドレインには定電流ダイオードを接続し，電流を抑えながら遅延を減らしています．

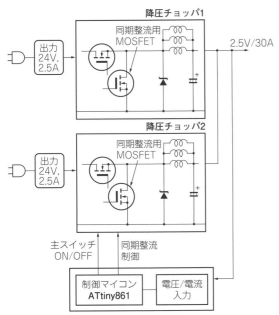

図1 充電回路のブロック図

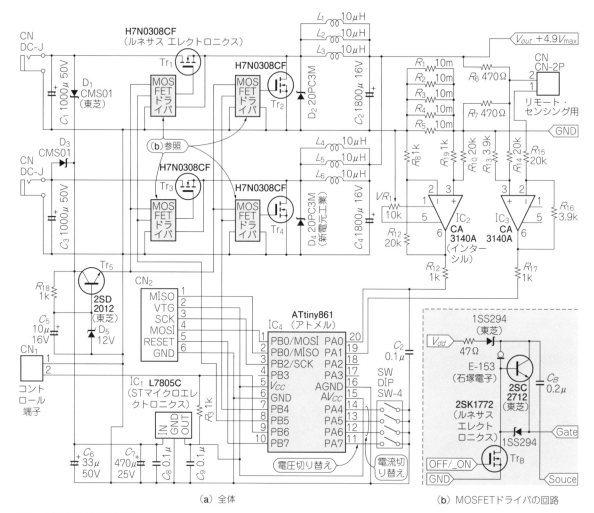

図2 大電流充電器の回路図
(a) 全体
(b) MOSFETドライバの回路

　Nチャネル型のパワーMOSFETのゲートには回路に供給される電源以上の高い電圧を加える必要があります．今回は，ブートストラップと呼ばれる手法でこの高い電圧を得ています（**図3**）．

　写真2(a)に示すように，MOSFETを使用したゲート・ドライバは，遅延がほとんど発生していませんが，バイポーラを使用すると，バイポーラが飽和動作から戻るときに大きな遅延が生じます［**写真2(b)**］．

● DC-DC変換時の損失が小さい同期整流

　回路の損失を減らすために同期整流を試してみました．ダイオードD_2，D_4と並列に入っているMOSFET Tr_2，Tr_4で，ダイオードのカソード側が負になるとき，MOSFETをONにします．このようにするとダイオードの順方向電圧よりもMOSFETの電圧降下（ON抵抗×電流）が小さいので電流はMOSFETを流れます．電圧降下は$6\,m\Omega \times 15\,A = 90\,mV$程度まで少なくなります．その結果，損失（電圧降下×電流）を少しだけ減らすことができます．といってもあまり正確に制御できないので，チョッパ用の信号の逆相で駆動しています（**写真3**）．この程度の簡単なものでも5％程度の改善となりました．

　MOSFETドライバに遅延が大きい回路を使用すると，同期整流用MOSFET駆動時にショートするタイミングができ，まったく動作しなくなります．このとき過電流になって入力側の回路を傷めることがあります．回路が確定するまでは実験用の保護回路付き電源を使用します．

② 電流バイパス回路の試作

　複数のキャパシタを直列接続したとき，充電時に特定のキャパシタだけが耐圧を越えて損傷しないように，充電電流をパスする回路が必要です（**図4**）．

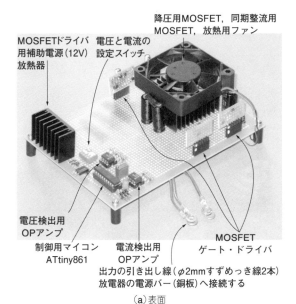
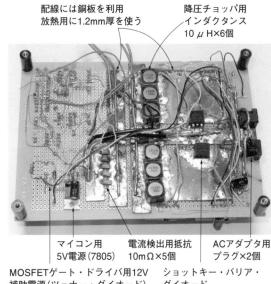

- MOSFETドライバ用補助電源(12V)放熱器
- 降圧用MOSFET, 同期整流用MOSFET, 放熱用ファン
- 電圧と電流の設定スイッチ
- 配線には銅板を利用 放熱用に1.2mm厚を使う
- 降圧チョッパ用インダクタンス 10μH×6個
- 電圧検出用OPアンプ
- 制御用マイコン ATtiny861
- 電流検出用OPアンプ
- 出力の引き出し線(φ2mmすずめっき線2本) 放電器の電源バー(銅板)へ接続する
- MOSFETゲート・ドライバ
- マイコン用5V電源(7805)
- 電流検出用抵抗 10mΩ×5個
- ACアダプタ用プラグ×2個
- MOSFETゲート・ドライバ用12V補助電源(ツェナー・ダイオード)
- ショットキー・バリア・ダイオード

(a) 表面 (b) 裏面

写真1 30A/2.5V出力の充電器

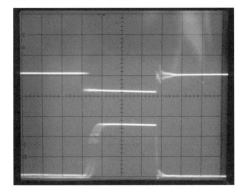

(a) MOSFETドライバ中のTr_BにMOSFETを使用 (b) MOSFETドライバ中のTr_Bにバイポーラを使用

- マイコン出力 (5V/div)
- 約0.25μsの遅延あり
- MOSFETゲート電圧 (10V/div)

写真2 図2(b)のTr_BにMOSFETまたはバイポーラを利用したときの遅延を比較(0.5μs/div)

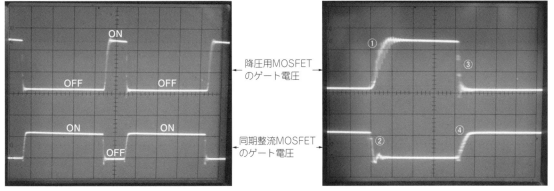

- 降圧用MOSFETのゲート電圧
- 同期整流MOSFETのゲート電圧

降圧チョッパのMOSFETがOFFになると同期整流MOSFETがONになる. 同期整流MOSFETがOFFになると, 降圧用MOSFETがONになる

(a) MOSFETの駆動タイミング (2μs/div)

二つのMOSFETは逆相で動作しているが, MOSFETドライバの次の特性のために, ショートしにくい
①立ち上がりが遅い. MOSFETがONになるまでの時間が少し必要
②立ち下がりが早い. MOSFETはすぐにOFFになる.

(b) 拡大写真 (0.5μs/div)

写真3 図2中の同期整流回路の動作タイミング(10V/div)

② 電流バイパス回路の試作

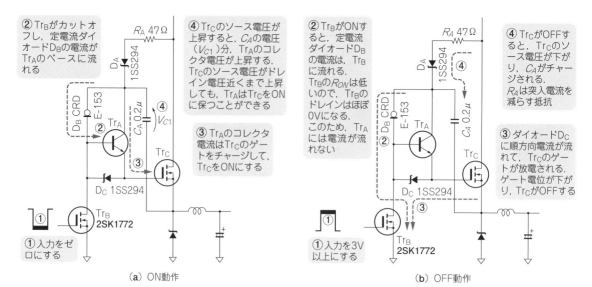

図3 図2中のMOSFETドライバの動作

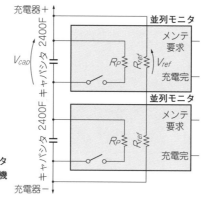

図4
電流バイパス回路には各キャパシタの端子電圧を監視する並列モニタ機能が必要

・並列モニタでは，V_{ref}とV_{cap}の差を調べて，充電電圧のバランスを調整したり，キャパシタの異常検知などを行う．

・V_{ref}は充電電圧V_{charge}をキャパシタの個数nで割った値．例えば2個のキャパシタを充電時に，充電電圧(V_{charge})が4.2Vであれば，
$V_{ref} = V_{charge} \div 2 = 2.1V$

・V_{cap}はキャパシタの端子電圧．ばらつきで各キャパシタごとに少しずつ異なる．直列に接続されたキャパシタが均等に充電されていれば，V_{ref}とV_{cap}で大きな差はない．極端に異なる場合は故障の可能性がある

■ 必要な機能

● 電圧を監視する機能

キャパシタを充電していくと，端子電圧が上昇します．この電圧を正確に測定するには，キャパシタの耐圧以下で動作する安定した基準電圧が必要です．低電圧で動作する基準電源の種類は比較的限られています．

● 充電電流を熱に変換する機能

端子電圧の上昇を止めたり遅らせるためには充電電流をバイパスします．回路としては電圧が基準値を越えたらMOSFETをONにして，MOSFETやバイパス用抵抗R_Pで充電電流をバイパスして熱に変えてしまいます．

● 電圧リミッタ機能

電圧リミッタは，キャパシタの電圧を測定し，危険領域に達したときに端子電圧がそれ以上あがらないように保護します．10Aで充電しているときに，充電電流をすべてバイパスすると，2.5V×10A=25Wを熱として発散しなければなりません．この回路は，場合によってはとても大がかりな回路になるため，充電器に満充電の信号を送り，充電を停止する方法も選択の一つです(図5)．

▶バイパス電流を小さくする方法

キャパシタの端子電圧のばらつきは充電途中でも把握できるので，ある電圧を超えたらばらつきの程度に合わせて充電電流の一部をバイパスします．今回はこの方法に挑戦しています．例えば電圧上昇の速いキャパシタの充電電流の一部をバイパスすると，そのキャパシタの端子電圧上昇が遅れていきます．そして，ほかの充電が遅いキャパシタの電圧上昇に合わせるようにします．この方法では，電圧リミッタに比べると少ないバイパス電流で満充電を制御できます．図6のC_1のように，ばらつきの大きさによってバイパス電流を変えることで電圧上昇の勾配を変え，満充電までの時間を調整します．理想的にはすべてのキャパシタが同じ時間で満充電になります．

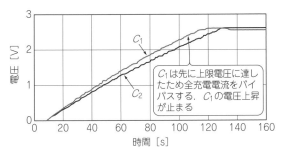

図5 電圧リミッタの考え方

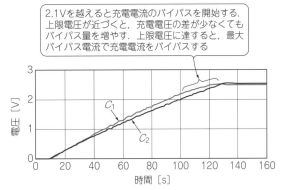

図6 緩やかに電圧制限をかける方法

 この方式の利点は，キャパシタの特性がそろっているときは少ないバイパス量ですみ，回路を小規模にできます．回路を小規模にしたときは電圧リミッタ方式とは異なり，耐圧を越えても充電できてしまいます．そのために充電器が充電を停止することで耐圧オーバーを防止します．
 欠点は充電途中で充電電力を廃棄することです．

● 低電圧，低消費電流であること
 電気二重層キャパシタは耐圧が2.5Vと低いので，これより低い電圧で動作する回路が必要です．このために使用できる部品が限られてきます．並列モニタはキャパシタに並列に接続され，常に電流を消費するので，充電電流をバイパスするとき以外は存在が気付かれないほど低消費電流であることが求められます．

■ 実際の回路
 実際に製作してみましょう．次の三つを実装します．
● ばらつき量に応じた電流バイパス
● キャパシタの状態判定
● 参照電圧の断線診断
 本当はもっと複雑な動作を行えればよいのですが，比較的簡単な機能だけを実装します．回路図を図7に，外観を写真4に示します．
 10Aをバイパスする回路は外形があまりにも大きいので，0.5Aをバイパスする回路も作ってみました（図8）．機能を少し減らしてプログラム・サイズを1Kバイトに抑えています．キャパシタの電圧だけを監視して，2.1Vから緩やかにバイパス量を増やし，2.4Vで0.5Aのバイパス量になります．

● マイコンで制御する
 放電開始電圧を測るためには基準となる電圧が必要です．しかし一般に市販されている多くの基準電圧は電圧を安定させるために数mAの消費電流が必要です．ここではATtiny85Vマイコン内蔵の1.1Vを基準電圧

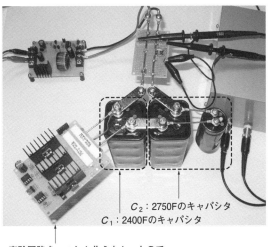

(a) 外観　　(b) 使っているところ

写真4 複数のキャパシタの充電電圧が均等になるようにするバイパス回路

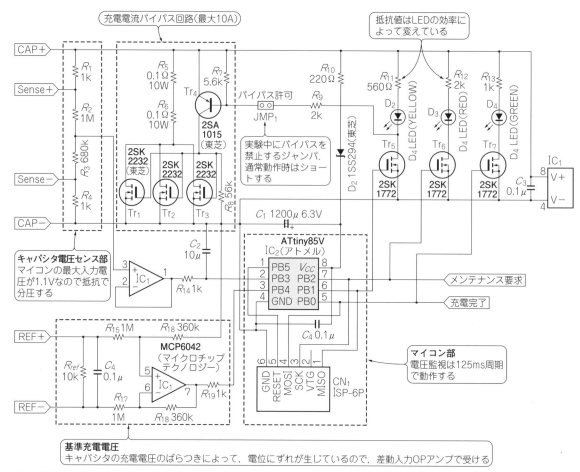

図7 電流バイパス回路の回路図

として使い，ディジタル制御します．一般的なアナログ回路用基準電圧が必要とする電流より少ない消費電流で実現します．

▶バイパス量はPWMのデューティでコントロール

キャパシタの端子電圧が2.1V以上のとき，適正充電電圧との電圧差に応じてバイパス量を決定します（図9）．充電電流から電流を少しバイパスすることで満充電までの時間を調整しています．

バイパス量の調整はPWMのデューティを変えることで行っています．今回製作した回路では，電圧リミッタ機能もあり，キャパシタが定格電圧に達する前に充電電流（最大10Aまで）を可能な限りバイパスして，端子電圧が上昇しないようにします．

R_{ref}を未接続のとき，適切な充電電圧がわからないので，単純なリミッタとして動作します．

● バイパス用のトランジスタはパワーMOSFETの3パラ

電圧2.5V以下，電流10Aの電力をバイパスします．通常のパワー・トランジスタでは飽和電圧$V_{CE(sat)}$が

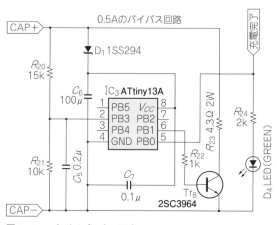

図8 0.5Aをバイパスする回路

高いので，今回はパワーMOSFETを使いました．

4V動作という2SK2232を3本並列にして使っています．10Aを流したときに，ぎりぎりでドレイン-ソース間電圧V_{DS}を0.3V程度まで下げることができました．キャパシタ電圧が2.0Vでは，ほぼカットオフとなり電流が流れません．ちょうどこの電圧範囲は

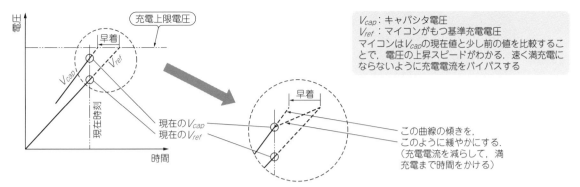

図9 マイコンは充電の速いキャパシタと違いキャパシタが同時に満充電に達するように制御する

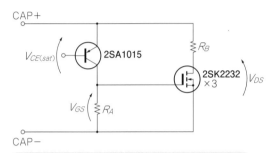

充電電流はMOSFETによるスイッチと抵抗でバイパスする. 2SK2232をONにするときは, V_{GS}をできるだけ高くするため, PNPトランジスタTr$_A$でゲートを制御する. V_{GS}が不足すると, MOSFETのV_{DS}が高いままになるのでMOSFETの消費電力が増加する. Tr$_A$のコレクタ電流I_Cが少ないときは, Tr$_A$の飽和電圧$V_{CE(sat)}$を0.1V以下と低く抑えられる

図10 バイパス抵抗に電流を流し込むMOSFETをドライブする回路

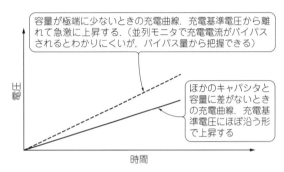

図11 充電電圧上昇と静電容量の関係

MOSFETがカットオフからオンまでリニアに変化する領域に当たっています. このため抵抗とMOSFETの消費電力の負担割合がV_{GS}に依存します. MOSFETスレッショルド電圧の個体差で消費電力の負担割合が変わる可能性があります.

マイコンの電源電圧はダイオードの順方向電圧(約0.7V)ぶん, キャパシタ電圧よりも低くなります. このため, マイコンでMOSFETを直接ドライブするとV_{GS}が少し下がってしまい, 10Aを流すことができません.

図10に示すように2SK2232をドライブするため2SA1015を使用し, V_{GS}の低下をトランジスタの飽和電圧ぶんまで減らしています. コレクタ抵抗=ゲート抵抗を大きくしてコレクタ電流を減らした結果, $V_{CE(sat)}$は0.1V以下になりました. ゲート抵抗を大きくしたので, PWM周波数を低くします.

● キャパシタの状態判定と断線検知

適正充電電圧とキャパシタの充電電圧差が極端に大きいとき(図11)は, キャパシタが劣化している可能性があると判断して, メンテナンス要求信号を出力しています.

同じように適正充電電圧が極端に低いときはケーブルが断線, あるいは未接続の可能性があります. 短絡は電圧がゼロになるのでモニタは動作しませんが, 満充電時の充電電圧がキャパシタ1個ぶん不足します.

開放時はキャパシタの電圧が上がりV_{ref}は最大値のままとなります. これもメンテナンス要求の対象です.

キャパシタ劣化時などに異常に温度が上昇することがあります. 温度センサをつけたりATtiny85のような温度センサ内蔵CPUをキャパシタ近くに配置することで検知できます.

今回は, 充電電圧をもとにメンテナンス要求信号を作り出しましたが, マイコンで監視を行っているので, もっと複雑なキャパシタの状態判定を組み込むことも可能です. 満充電時に電圧リミットを行い, 端子電圧をそろえた場合, 放電時には容量の小さなキャパシタのほうが端子電圧が早く低下します. この状態から充電を行うと, 充電電流バイパスを行わなくても, ほぼ同じ時間で満充電になります. 適正充電電圧との単純比較では, 「どれかがおかしい」ことがわかっても, 並列になっているため不良キャパシタを特定できません. 改善の余地があります.

● マイコン部は低消費電流化する

マイコンと周辺回路は, 通常の使用状態ではまった

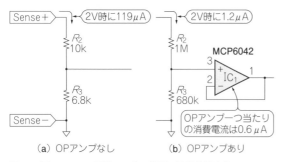

図12 図7における回路の工夫…装置の低消費電流化のためOPアンプを追加した

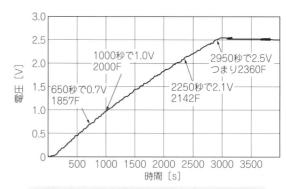

蓄電エネルギWは上のグラフに示すように，電圧が変わると変わり，次のように計算できる．カッコ内は2400Fで計算したときの値
$V=0.7$V　$W=1857×0.7^2÷2=455$J（588J）
$V=1.0$V　$W=2000×1.0^2÷2=1000$J（1200J）
$V=2.1$V　$W=2142×2.1^2÷2=4723$J（5292J）
$V=2.5$V　$W=2360×2.5^2÷2=7375$J（7500J）

図13 キャパシタ電圧と蓄電エネルギの関係

く必要のない回路なので，できるだけ低消費電力にします．消費電流を減らすためにサンプリング周期を125msとしていますが，動作を開始してもデータ採取に必要な数ms以外はスリープしています．

マイコンのクロックが8MHzのときにA-D変換器を動作させていると600μA程度の消費電流になりますが，スリープを利用することで平均消費電流を200μA以下に減らすことができました．

また，電圧測定用の分圧抵抗を大きくするために，マイコンで直接受けずに，FET入力のOPアンプで受けてマイコンに渡しています（図12）．今回使用したMCP6042は1回路当たりの電流消費が0.6μAととても小さいので，うまく組み合わせて使うと効果的です．

R_{ref}には10kΩを使用したので，2.5Vのとき250μAも流れます．今回は簡単な回路を採用しましたが，これを減らすには，抵抗値を大きくして差動入力段を高インピーダンス型にすることで電流消費を2けた減らせます．

● マイコン用の電源

制御するマイコンの電源はキャパシタから得ています．充電電流バイパス時，キャパシタとの配線抵抗の大きさで電圧が下がることがあります．特にPWM動作時に変動が顕著になるので，マイコンの電源はダイオードを通して電解コンデンサを経由しています．

マイコンの消費電力は大変小さいので，スイッチング時に電圧変動があっても，コンデンサに充電された電力で安定に動作します．

③ 残容量算出回路

■ 残容量はキャパシタの端子電圧から正確にわかる

キャパシタに充電されているエネルギ（蓄電電力量）は，静電容量とキャパシタ電圧がわかると，計算で簡単に求められます．

$$W\frac{1}{2}=CV^2$$

ただし，W：蓄電電力量[Ws]，C：静電容量[F]，V：キャパシタの端子電圧[V]

基本特性の実験では，電荷法によって静電容量を測定しました．実験結果では，電圧によって静電容量が変化することがわかりました．図13にキャパシタ電圧と蓄電エネルギの関係を示します．

静電容量を計測するのは大変ですが，電圧と静電容量の対応を付けることができれば，電圧を測定することで静電容量を求められます．

温度でも静電容量が変化することがわかっていますが，常温域ではあまり変化がないので，今回の容量計では考慮しないことにします（図14）．

■ 回路とプログラム

静電容量を求めるには，電圧を求めて換算すればよいので，回路の基本は，単なる電圧計と同じでよいことがわかります（図15）．電圧を測定し，静電容量を求めることで，蓄電電力量が計算できます．

簡単にするには，アナログ電圧計の文字盤を容量換算値で書き換えるだけでもOKです．

写真5にエネルギ・メータの外観を示しました．

● マイコン補正演算

電圧から静電容量に換算するには，折れ線近似を行います．容量計測時に電圧を数カ所変えて静電容量を測定しています．電圧を測定したときに，この容量測定時の電圧であれば，すぐに静電容量を得ることができますが，それ以外の電圧のときにはどうしたらよいでしょう．例えば1.0Vと2.1Vにおける容量がわかっていますが，1.8V時の容量はいくつでしょう．ここ

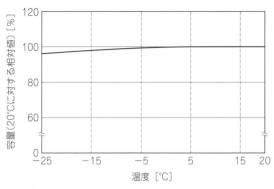

図14[(1)] 常温では静電容量は変化が小さい

では,線形補完という方法で計算します(図16).プログラム内部に変換テーブルをもたせて演算します.

● キャパシタの低電圧で動作

電気二重層キャパシタの蓄電量は多く,容量メータが必要とする電力は十分に供給できます.しかし電圧が低すぎる場合があるので,昇圧して使うことにします.HT7733Aで3.3Vに昇圧してマイコンと表示器に電源を供給します.電気二重層キャパシタの電圧が

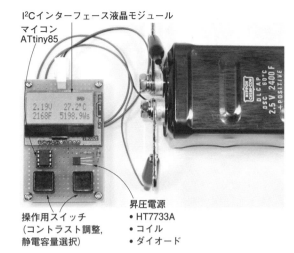

写真5 残容量算出回路

0.7V程度でも十分に動作します.

● 消費電力の小さい液晶表示器を採用

電源を昇圧して使うことを考えて,できるだけ消費電流の低い液晶を使います.ここで使用したのはI^2C

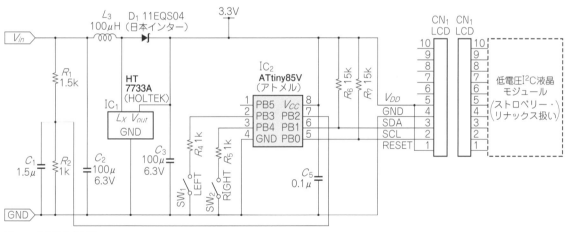

図15 残容量算出回路

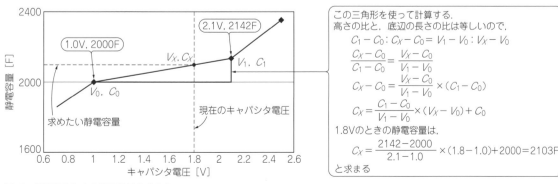

この三角形を使って計算する.
高さの比と,底辺の長さの比は等しいので,

$$C_1 - C_0 : C_X - C_0 = V_1 - V_0 : V_X - V_0$$

$$\frac{C_X - C_0}{C_1 - C_0} = \frac{V_X - V_0}{V_1 - V_0}$$

$$C_X - C_0 = \frac{V_X - V_0}{V_1 - V_0} \times (C_1 - C_0)$$

$$C_X = \frac{C_1 - C_0}{V_1 - V_0} \times (V_X - V_0) + C_0$$

1.8Vのときの静電容量は,

$$C_X = \frac{2142 - 2000}{2.1 - 1.0} \times (1.8 - 1.0) + 2000 = 2103F$$

と求まる

図16 線形補完による静電容量の求め方
実際は7点の電圧と容量の関係を測定しマイコンで補完している

接続で使用できる品種で，通常動作時には数百μAと非常に少ない電流で動作します．また，電源電圧も2.7Vから動作するので，今回の応用には好都合です．

さらに都合の良いことに，電池の形をしたアイコン表示があるので，キャパシタ電圧に合わせて表示しています．

■ 容量メータの機能と性能

● 消費電流
消費電流を減らすために，消費電流が低い液晶モジュールを利用しましたが，電源を昇圧して使っているため，入力側の電流は通常動作時に3mA前後となっています．また，起動時に20mA程度の電流が流れています．

● 計測値表示
キャパシタ電圧から静電容量を求め，蓄積エネルギを計算して表示しています．温度表示は単なる参考値で，マイコン内蔵の温度センサを表示しています．

● アイコン表示
バッテリ・アイコンの表示は電圧の範囲を7段階に分けて，表示・点滅・消去を行っています．通常は2.5V耐圧なので，2.5V以上で×マークのアイコンを表示しています．

● 静電容量の設定
変換テーブルは2400Fのキャパシタで計測したものですが，変化の傾向は容量が変わってもあまり大きく変化しないと考えられます．静電容量を設定して，ほかの容量のキャパシタでも使えるようにしています．製品のシリーズが変わったり，メーカが異なるときはテーブルを作りなおしたほうがよいでしょう．

◆引用文献◆
(1) 電気二重層キャパシタDLCAPカタログ，日本ケミコン㈱．
　http://www.chemi-con.co.jp/catalog/pdf/dl-j/dl-dl-j-090901.pdf

（初出：「トランジスタ技術」2010年7月号）

電気二重層キャパシタ vs 化学系二次電池　　　　　　　Column

● 蓄電量
蓄電量を比較するときには，大きさや重さも含めて比較します．単位重量あるいは単位体積当たりの蓄電量をエネルギ密度と呼び，この値が大きいほど小さなデバイスでたくさんの電気を蓄積できます．

表Aに示すように，身近にある単3形ニッケル水素二次電池およびニンテンドーDS Liteのリチム・イオン二次電池と蓄電量を比較しました．

54mm×54mm×128mmと，ほかよりひとまわり大きい電気二重層キャパシタでも，蓄電量は単3形ニッケル水素蓄電池よりも少なく，体積で約46倍，重さで約20倍もあります．

● 放電特性
化学系電池では，放電初期に電圧を下げたあとは少しずつ電圧が低下しますが，ほぼ定電圧特性を示します．完全放電直前に急激に電圧が低下し，この段階で放電を停止しないと，致命的な損傷を与えることがあります．また，大電流を取り出すと小電流時に比べて少しの電力量しか取り出せません．極端に大きな負荷電流では過熱し，破裂や発火に注意する必要があります．

それに対して電気二重層キャパシタを放電したときは，取り出す電気の量に比例して端子電圧が低下していきます．内部抵抗はとても低いので100Aの大電流で放電しても同じように動作し，取り出せる電力量もほぼ変わらないので，一時的に多くの負荷電流が流れるような用途に向いています．

● 充電特性
化学系電池では大電流充電時に過熱，破裂，発火の危険があります．通常は0.05C～0.2C(ニッケル水素二次電池1900mAhで0.1Cは190mA)で充電します．最近は急速充電が一般的になってきていますが，このときは0.5C～5C程度(1Cでは1.9A)の電流を流し，電池の端子電圧と温度などを監視しながら注意深く充電しています．

電気二重層キャパシタでは30Aで充電してもほぼ発熱せず，充電制御もとても簡単です．さらに大電流で充電しても問題がないので，一時的に充電量(発電量)が多くなるときのバッファとしての用途に適しています．

表A　電気二重層キャパシタと化学系電池との蓄電量の比較

種　類	容　量	外形 [mm]	体積 [cm3]	重さ [g]	蓄電量 [Wh]
電気二重層キャパシタ	DLCAP角形2.5V，2400F	54×54×128	373.2	520	2.08
ニッケル水素二次電池	eneloop 単3形1.2V，1900mAh	φ14.35×50.4	8.15	27	2.28
リチウム・イオン二次電池	ニンテンドーDS Lite用3.7V，1000mAh	49×32.4×6.4	10.2	25	3.7

巻末特別付録

24ページ増！

動き続ける！ μWマイコン＆電源IC活用法

藤岡 洋一 Yoichi Fujioka

CONTENTS

第1章 電池のもつ限られたエネルギを有効活用
最近の低消費電力デバイスに注目！

- 1-1 低消費電力化が進む半導体 ……………………………………………………… 134
- 1-2 消費電力の低い機器を作るうえで必要な条件 …………………………………… 135

第2章 動作電圧を下げクロック周波数を制御して対応する
低消費電力マイコンの傾向と特徴

- 2-1 低消費電力システム向けマイコンのいろいろ …………………………………… 139
- 2-2 低消費電力動作のための工夫 ……………………………………………………… 140

第3章 高速タイプから不揮発性タイプまで
低消費電力メモリのいろいろ

- 3-1 SRAM（Static Random Access Memory） ………………………………… 143
- 3-2 DRAM（Dynamic Random Access Memory） …………………………… 143
- 3-3 EPROM（Erasable Programmable Read Only Memory） ……………… 145
- 3-4 フラッシュROM（Flash Read Only Memory） …………………………… 145
- 3-5 マスクROM（Mask Read Only Memory） ………………………………… 146
- 3-6 FRAM（Ferroelectric Random Access Memory） ……………………… 146
- 3-7 MRAM（Magnetoresistive Random Access Memory） ………………… 149
- 3-8 FRAMとMRAMの比較 …………………………………………………………… 150

第4章 低い電圧から高効率で動作する電源IC
バッテリ用高効率DC-DCコンバータのいろいろ

- 4-1 低消費電力回路がDC-DCコンバータに求める条件 …………………………… 152
- 4-2 シリーズ・レギュレータのほうがスイッチング・レギュレータより有効なこともある …… 153
- 4-3 昇圧DC-DCコンバータの方式 …………………………………………………… 153
- 4-4 インダクタ型降圧DC-DCコンバータの動作原理 ……………………………… 155
- 4-5 昇圧DC-DCコンバータのさらなる低消費電力化の工夫 ……………………… 156
- 4-6 0.9V以下から昇圧できる発電デバイス用DC-DCコンバータIC ……………… 157
- 4-7 ユニークな電源ICの紹介 ………………………………………………………… 157

第1章 電池のもつ限られたエネルギを有効活用

最近の低消費電力デバイスに注目！

藤岡 洋一 Yoichi Fujioka

図1　いまや身の回りはバッテリ搭載機器だらけ

　最近は携帯電話だけでなく，携帯音楽プレーヤ，電子ブック，カーナビなど，身の回りに2次電池(蓄電池)を搭載した携帯機器が増えています(図1)．農業や医療，介護，健康維持のスポーツの現場などにおいて，こうした携帯型機器は今後も増えることが予想されます．

　本稿は次のような機器を設計する方を対象としています．

- 単3/単4乾電池1～2本で動作するラジオ，ポータブル・オーディオ機器(消費電力：10 mW～500 mW程度)
- 単4乾電池2本で動作する電子辞書など(消費電力：100 mW～200 mW程度)
- リチウム・イオン蓄電池で動作するデジカメ，ムービー(消費電力：1～5 W程度)
- ボタン電池で動作する壁掛け電波時計，温湿度計など(消費電力：0.1 mW～1 mW程度)
- リチウム・イオン蓄電池で動作するPNDなどの情報機器(消費電力：3～5 W程度)
- リチウム・イオン蓄電池で動作する携帯電話など(消費電力：1 W程度)
- マイコン・ガス・メータなどの超低消費電力機器(消費電力：50 μW程度)
- 発電デバイスを使った装置(消費電力：数μW～数W)

1-1　低消費電力化が進む半導体

　電池のもつ限られたエネルギを有効に使うには，電子部品を低消費電力で使う技術が求められます．そうです，低消費電力設計はまさに未来志向の技術なのです．それでは，一口に装置を低消費電力化するといっても，いったいどうすればよいでしょうか．ここでは，携帯音楽プレーヤの構成を例に説明します(図2)．

　まず，一番効果があるのは電源です．いわゆる乾電池と呼ばれる1次電池，近年は定番となったリチウム・イオン蓄電池，ニッケル水素蓄電池などの2次電池は，商用電源を使ったACアダプタとは異なり，出力電圧が一定ではなく，使用状態に応じて電圧が変化します．電池の特性を十分に理解したうえで，電池のエネルギを最後まで上手に使いきるテクニックが求められるのです．

　変化する電圧を，使用するデバイスに応じた一定の電圧に変換(昇圧／降圧)するテクニックも求められま

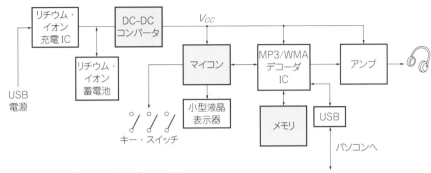

図2 携帯音楽プレーヤの内部ブロック例

す．この変換テクニックによって，大事な電池のエネルギを無駄なく上手に使えるかどうかが決まります．

次に，マイコンやオーディオCODEC（DSP）などの演算，制御ICです．これらはディジタルICであり，使用するクロック周波数，電源電圧，回路規模で消費電力が大きく変わります．求められる要求仕様に応じた最適なデバイスを選ぶと効果的です．

さらに，これらと一緒に動作するメモリです．メモリといってもさまざまな種類のメモリが世の中には存在します．また，技術進化に伴って新しいタイプのメモリも次々に登場してきています．これらのメモリもそれぞれ特徴があり，用途によって最適なデバイスを選ぶようにします．

まだあります．アンプやセンサ，モータ・ドライバなどのアナログ回路も省電力化の余地があります．使用しないときは電源を切ってしまう，PWM化（D級アンプ化）により無駄な電力を削減する，低電圧化により消費電流を削減するなどの回路上の工夫によって，まだまだ低消費電力化の余地は残っています．

ここではポータブル機器の省電力化に最も効果のある，マイコン，メモリ，電源デバイスについて，その選びかたと使いかたを解説します．本稿を読み，ユーザが図3のような体験をしてしまう確率を下げてください．

1-2 消費電力の低い機器を作るうえで必要な条件

電子回路の動作時の電力Pは，

$P = VI$

ただし，P：電力[W]，V：電圧[V]，I：電流[A]と表せます．ここでわかるのは，

(1) できるだけ低電圧で使う
(2) できるだけ低電流で使う

の2点に絞られます．

また，そのほかにも大事なのは非動作時のデバイスのリーク電流です．これはあとで詳しく説明しますが，一般的な用途ではマイコン，メモリなどは常時動作している必要はなく，一定時間ごと，または操作ボタンが押されたときだけ必要な動作をすればよいので，そのほかはアイドル状態です．この状態でもマイコンは，エンジンで言えばアイドリング状態で動いているので，電力を消費します．そのため，低消費電力化するためにはクロックを止めてしまいます（エンジンを切ってしまう）．

図3 今朝換えたばかりなのにもう電池切れ？

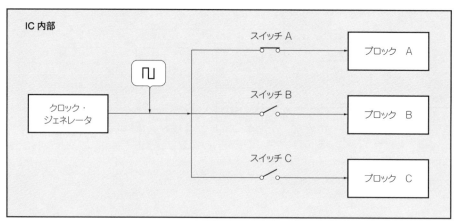

図4 IC内部でクロックの供給を制御する
必要な機能(ブロックA)のみにクロックを供給し,必要以外のブロック(B, C)のクロックを停止することによってシステムの消費電力を削減する

　この状態でもデバイス内部では,直流状態でわずかですが電流が流れてしまいます.例えると,水道の栓をきちんと閉めたはずなのに水が漏れている状態です.この電流をリーク電流(leakage current)と呼び,この電流を極力減らすことが低消費電力化につながります.

　究極の低消費電力化としては,使用しないデバイスの電源をOFFしてしまう手もあります.

● CMOS ICの消費電力はクロックが支配要因

　現在では,低消費電力システムで使用されるICはCMOS(Complementary Metal Oxide Semiconductor)がほとんどですが,CMOS ICの消費電流はクロック周波数に比例して増加します.そのため,CMOS ICの動作時消費電流には,必ず仕様で動作クロック周波数の規定があります.簡単に言えば,クロック周波数が低ければ低いほど消費電流を減らすことができます.

　また,クロック速度を落とすことができないICでは,図4のように,IC内部で動作状態に応じて状態変化のないブロックへのクロック供給を止めてしまい,消費電力を減らす方法も使われています.

　このため,装置の仕様を決める段階で,クロックの周波数について,よく考える必要があります.簡単な処理をさせるのに高速クロックを使うのは,近所へタバコを買いに行くのに排気量の大きな大型車を使うようなもので,推奨できません.1秒に1回カウントするだけの時計を構成するのに100 MHzのクロックは必要ないのです.

　また,8ビット・マイコンであれば1クロックで動作するバス上の素子の数も減るため,16ビット・マイコンに比べて消費電流を減らすことができます.

　I/Oポートは,3.3~5 Vの複数のデバイスを駆動するために大電流が流せる大きなトランジスタを使っており,動作時に電力を消費します.したがって,頻繁にアクセスするROM/RAMなどはワンチップ・マイコンとして内蔵しているほうが低消費電力化できます.

● CMOS ICは入力ポートの電位を安定させることが重要

　CMOS ICを使ううえで,入力レベルは必ずV_{DD}(電源)かGND(グラウンド)のどちらかの電位を維持しないといけません.

　図5にCMOSインバータの内部構成を示します.入力レベルが中間電位では,Pチャネル/Nチャネル両方のトランジスタが中途半端にONして電流が流れてしまうため,入力ピンがオープンのとき,または電圧レベルの低いデバイスからの入力時は気を付けないと貫通電流が流れてしまいます.

　未使用のI/Oピンは必ず出力ポートに指定してLレベルを出力しておき,入力ポートの場合はプルアップ/プルダウンなどの処理をしておきます.

　マイコンは一般的に,リセット直後は接続されているデバイスによるシステム誤動作を避けるために双方向I/Oポートは入力に設定されるので,初期設定を忘れると入力が不安定になり思わぬ電流が流れてしまうことがあります.

　また,入力ピンがアサインされている場合でも,システム・スタンバイ時にバスやI/Oポートに接続されたデバイスがフローティングになったりして電位が不定になることがあるので注意が必要です.

　フローティング状態を検出するには,指でマイコンのピンをなでると簡単なチェックができます.フローティングならば,50 Hzの人体電界を拾ってポートが振られマイコンの電源電流が変わります.

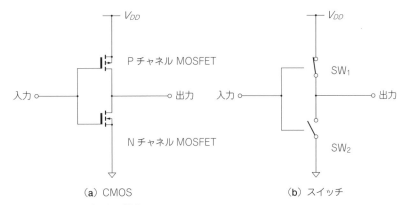

図5 CMOSインバータの構成
CMOSインバータはスイッチに置き換えて考えることができるが,入力に中間電位が与えられるとSW₁とSW₂の両方が半ON状態になり,電流(貫通電流)が流れてしまう

● **アナログ・ブロックはクロックに関係なく電力を消費する**

マイコンの機種によっては,A-Dコンバータなどのアナログ・ブロックを内蔵するものもあります.A-Dコンバータは原理的にコンパレータ,リファレンス電圧発生器などのアナログ素子を含みます.これらの素子はスタンバイ時でも消費電流が発生するので,使用しない場合は内部的にOFFにしておくなどの措置が必要です.

(初出:「トランジスタ技術」2010年11月号 別冊付録)

第2章 動作電圧を下げクロック周波数を制御して対応する

低消費電力マイコンの傾向と特徴

藤岡 洋一 Yoichi Fujioka

表1に低消費電力システムでの使用に適した低電圧で駆動可能なマイコンの代表例を示します．各社ともバッテリ駆動を想定して，使用する電池の終止電圧から下限動作電圧を決めています．

例えば乾電池，ニッケル水素蓄電池などの一般的に入手可能な電池の終止電圧0.9 Vを前提にして，電池2本駆動時の電圧の電圧範囲内（開始時：$1.57 \times 2 = 3.14$ V～終止時：$0.9 \times 2 = 1.8$ V）で動作できるように電源電圧を決めています．

動作電圧を下げる一方で，内部PLLなどでクロック速度を高速化させ，1.8 V駆動ながら16 MHzクロックで動作できるマイコンも出現しています．

マイコン以外のデバイスでも，フラッシュ・メモリ，DRAMなども低電圧化が進み，1.8 V駆動できるデバイスが増えてきました．低電圧化することでシステムの消費電力を大幅に削減でき，電池1本での駆動や，

表1 おもな低消費電力マイコンの一覧

型 名	S1C63016	ATtiny861A	PIC16LF1827	STM8L151
CPU	4ビット	8ビット	8ビット	8ビット
ROM	コード： 16384×13ビット データ： 4096×4ビット	8Kバイト	4Kバイト	32Kバイト
RAM	2048×4ビット	512バイト	384バイト	2Kバイト
I/O	24	16	16	41
メイン・クロック	1.0 MHz/1.1 V	20 MHz/4.5 V 4 MHz/1.8 V	32 MHz/2.3 V 16 MHz/1.8 V	16 MHz/1.8 V
サブクロック	32 KHz	－	32 kHz	32 kHz
電源電圧	1.1～1.7 V	1.8～5.5 V	1.8～3.6 V	1.8～3.6 V
スリープ電流	0.1 μA	0.15 μA	0.03 μA	0.35 μA
HALT動作	0.5 μA/1.1 V	35 μA/2V/1 MHz	0.6 μA/1.8 V/32 kHz	35 μA/3.6 V/32 kHz
通常動作	60 μA/1.1 V/1 MHz	220 μA/1 MHz/1.8 V	1.2 mA/1.8 V/16 MHz 110 μA/1.8 V/500 kHz 3.6 μA/1.8 V/31 kHz	3.8 mA/1.8 V/16 MHz 400 μA/1.8 V/1 MHz
動作温度	－40～＋85℃	－55～＋125℃	－40～＋125℃	－40～＋125℃
パッケージ	QFP-100 TQFP-100 BareChip	PDIP-20 TSSOP-20 QFN-32	QFN-28 PDIP-18 SOIC-18	LQFP-48 UFQFPN-48
備 考	LCDドライバ 計時タイマ ストップウォッチ・タイマ 8ビット・タイマ×4 8ビット乗除算器 SPI サウンド・ジェネレータ	10ビットADC UART SPI 16ビット・タイマ/カウンタ×1 10ビット・タイマ/カウンタ×1	10ビットADC 5ビットDAC UART SPI I²C 8ビット・タイマ/カウンタ×4 16ビット・タイマ/カウンタ×1 タッチ・センサ	LCDドライバ 12ビットADC 12ビットDAC 16ビット・タイマ×3 8ビット・タイマ×1 RTC UART SPI I²C タッチ・センサ
メーカ	セイコーエプソン	アトメル	マイクロチップ テクノロジー	STマイクロエレクトロニクス

太陽電池などの環境エネルギによるエコロジーに配慮した利用が促進できますので，今後は1.8 V駆動デバイスがますます増えてくるものと思われます．

2-1 低消費電力システム向けマイコンのいろいろ

表1に示した低消費電力マイコンの特徴について概説します．

● 32ビット・マイコン

最近はオペレーティング・システム(OS)を使わないシンプルな組み込み用途向けマイコンでも，CPUコアが32ビット構成のものが出てきました．

NXPセミコンダクターのLPC1114は，32ビットARM Cortex-M0コアを内蔵し，3.3 V駆動時に最大50 MHzで動作可能なワンチップ・マイコンです．UART，2本の32ビット・カウンタ/タイマ，2本の16ビット・カウンタ/タイマ，8チャネルの10ビットA-Dコンバータを内蔵します．

1.8 Vから動作可能で，消費電流は3 mA/12 MHz@3.3 Vときわめて低く，低消費電力でありながら高性能なアプリケーションを実現できます．

● 16ビット・マイコン

テキサス・インスツルメンツの代表的な低消費電力マイコンMSP430G2101は，1.8 Vまで動作可能です．電源電圧2.2 V時の消費電流は220 μA/1 MHz，1.8 V時には4.15 MHzと低いクロックで動作できます．低消費電力化のために五つのモードをもち，すべてのクロックを停止した場合(LPM4)の消費電流は0.1 μA/2.2 V，内蔵低速オシレータを使用して周辺回路のみにクロック供給した場合は0.5 μA/2.2 Vとなり，バッテリ・システムでの長時間動作が可能となっています．

最近は，低消費電力のZigBee無線モジュールを組み合わせてワンチップ化したCC430シリーズが製品化され，積極的に低消費電力の近距離無線通信分野に注力しています．

● 8ビット・マイコン

マイクロチップ テクノロジー社の低消費電力マイコンPIC16LF1827は，電源電圧1.8 Vまで動作可能です．1.8 V駆動で内蔵発振器使用時の消費電流は110 μA/

C8051F930	S1C17001	MSP430G2331	LPC1114
8ビット	16ビット	16ビット	32ビット
64 Kバイト	32 Kバイト	2 Kバイト	32 Kバイト
4 Kバイト	2 Kバイト	128バイト	8 Kバイト
24	28	10	42
24.5 MHz/1.8 V	8 MHz/1.8 V	16 MHz/3.6 V 4.15 MHz/1.8 V	50 MHz/3.3 V
32 kHz	32 kHz	-	-
0.9～3.6 V	1.65～3.6 V	1.8～3.6 V	1.8～3.6 V
0.05 μA	0.5 μA	0.1 μA	6 μA
0.6 μA/1.8 V/32 kHz	2.5 μA/1.8 V/32 kHz	-	-
295 μA/1.8 V/1 MHz	1.8 mA/1.8 V/8 MHz	220 μA/2.2 V/1 MHz	3 mA/3.3 V/12 MHz
-40～+85℃	-40～+85℃	-40～+80℃	-40～+85℃
QFN-32 LQFP-32	CSP-48	QFN-16 TSSOP-14 PDIP-14	LQFP-48 PLCC-44 HVQFN-33
10ビットADC UART SPI I²C 16ビット・タイマ×4 チップ内に昇圧レギュレータ内蔵 1セルで動作可能	UART SPI I²C 16ビット・タイマ×3 8ビット・タイマ×1 計時タイマ ストップウォッチ・タイマ	10ビットADC UART SPI，I²C 16ビット・タイマ×1 コンパレータ	10ビットADC UART 32ビット・タイマ×2 16ビット・タイマ×2 SPI×2 I²C
シリコン・ラボラトリーズ	セイコーエプソン	テキサス・インスツルメンツ	NXPセミコンダクターズ

800 kHz，内蔵 PLL による 16 MHz での使用時でも 1.2 mA と低消費電力です（2.3 V 駆動時は 32 MHz まで可能）．

内蔵 31 kHz 発振器駆動時には 3.6 μA/1.8 V で動作でき，CPU 停止状態で T1OSC に時計用 32.768 kHz の水晶を接続して発振させた場合の消費電流はわずか 0.6 μA/1.8 V です．UART，タイマ，A-D コンバータ，D-A コンバータなどの豊富な内部ペリフェラルをもち，幅広い用途に応用可能です．

● 4ビット・マイコン

8ビット・マイコンの価格が下がり，4ビット・マイコンは影が薄くなりつつありますが，特定アプリケーション用としては，まだまだその超低消費電力が特長となっています．

セイコーエプソンの S1C63016 は，外付け昇圧回路なしに電池1本（1.1～1.7 V）で動作可能です．電源電圧 1.5 V 駆動時の消費電流は 60 μA/1 MHz と，きわめて少ない電流で駆動できます．セグメント駆動液晶コントローラ，各種センサ・インターフェースなどを内蔵し，温度/湿度計測アプリケーション，多機能時計などに向いています．ただし，マスク ROM 品であるため，開発用にはフラッシュ ROM 内蔵の S1C6F016 を使う必要があります．S1C6F016 の使用時には，電源電圧は 1.8 V が下限となるので注意が必要です．

● 0.9 V から動作可能なマイコン

シリコン・ラボラトリーズから，乾電池1本で駆動できる 0.9 V から動作可能な 8ビット・マイコン C8051F930 が発売されています．

実際には，内蔵のインダクタ型の昇圧回路で電源電圧を昇圧して動作します．単三/単四電池1本で動作するので，装置の小型化に便利だと思います．しかし最近は，0.9 V から昇圧可能な小型 DC-DC コンバータの入手が容易になったため，今後は外付けコンバータ・タイプが主流になるかと思われます．

● 携帯型ラジオ用にチャージ・ポンプ昇圧回路内蔵マイコン

乾電池1本で動作するポケット・ラジオの選局マイコン（4ビット）などでも，0.9 V から昇圧して動作するマイコンが用いられています．

ただし，AM ラジオなどの高感度アンテナを内蔵する受信機では DC-DC コンバータのパワー・インダクタから発生する電磁ノイズをバー・アンテナが拾ってしまうので，チャージ・ポンプ型の昇圧回路が必要です．

2-2 低消費電力動作のための工夫

低消費電力マイコンは消費電流を減らすために，各種のクロック制御が可能です．これらのクロック制御と割り込みを組み合わせることで，さらなる低消費電力システムを構成できます．

● ハードウェアに見る工夫

クロックを停止させたり供給先を制限したりする方法（表2）と，クロックの周波数を制御する方法（表3）があります．

▶ スリープ・モード

マイコンのメイン・クロック（発振回路）を停止します．CPU 部だけでなく，タイマなどの周辺回路を含むマイコン内部の全回路が停止するので，消費電流はデバイスのリーク電流だけで最小になります．再起動には内部タイマ割り込み，外部からのキー割り込み，リセットなどのイベントが必要です．サブクロックをもつマイコンでは，サブクロックは動作を継続するものもあります．

表2 クロック制御1
CPU，周辺ブロックへのクロック供給制御を行うことでマイコンの消費電流を制御することができる

動作モード	メイン・クロック		サブクロック	消費電流
	CPU	周辺ブロック	周辺ブロック	
通常動作	○	○	○	大
スリープ・モード	×	×	○/×	最小
HALT モード	×	○	○	小

表3 クロック制御2
メイン・クロックを高速，中速，低速から選ぶことでマイコンの消費電流を制御することができる

動作モード	CPU クロック源		
	高速クロック	複数中速クロック	低速クロック
ダブル・クロック	消費電流：大	－	消費電流：小
マルチクロック	消費電流：大	消費電流：中	消費電流：小

携帯機器でボタン・スイッチを長押しすることで電源をON/OFFするものがありますが,この機能を使い,発振を停止して擬似的なパワーOFFとしています.

▶ HALTモード

CPUコアのクロックだけを停止します.周辺回路にはメイン・クロックは供給されるので,タイマなどでインターバル動作する場合に使われます.CPUは停止するものの,内部のタイマなどの周辺ブロックは動作を継続するときに使われます.

▶ ダブル・クロック

マイコン内部にハイ・スピード・クロック(メイン・クロック),ロー・スピード・クロック(サブクロック)の2本をもち,処理に応じてスピードを切り替えます.

通常時は低速クロックで動作状態を監視し,低消費電力で動作します.処理の重い制御がきたときだけ高速クロックに切り替えて処理します.割り込み,スリープなどの処理によらず,フラグ・ポーリングで各種処理を行う場合に使うと消費電力を下げることができます.

また,ラジオ機能付きCDプレーヤなどで使われる基板では,高速クロックを使うとラジオにノイズが乗ってしまうことがあるので,CDプレーヤ動作時は高速クロックでマイコンを駆動し,ラジオ選局などの動作時には低速クロックに切り替えることで,マイコンからのノイズを回避します.

▶ マルチクロック(複数のクロック源を切り替える)

ダブル・クロックではクロック・ソースは高速/低速の2本でしたが,さらにいくつものクロック・スピードをソフトウェアで切り替えられるものもあります.PIC16LF1872では,図1のように内蔵発振器を使用時に12段階ものクロック速度を選ぶことができます.

● ソフトウェアに見る工夫

これらのクロック制御と割り込み起動を上手に組み合わせることで,必要なときだけマイコンを起動させ,低消費電力システムを構成することができます.

簡単な例として,ディジタル時計のソフトウェア構造を図2に示します.

システムの構成は図3のように想定しています.マイコンは,メイン・タスク処理用の高速メイン・クロックと計時用の32.768 kHzのサブクロックの2本の発振器を使います.サブクロックは内蔵ハードウェア・カウンタで1秒おきに割り込みが発生するようにプログラムします.また,時刻設定用にキー入力を備え,マイコンのキー割り込み端子に接続します.

① マイコンはリセット後に必要な初期設定を行ったあと,割り込みイネーブルし,スリープ・モードに入って高速メイン・クロックを停止します.この状態では,マイコンは32.768 kHzの発振器とハードウェア・カウンタだけの動作となり,通常 $1\,\mu A$ 以下の低消費電流で動作します(マイコンによってはHALTモードと呼ぶものもある).

② 1秒ごとにカウンタからタイマ割り込みが発生すると,マイコンのメイン・クロックが発振開始して割り込み処理に入ります(INT-1).割り込み処理ルーチン内では,割り込み要因を判別するためのタイマ割り込みフラグを立ててメイン・ループへ戻ります.

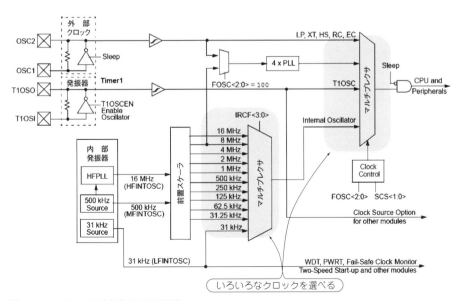

図1 マルチクロックの例(PIC16LF1872)
メイン・クロックを31kHzから32MHzまでの複数のソースから選ぶことができる

2-2 低消費電力動作のための工夫

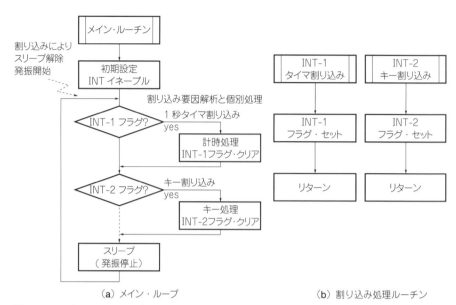

(a) メイン・ループ　　　(b) 割り込み処理ルーチン

図2　ロー・パワー・システム向けのソフトウェア構造の例
SLEEPと割り込み処理の組み合わせで処理を行い，CPUの動作時間を最小に抑えることで消費電流を削減する

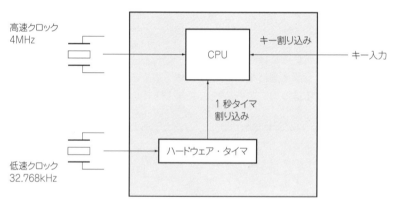

図3　ディジタル時計システムのブロック構成の例
高速(4 MHz)，低速(32.768 kHz)の2本のクロック源をもち，スリープ・モードと割り込みで動作する

③メイン・ループでは割り込みフラグを見て条件分岐し，時計のインクリメント処理(INT-1処理)を行い，そのほかの割り込みフラグが立っていなければスリープ状態に入り，メイン・クロックを停止します．

④1秒カウンタとは別にキーが入力された場合，キー割り込みが発生し，同じくメイン・クロックが発振を開始し，キー割り込み処理に入り(INT-2)，割り込み要因を判別するためのキー割り込みフラグを立ててメイン・ループへ戻ります．

⑤メイン・ループでは割り込みフラグを見て条件分岐し，時刻設定などの必要処理を行い，そのほかの割り込みフラグが立っていなければスリープ状態に入り，メイン・クロックを停止します．

割り込みルーチン内の処理はなるべく軽くしておき，必要な処理はメイン・ループで行うようにしないと，同時割り込み時に取りこぼしが発生する危険性があるので注意が必要です．

このように割り込みとスリープ・モードを組み合わせると，必要な処理があるとき以外はマイコンは常にスリープ状態でメイン・クロックは発振停止状態になるため，マイコンのメイン・クロックのスピードによらず最小の消費電力で低消費電力システムを構成できます．

(初出：「トランジスタ技術」2010年11月号 別冊付録)

第3章 高速タイプから不揮発性タイプまで
低消費電力メモリのいろいろ

藤岡 洋一 Yoichi Fujioka

単純なシーケンス制御であればワンチップ・マイコン内部のメモリ(数十～数百バイト)で足りますが，データ・ロガーなどの長時間データ記録用途では内部メモリでは足りません．

こうした用途では，一般的にはマイコンとは別にシステム内部に大容量メモリをもち，パソコンとの通信機能でデータを吸い出すか，リムーバブルな外部記録用にSDカードなどを用います．

これらの記録されたデータは貴重なものなので，簡単に消えないような処置が必要になります．

ここでは代表的なメモリについて説明します．**表1**に，各種メモリの比較と代表的なメモリ・デバイスの仕様をまとめました．

3-1 SRAM(Static Random Access Memory)

書き換え可能な半導体メモリとしては一番最初に登場したメモリ・デバイスです．

基本的にはメモリ・セルがフリップフロップ(インバータの組み合わせ)で構成されるので，リーク電流は他のメモリに比べて少なく，取り扱いも容易です．1ビット・セルあたり4～6個のトランジスタが必要なため，大容量化が難しいのが欠点です．最近の大容量化されたSRAMでは，アルファ線によるビット・エラーを防ぐためにECC(Error Checking and Correcting；エラー検出補正)回路をもつものもあります．

SRAMには，パソコンのキャッシュ・メモリ用に開発されたスピード優先のデバイスと，一般用途に開発された低消費電力優先のデバイスの2種が存在します．

SRAMのCE(Chip Enable)端子を非アクティブにしておけばデバイスにはリーク電流しか流れず，DRAMのようなリフレッシュ動作が不要で手軽に制御できるため低消費電力装置ではよく使われます．

3-2 DRAM(Dynamic Random Access Memory)

メモリの大容量化のために開発されたデバイスです．1ビットあたり1個のトランジスタで構成し，ゲートのコンデンサの電荷の有無で状態を保持します．ただし，コンデンサの電荷は時間とともに放電してしまうため，定期的にリフレッシュを行い，再チャージを行う必要があります．リフレッシュ時には大電流が流れるため低消費電力用途にはあまり向きません．また，データのアクセスがSRAMに比べると複雑で専用コントローラを必要としますので，小規模システムのマイコンでは使われません．

ですが，最近の高機能携帯機器などでは大容量DRAMを必要とするため，それらの点を改良したモバイルSDRAM(Synchronous DRAM)が登場しました．

● モバイルSDRAMの工夫

モバイルSDRAMでは，従来のDRAM基本構造は変えずに以下の工夫で消費電力を減らします．
　(1) 電源電圧の1.8V化
　(2) パーシャル・アレイ・セルフ・リフレッシュ
　(3) 自動温度補償セルフ・リフレッシュ
　(4) ディープ・パワー・ダウン
　(5) プログラマブル・ドライバ・ストレングス
▶電源電圧

一般的なSDRAMであるDDR-SDRAMは電源電圧が3.3V/2.5Vですが，1.8V化することによって消費電流は同じでも単純に消費電力の削減ができます．しかし，対応するデバイスも1.8VのI/Oであることが必要です．

▶パーシャル・アレイ・セルフ・リフレッシュ
(Partial Array Self Refresh；PASR)

図1に示すように，メモリ・チップ内のバンクごとにセルフ・リフレッシュする/しないを設定できます．

通常はプログラム格納エリアを除いては，待機時にはデータをすべてRAM上に保持する必要はないので，必要なバンク以外のリフレッシュを止めてしまうことでリフレッシュによる消費電流を減らします．

表2に，セルフ・リフレッシュ電流値の例を示します．1バンク・リフレッシュの場合では，全バンク・リフレッシュに比べて約30％の削減が期待できます．

▶自動温度補償セルフ・リフレッシュ

DRAMの記憶はセルの微小コンデンサの電荷の有無で行いますが，温度が上昇すると電荷のリークが大きくなって情報が消えてしまうため，セルフ・リフレッシュ・サイクルは最悪条件であるデバイスの使用最大温度(85℃)での規定となっています．しかし，通常温度使用時(25℃)ではリフレッシュ・サイクルはもっと長くてもデータは失われません．

そのことを利用してDRAM内に組み込まれた温度センサで自分の温度を測定し，最適なリフレッシュ・サイクルに自動設定することで消費電流を削減します．

表2に，温度条件によるセルフ・リフレッシュ電流の違いを示します．リフレッシュ電流は，45℃条件では85℃条件に比べて約半分に削減できそうです．

通常の256MビットのDDR SDRAM(K4H561638D, V_{CC} = 2.5 V)のセルフ・リフレッシュ電流は3mA(フルバンク・リフレッシュ)ですので，モバイルDDR SDRAM(K4X56163PI-LE，V_{CC} = 1.8 V)を用いて常温使用，かつ1バンク・リフレッシュにすることで0.14 mAまで削減できます．電力換算すると1/30までの削減が期待されます．

▶ディープ・パワー・ダウン(Deep Power Down；DPD)

このモードは簡単に言うと，DRAM内のすべての電源をOFFしてしまうイメージです．したがって，

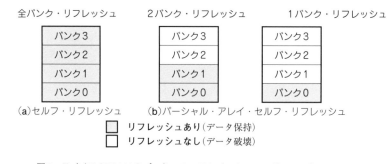

図1 モバイルSDRAMのパーシャル・アレイ・セルフ・リフレッシュ
メモリ・バンクのリフレッシュを制御することで消費電流を削減する

表2 モバイルSDRAMの自動温度補償セルフ・リフレッシュでの消費電流
(K4X56163PI-LE；サムスン社)

チップ温度	全バンク・リフレッシュ	2バンク・リフレッシュ	1バンク・リフレッシュ
45℃	200 μA	160 μA	140 μA
85℃	450 μA	300 μA	250 μA

表1 各種メモリの比較(2010年11月時点)

種類	ロー・パワー SRAM	モバイル DDR SDRAM	DDR DRAM	SDRAM	EPROM/OTP
型名(メーカ名)	CY62187EV30 (サイプレス)	K4X56163PC-7 (サムスン)	K4H561638D (サムスン)	K4S561632 (サムスン)	AT27LV040 (アトメル)
自己書き換え	◎	◎	◎	◎	×
不揮発性	×	×	×	×	○
書き換え速度	55 ns〜	22.5 ns	18.8 ns	22.5 ns	−
読み出し速度	55 ns〜	22.5 ns	18.8 ns	22.5 ns	90 ns
読み出し電力	4 mA/1 MHz	90 mA(1バンク)	80 mA	140 mA	7 mA/5 MHz
書き込み電力	4 mA/1 MHz	90 mA(1バンク)	80 mA	140 mA	−
スタンバイ電流	8 μA	10 μA*	3 mA	6 mA	1 μA
容量[ビット]	4 M×16	16 M×16	16 M×16	16 M×16	512 K×8
電源電圧[V]	2.2〜3.7	1.7〜1.95	2.3〜2.7	3.0〜3.6	3.0〜3.6

＊：ディープ・パワー・ダウン

リフレッシュも行われず，すべての情報は失われます．
　ちなみに，256MビットのモバイルDDR SDRAM K4X56163PI-LEでは，単なるクロック停止によるパワー・ダウン・モードでの消費電流0.3mAに対して，ディープ・パワー・ダウン・モードでは10μAと1/30に削減できます．

▶プログラマブル・ドライバ・ストレングス（Programmable Driver Strength；PDS）
　DRAMは基板内で複数のデバイスがバス接続されることを想定して，一般的にI/O用のドライバ・トランジスタは数十mAの電流を高速にスイッチングできるように大型のトランジスタを用います．これらのI/O端子は"H"⇔"L"と出力データが変化するたびに大きな貫通電流が流れてしまいます．
　しかし，小規模のロー・パワー機器では複数のDRAMをバス接続することもなく，基板内の配線長も短いことが多いため，それほど強力なI/Oドライブ能力を必要としない場合も多くあります．そういうときにI/Oのドライブ能力をシステムにあわせて設定できる機能です．
　256MビットのモバイルDDR SDRAM K4X56163PI-LEでは，FULL，1/2，1/4，1/8の4種類から選ぶことができます．

3-3　EPROM（Erasable Programmable Read Only Memory）

　これも歴史の古いメモリ・デバイスです．1ビットあたり1個のフローティング・ゲートをもち，高電圧でフローティング・ゲートに電荷を移動させることによって1バイトごとに情報を記憶させます．消去するには，パッケージのガラス窓を通して紫外線を照射することでフローティング・ゲートの電荷を放電します．
　以前は手軽に書き込めるためよく用いられましたが，最近は次に述べるフラッシュ・メモリに置き換わりました．

3-4　フラッシュROM（Flash Read Only Memory）

　EPROMがデータを消去するのに紫外線照射を必要としたのに対して，電気的に消去可能としたメモリで，基本はEEPROM（Electrical Erasable Programmable ROM）です．以前のタイプは消去/書き換えのために V_{CC} とは別に高電圧を必要としましたが，最近はチップ内に昇圧回路を内蔵し，オンボードで消去/書き換えが可能なデバイスが主流です．
　消去に関してはチップ丸ごと消去のほかに，チップ内のブロックごとの消去が可能です．後に説明するシリアルEEPROMとは異なり，ブロックごとにまとめて一気に消去できるので「フラッシュ（flash）」と呼ばれています．
　読み出しは高速ですが，消去，書き換えには時間がかかります．書き換え時にはフローティング・ゲートへ電荷を注入するため，大電流が必要です．
　構造からNOR型，NAND型の2種に分類されます．

● NOR型フラッシュROM
　いわば以前よく使われたEPROMの置き換えと思えばよいと思います．
　アドレス線，データ線，RD，WR，CEを使って高速にランダム・アクセス可能です．プログラムやデータを格納し，CPUから直接アクセスします．1.8Vでアクセス可能なデバイスも発売されており，1.8Vマイコンに直結できるので低消費電力システムに向きます．

● NAND型フラッシュROM
　NOR型とは異なり，磁気ディスクなどのストレージ・デバイスのような大容量記憶メディアを想定して開発されました．アドレス線はもたず，データ線と制御線のみでアクセスします．具体的にはセクタ番号を

NOR フラッシュ	NAND フラッシュ	シリアル EEPROM	FRAM	MRAM
S29GL064N （サイプレス）	K9F2G08U （サムスン）	S-93C46 （セイコーインスツル）	FM28V020 （サイプレス）	MR256A08B （Everspin）
○	○	○	◎	◎
○	○	○	○	○
60μs/ワード	200μs/ページ	4ms	60ns	35ns
90ns	25ns（シリアル）	0.5MHz×44clk	60ns	35ns
6mA/1MHz	15mA/23MHz	0.5mA（max）	7mA	30mA
50mA	10mA	1.5mA（max）	7mA	65mA
1μA	10μA	1.5μA（max）	90μA	5mA
8M×8	256M×8	64×16	32K×8	32K×8
2.7〜3.6	2.7〜3.6	2.7〜5.5	2.0〜3.6	3.0〜3.6

指定し，データを連続アクセスします．構造上大容量化が可能で，SDカード，USBメモリなどに用いられているのはこのNAND型です．

従来のフローティング・ゲートを用いたセルでは'1'，'0'の2値しかもたなかったのに対して，NAND型ではアナログ的に1セルあたりの電荷量を制御することで多値化を実現し，さらなる大容量化が行われています．

ただし，ハード・ディスクと同じで高容量化のため，出荷時の不良セル発生および経時セル不良発生が避けられないので，BAD BLOCK処理がシステム側で必要です．また，不良セル・データを修復するためマイコン側でECC処理が必要です．

ロー・パワーの組み込み用途で用いるときは，外付けメモリとしてNAND型フラッシュROMとMobile SDRAMをもち，ブート時にNAND型フラッシュROMからSDRAMへ必要なプログラム，データをコピーし，CPUは高速なSDRAM上でプログラムを実行します．パソコンでのハード・ディスクとメモリの関係によく似ているといえます．

● シリアルEEPROM

フラッシュ・メモリはデータ消去がブロック単位で行われ，ワード単位で行えないのに対して，1ワードごとに書き換え可能な不揮発性メモリです．装置の個別設定情報など，電池，電源が抜かれてもデータが消えないように小規模の情報を記憶するのに使われます．I/O線を減らすため，SPI，I²C，MicroWireなどの各種シリアル・バスが使われます．

また，最近は電子機器の複雑化に対して的確な故障解析を行うためにデバイスの通電時間，エラー・ログなどをこまめに書き込み，修理に必要な情報を得るときにも使われています．

安価で入手も容易なため，低消費電力システムでもよく使われ，一部マイコンではチップに内蔵しているものもあります．

3-5 マスクROM(Mask Read Only Memory)

書き換えは不可能で，製造工程でデータを組み込んでしまいます．チップ製造用のマスクにビットの'1'／'0'がすでに書き込まれているため，マスクROMと呼びます．

フラッシュROMやEPROMに比べて製造プロセスが簡単になるのでコストも安く量産向きですが，データの書き換えができず，プログラム・データ提出からチップ納入までのリード・タイムも数週間と長く，小ロット生産も不可能なため，製品の開発期間が短くなった最近はワンタイムEPROM(OTPROM)およびフラッシュROMに置き換えられました．

3-6 FRAM(Ferroelectric Random Access Memory)

● FRAMとは

SRAMの高速書き込みと，フラッシュROMの電源OFFでのデータ保持の両方の長所を兼ね備えたデバイスです．デバイスの登場自体は1993年と古いものですが，近年ではRFタグ，エネルギ・ハーベストなどの超低消費電力システムが脚光を浴びるにしたがって注目されています．

原理的には強誘電体による誘電分極を用います．充電した強誘電体コンデンサをショートして放電しても，その後わずかですが両端に電圧が現れます．これを誘電分極といいます(**図2**)．

この原理を使ってメモリとしたのがFRAM(FERAM)です．国内では富士通セミコンダクター，海外ではRamtron(現サイプレス)が主に量産しています．電源ON時は通常のSRAMとして動作しますが，電源OFFしてもセルの情報が残っているのでROMとしても使えます．

特徴は，書き込み速度がフラッシュ・メモリに比して非常に速いこと，書き込み時の消費電流が少ないこと，1バイトごとの書き換えが可能なことで，次世代

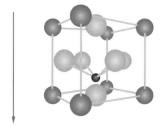
(a) 状態1

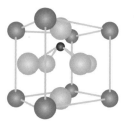
(b) 状態2

図2　FRAM結晶構造の分極方向

表3 代表的なFRAMの一覧

型　名	容量 [ビット]	構　成	スピード [ns]	動作電圧 [V]	パッケージ	メーカ名
FM23MLD16	8 M	512 K×16	60	2.7～3.6	48-Ball FBGA	サイプレス
FM22L16	4 M	256 K×16	55	2.7～3.6	TSOP-2-44	サイプレス
FM21L16	2 M	128 K×16	60	2.7～3.6	TSOP-2-44	サイプレス
FM28V100	1 M	128 K×8	60	2.0～3.6	TSOP-1-32	サイプレス
MB85R1001	1 M	128 K×8	100	3.0～3.6	TSOP-1-48	富士通セミコンダクター
MB85R1002	1 M	64 K×16	100	3.0～3.6	TSOP-1-48/FBGA-48	富士通セミコンダクター
FM28V020	256 K	32 K×8	60	2.0～3.6	TSOP-1-32/SOP-28	サイプレス
MB85R256H	256 K	32 K×8	70	2.7～3.6	TSOP-1-28/SOP-28	富士通セミコンダクター
FM1608	64 K	8 K×8	120	5	28-pin SOIC/PDIP	サイプレス

(a) パラレル・インターフェース

型　名	容量 [ビット]	スピード [MHz]	動作電圧 [V]	パッケージ	メーカ名
FM24V10	1 M	3.4	2.0～3.6	8-Pin SOIC	サイプレス
FM24V05	512 K	3.4	2.0～3.6	8-Pin SOIC	サイプレス
FM24V02	256 K	3.4	2.0～3.6	8-Pin SOIC	サイプレス
MB85RC128	128 K	0.4	2.7～3.6	8-Pin SOP	富士通セミコンダクター
FM24CL64	64 K	1	2.7～3.6	8-Pin SOIC/DFN8	サイプレス
MB85RC64	64 K	0.4	2.7～3.6	8-Pin SOP	富士通セミコンダクター
FM24CL16	16 K	1	2.7～3.6	8-Pin SOIC/DFN8	サイプレス
FM24CL04	4 K	1	2.7～3.6	8-Pin SOIC	サイプレス

(b) I^{2}Cインターフェース

型　名	容量 [ビット]	スピード [MHz]	動作電圧 [V]	パッケージ	メーカ名
FM25H20	2 M	40	2.7～3.6	8-Pin SOIC/DFN8	サイプレス
FM25V10	1 M	40	2.0～3.6	8-Pin SOIC	サイプレス
FM25V05	512 K	40	2.0～3.6	8-Pin SOIC	サイプレス
FM25V02	256 K	40	2.0～3.6	8-Pin SOIC/DFN8	サイプレス
MB85RS256	256 K	15	3.0～3.6	8-Pin SOIC	富士通セミコンダクター
FM25CL64	64 K	20	2.7～3.6	8-Pin SOIC	サイプレス
FM25L16	16 K	18	2.7～3.6	8-Pin SOIC/DFN8	サイプレス
FM25L04	4 K	14	2.7～3.6	8-Pin SOIC/DFN8	サイプレス

(c) SPIインターフェース

の不揮発性メモリ・デバイスとして期待されています．RFタグなどの今後の低消費電力システム用の記録デバイスとして非常に注目されています．

おもなFRAMを表3に示します．

● 記録のメカニズム…誘電分極を利用

FRAMのセル構造を図3に示します．

図を見るとわかるように，FRAMのセル構造はDRAMのセルと非常に似ています．異なるところは，DRAMのセルが通常のキャパシタであるのに対して強誘電性キャパシタであること，DRAMではキャパシタの一方がGNDに接続されているのに対してFRAMではプレート線に接続されていることです．

セルに使われている強誘電体キャパシタは，印加される電圧の方向によって分極の方向が決まります．これを分極反転と呼びます．分極反転していないときのセルは単純なキャパシタですが，逆電圧をかけて反転させると分極反転し，電荷が増えてキャパシタ容量が増加します．この原理を用いて不揮発メモリとしています．

▶読み出し時はセルの誘電分極を用いて電位差を検知する

FRAMは，上記で説明した誘電分極による容量増加を利用してセルのデータを読み出します．以下に読み出しシーケンスを説明します．

① ビット線="L"，プレート線="L"，ワード線="L"の状態です（図4左）．

この状態でトランジスタはOFF，セルはあらかじめ'1'が書き込まれており，下方向に分極されているとします．ビット線キャパシタの電荷はゼロです．

② 読み出しのためにワード線 = "H", プレート線 = "H" にします(図4右).

するとセルの印加電圧が反転するため,分極反転が起こります.

③ 分極反転時には先に述べたようにキャパシタ容量が増加するため,ビット線にはビット線キャパシタ C_{bit} と分極反転して容量の増加したキャパシタ C_S を直列分圧した電圧,

$$\frac{C_S}{C_{bit}+C_S} \times V_{DD}$$

が現れます.

④ もしセルに '0' が書き込まれていて分極の方向が上方向であった場合(図5)は,通常のキャパシタ容量としてビット線には,

$$\frac{C_U}{C_{bit}+C_S} \times V_{DD}$$

ただし,C_S:分極反転容量,C_U:非分極反転容量とする

の電圧が現れます.

ここであらかじめ,$C_S \geq 2C_U$ の関係となっているので,ビット線にはセルの分極方向に対して電位差で2倍以上の差が現れます.

⑤ ビット線に接続されたセンス・アンプでこの電位差を読み取って,'1' / '0' の状態を出力します.

ワード線 = "L",プレート線 = "L" に戻し,ビット線 = "L" にプリチャージします.

⑥ 読み出し後にはセルは必ず上方向に分極するので(破壊読み出し),DRAMと同じように読み出したデー

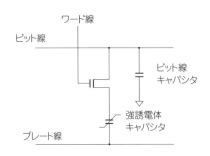
(a) FRAM メモリ・セル

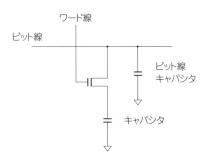
(b) DRAM メモリ・セル

図3 FRAM メモリ・セルとDRAM メモリ・セルの構造
FRAMはプレート線が追加されている

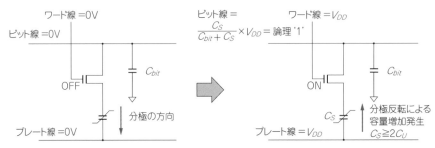

図4 FRAMでのデータ '1' の読み出し動作
プレート線に V_{DD} 電位を与えることで分極反転が起こる.このときビット線に現れるコンデンサの直列分圧電圧を読み取る

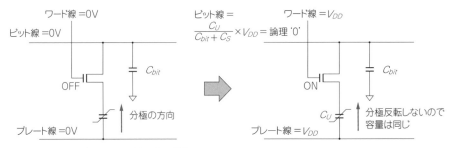

図5 FRAMでのデータ '0' の読み出し動作
プレート線に V_{DD} を与えるが分極反転は起こらないため,ビット線に現れる電圧は分極反転時に比べると小さい

タに沿ってセルを再書き込みしておく必要があります.

▶書き込み時はDRAMと同じ

読み出しのようなシーケンスは不要で，単にビット線に書き込みたいデータを乗せてセルに書き込みます.

書き込みデータが'1'の場合は，強誘電体キャパシタが下向きに反転します．書き込みデータが'0'の場合は，強誘電体キャパシタには電圧が印加されないので上向きの方向を維持します．

▶書き込み回数はフラッシュ・メモリの1億倍

フラッシュROMやEEPROMなどの一般的な書き込み可能な不揮発性メモリはフローティング・ゲートを用いているため，書き換え回数としては100万回程度が最大とされています．100万回というと膨大な回数のように思えますが，実は1秒に1回の変更を行うと12日で書き込み制限回数に達してしまいます．1分に1回でも約2年で上限に達します．これでは常時データ書き換えを必要とするような機器には使えません．

一方でFRAMは10×10^{14}回と，フラッシュ・メモリに比べてもおよそ1億倍の書き込み回数をもち，ほぼ無限回と言ってもよいでしょう．

書き込みスピードも最大55 ns程度で，フラッシュ・メモリなどのフローティング・ゲート・デバイス（60 μs/Word，NOR型）に比べて極めて高速です．

また，高密度化したSRAMやDRAMではアルファ線によるソフト・エラーが問題になりますが，FRAMでは記憶に誘電分極を用いているため，ソフト・エラーの心配がありません．

NAND型フラッシュ・メモリを用いたSDカード，内蔵フラッシュ・メモリ，EEPROMなどを用いて頻繁にデータ・ログを行う場合に，大容量のデータ書き込みに時間がかかり，瞬時のバックアップなどが難しい，またデータ書き込み中に突然カードが抜かれる，電圧変動，電池切れ，外来ノイズなどで書き込み中のデータが破壊されるという問題がありますが，FRAMではそれらの危険も減らせます．

また，低消費電力システムでは重要な要素である書き込み電力もフラッシュ・メモリに比べて約1/400に減らすことができるため，今後，大変期待のもてるデバイスです．

3-7 MRAM (Magnetoresistive Random Access Memory)

● 磁気を利用して記録する

FRAMと同じように，電源を切っても情報が残る不揮発性メモリです．FRAMが情報記憶のために誘電分極を用いたのに対して，MRAMはセルに与えた磁気を使います．半導体メモリが出現する以前のコンピュータでは磁気コア・メモリが主流でしたが，原理的にはよく似たデバイスと言えます．

2006年にフリースケール社から最初の製品が量産出荷されました．その後，同社から分社化したEVERSPIN TECHNOLOGIESが量産しています．FRAMと同じく高速書き込みが特長です．

表4におもなMRAMを示します．

● 構造

MRAMは図6のように，記憶素子としてセル内に3層構造のエレメントをもちます．エレメントは固定磁気層，絶縁障壁層，自由磁気層で構成されます．固定磁気層はあらかじめ一定方向に磁化されており，外部磁気によって変化しません．自由磁気層は，外部磁気によって磁化方向が変化します．

固定磁気層と自由磁気層の磁化方向が同じであればエレメントの電気抵抗は低く，反対であると電気抵抗

表4 おもなMRAMの一覧

型　名	容量 [ビット]	構　成	スピード [ns]	動作電圧 [V]	パッケージ	メーカ名
MR0A16A	1 M	64 K × 16	35	3.3	44-TSOP/48-BGA	EVERSPIN
MR2A16A	4 M	256 K × 16	35	3.3	44-TSOP/48-BGA	EVERSPIN
MR256A08B	256 K	32 K × 8	35	3.3	44-TSOP/48-BGA	EVERSPIN
MR0A08B	1 M	128 K × 8	35	3.3	44-TSOP/48-BGA	EVERSPIN
MR0D08B	1 M	128 K × 8	45	3.3/(I/O)1.8	48-BGA	EVERSPIN
MR2A08A	4 M	512 K × 8	35	3.3	44-TSOP/48-BGA	EVERSPIN
MR4A08B	16 M	2 M × 8	35	3.3	44-TSOP/48-BGA	EVERSPIN

(a) パラレル・インターフェース

型　名	容量 [ビット]	スピード [MHz]	動作電圧 [V]	パッケージ	メーカ名
MR25H256	256 K	40	3.3	DFN-8	EVERSPIN
MR25H10	1 M	40	3.3	DFN-8	EVERSPIN

(b) SPIインターフェース

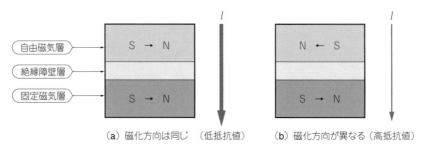

(a) 磁化方向は同じ（低抵抗値）　　（b）磁化方向が異なる（高抵抗値）

図6　磁気抵抗素子の構造
自由磁気層の磁化の方向が固定磁気層と異なると抵抗値が変わる

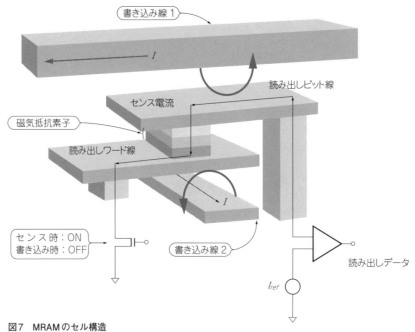

図7　MRAMのセル構造
書き込み線，読み出し線は独立に存在する

は高くなります．これを磁気抵抗素子（magnetic resistance）と呼び，ハード・ディスクの読み取りヘッドや磁場センサにも使われています．この抵抗値を電流に変えて読み出すことで，データの読み出しができます．

図7に具体的なMRAMの構造を示します．

90°交差する書き込み線1，書き込み線2の間に磁気抵抗素子が置かれており，センス電流が流せるように読み出しビット線，ワード線でサンドイッチ構造になっています．読み出し時にセンス電流をON/OFFするためのトランジスタとセンス電流を電圧に変換するためのコンパレータがあり，選択したビット線のコンパレータ出力からディジタル・データが出力されます．

書き込み時は読み出し回路は使わず，エレメントの上下に90°クロスして走る書き込み線1，書き込み線2に90°位相をずらしたパルス電流を流すことで，クロスした磁気抵抗素子の自由層の磁化方向を180°反転することができます（図8，図9）．

ただし，以前のデータの値に関係なくビットが反転してしまうため，書き込むまえに読み出しを行って，反転が必要なときだけパルス電流を与えます．書き込みスピードは35 nsとFRAMよりも高速です．

周辺磁界によるデータ化けが心配されますが，EVERSPINでは書き込み時2000 A/m，読み出し時8000 A/mの磁界内での動作を保証しています．これは，EU規格IEC-61000-4-8「電子機器の電磁イミュニティ規格」の1000 A/mを十分にクリアするレベルです．

MRAMもFRAMと同じように原理的に蓄積電荷を用いないため，アルファ線によるソフト・エラーの心配がありません．

3-8　FRAMとMRAMの比較

表5にFRAMとMRAMの比較を示します．参考のためにNOR型フラッシュROMも比較しています．

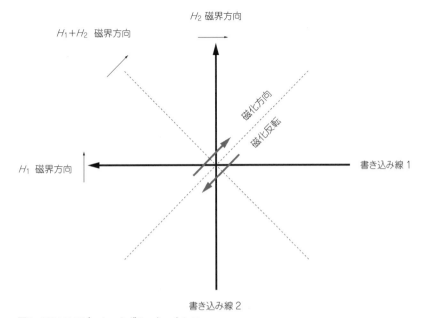

図8 MRAMのビット・トグル・シーケンス
書き込み線1，書き込み線2に90°位相をずらした書き込みパルスを与えることにより，MRAMセルの自由磁化層の磁化方向が反転する

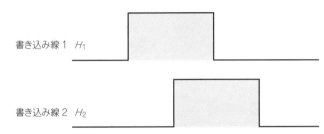

図9 ビット反転書き込み電流パルス

表5 FRAM，MRAM，NOR型フラッシュ・メモリの比較

項　目	FRAM	MRAM	NOR型フラッシュ
読み出しモード	破壊	非破壊	非破壊
書き込み速度	60 ns	35 ns	60 μs
書き込み電流	7 mA/90 ns	65 mA/35 ns	50 mA/60 μs
読み出し電流	7 mA/90 ns	30 mA/35 ns	45 mA/100 ns
書き換え回数	1×10^{14}	1×10^{16}	1×10^{6}

　高速不揮発性メモリとしてはよく似た性格をもつFRAMとMRAMですが，比較するとMRAMはFRAMより高速にアクセスできますが，セルの書き込み(磁化)に電流を用いるため，大きな書き込み電流を必要とします．一方でFRAMは，セルの書き込みには電圧による誘電分極を用いるため，MRAMに比べると小さな書き込み電流で済みます．

　書き換え回数は双方ともに事実上無限大と言えます．しかし，MRAMのほうがFRAMに比べて100倍大きいという数字が出ていますので，常時頻繁に書き換えを行うようなアプリケーションではMRAMのほうが向いていると言えましょう．

　よって，MRAMはSRAMやNOR型フラッシュROMの置き換えなどの高速アプリケーション用途，FRAMは非接触カード，エネルギ・ハーベスト・システムなどの低消費電力システムへの応用が向いているのではないかと思います．

　最近ではFRAM，MRAMともにワンチップ・マイコンの内蔵フラッシュ・メモリへの置き換えが進んでおり，さらに低消費電力で使いやすい便利なマイコンが登場するものと思われます．

（初出：「トランジスタ技術」2010年11月号 別冊付録）

第4章 低い電圧から高効率で動作する電源IC
バッテリ用高効率DC‐DCコンバータのいろいろ

藤岡 洋一 Yoichi Fujioka

　低消費電力回路で使われる電力源は，環境エネルギなど電圧が一定でない電源であることが多いです．その不安定な電源を使って装置をきちんと動かすためには，一定の安定した電圧・電流を供給する必要があります．

　そのためには各種の電圧変換デバイスが必要となります．

　低消費電力回路には，
(1) 高効率
(2) 待機時低自己消費電力
(3) 低起動電圧
が求められます．

4-1 低消費電力回路がDC‐DCコンバータに求める条件

● 高効率

　DC‐DCコンバータも動作時には内部損失が発生します．入力された電力をいかにロスを少なく出力側に変換できるかが重要なポイントになります．回路構成や使われる素子によって効率が大きく変わりますので，用途に応じた選択が重要です．

● 待機時低自己消費電力

　動作時は効率がDC‐DCコンバータの指標となりますが，システムの待機時には2次側の電流はリークのみとなり非常に小さくなります．

　それでも安定した電圧を供給するためにDC‐DCコンバータ（レギュレータ）は動作を続けなくてはならず，一定の電力を消費します．その電力が大きいと，いくら2次側の回路で低消費電力化を工夫しても無駄になってしまいます．

　そのためには，DC‐DCコンバータICの自己消費電力が小さいことも求められますが，スイッチング・トランジスタ，ショットキー・バリア・ダイオードなどの外付け素子の選択も重要です．

● 低起動電圧

　乾電池，2次電池使用時は電池の終止電圧まで使えるように，1セル使用時に相当する0.9Vでの昇圧が可能である必要があります．また太陽電池や圧電素子などの発電デバイスは起電力がさらに低く，0.5V以下であることもあります．

　そのため，そのような低電圧からでもマイコンやシステムを駆動可能な電圧1.8～3.3Vに昇圧できること

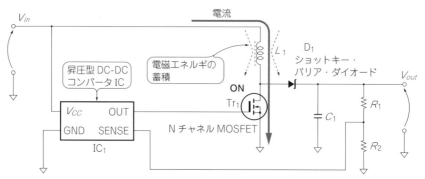

図1 昇圧型DC‐DCコンバータの動作①
スイッチングMOSFETがONになるとインダクタを通してGNDへ電流が流れ，インダクタに電磁エネルギが蓄積される

が要求されます．

4-2 シリーズ・レギュレータのほうがスイッチング・レギュレータより有効なこともある

シリーズ・レギュレータはIC内部で電力を消費して電圧を下げるので，概して効率はDC-DCコンバータに比べて悪く，消費電流が多いシステムではあまり用いられません．

ところが消費電流が少ないシステムでは，自己消費電力が小さいシリーズ・レギュレータを用いることで，降圧型DC-DCコンバータに比べて低消費電力のシステムを組むことができます．

セイコーインスツルのシリーズ・レギュレータS-812シリーズは，自己消費電流が$1\,\mu A$ときわめて小さいため，負荷側の電流が十分に小さければ，降圧型DC-DCコンバータ（自己消費電流$30\sim100\,\mu A$）使用時に比べて低消費電力の電源回路を構成できます．

ただし，シリーズ・レギュレータは昇圧ができません．発電デバイスを使った装置では昇圧DC-DCコンバータが用いられることが多く，バッテリ駆動システムでは用途に応じて昇圧DC-DCコンバータとシリーズ・レギュレータ，降圧DC-DCコンバータの組み合わせが用いられることが多いです．

4-3 昇圧DC-DCコンバータの方式

昇圧DC-DCコンバータは，インダクタ型とコンデンサを利用するチャージ・ポンプ型の二つに分けられます．

● インダクタ型の動作原理

DC-DCコンバータというと，専用ICとスイッチング・トランジスタ，パワー・インダクタが必要で，シリーズ・レギュレータに比べると動作の理解が難しそうに思えます．しかし，インダクタ型のDC-DCコンバータは電磁気学の基本である電磁誘導の法則「コイルに電流を流そうとすると逆向きの電流が発生し，電流を切ろうとすると流し続けようとする」さえ覚えていれば理解できます．

図1に示すように，MOSFETがONするとGNDに

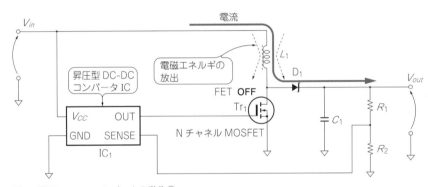

図2 昇圧DC-DCコンバータの動作②
MOSFETがOFFになるとインダクタは蓄積電磁エネルギを保持しようとして電流を流し続けようとするが，スイッチングMOSFETがOFFで電流の行き場がないのでショットキー・バリア・ダイオードを通して出力側へ電流が流れ，コンデンサC_1を充電し，入力電圧よりも高い電圧が発生する

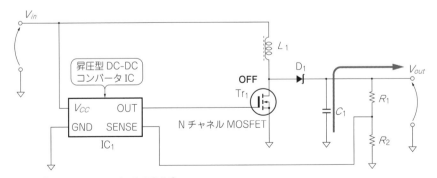

図3 昇圧DC-DCコンバータの動作③
インダクタの電磁エネルギがゼロになるとショットキー・バリア・ダイオードを流れる電流もなくなる．この時点で出力側の電圧が入力側よりも高くなるが，ショットキー・バリア・ダイオードが電流の逆流をブロックするためコンデンサC_1に充電された出力側の電圧は保たれる

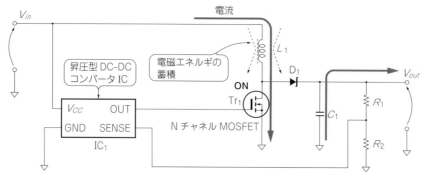

図4　昇圧DC-DCコンバータの動作④
再度，スイッチングMOSFETがONするが，その間は出力側の電流はコンデンサC_1から供給される．DC-DCコンバータ制御ICはR_1，R_2で分圧した出力電圧をモニタし，出力電圧が一定になるようにスイッチングMOSFETのON/OFFのタイミング（デューティ比，周波数）を自動調整する

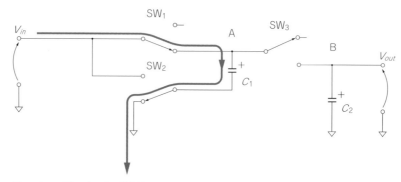

図5　チャージ・ポンプの動作①
SW_1，SW_2を通してV_{in}の電圧がC_1に充電される．このときSW_3はOFF

向けてコイルに電流が流れます．すなわち，コイルに磁力線が生じて電磁エネルギが蓄積されます．

次に，MOSFETがOFFします．すると，コイルには電磁エネルギが蓄積されているため「電流を流し続けよう」としますが，電流の行き場がないため，ダイオードを通して電流が流れてコンデンサを充電します（図2）．このとき，コイルの反対側はV_{CC}に接続されているので，ダイオード側にはV_{CC}よりも高い電圧が発生します．よって，コンデンサにはV_{CC}よりも高い電圧が充電されますが，ダイオードにより逆方向には電流が流れないので，出力は高電圧を保つことができます（図3）．

コイルの電磁エネルギが減少すると電流も流れなくなるので，再度MOSFETをONしてコイルに電流を流して電磁エネルギを蓄積します．ただし，一方的にエネルギを出力側に供給すると電圧がどんどん上昇してしまうため，出力電圧を抵抗で分圧して制御ICでモニタし，MOSFETのON/OFFのタイミング（デューティ比，周波数）を調整して出力電圧が一定になるようにフィードバック制御します（図4）．この部分の働きはシリーズ・レギュレータと同じです．

ポータブル機器では，変動する電源［電池2本なら$(0.9～1.5)\times2=1.8～3\,V$］から安定した3.3V電源を供給するために使われます．

● **チャージ・ポンプ型の動作原理**

昇圧できるのはインダクタだけではありません．キャパシタ（コンデンサ）でもできます．

インダクタ型DC-DCコンバータが電磁気学の基本法則で理解できるならば，チャージ・ポンプ型は直流回路の基本である乾電池の直列接続さえ覚えていれば理解できます．

チャージ・ポンプ型昇圧DC-DCコンバータは最低2個のコンデンサ（充電池）と3個の切り替えスイッチがあれば構成できます．

最初にSW_1，SW_2を切り替えてコンデンサC_1に電源電圧V_{in}の電圧を充電します（図5）．

次にSW_1をOFFし，SW_2をV_{in}に接続します．すると，C_1の＋側の電圧（A点）は電池（C_1）を電源に直列につないだのと同じになるので，

$$V(A点)=V(V_{in})+V(C_1)=2V_{in}$$

と電源電圧の2倍の電圧になります．

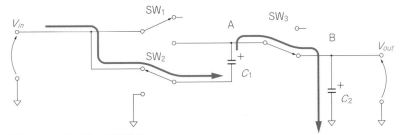

図6 チャージ・ポンプの動作②
SW_1はOFFし，SW_2がV_{in}に接続されることによりC_1の電位は$(V_{in}+V_{C1}=2V_{in})$に上昇する（単なる乾電池の直列接続と同じイメージ）．このときSW_3がONし，昇圧した電圧はC_2を充電する．この動作を繰り返すことでC_2には2倍のV_{in}の電圧が充電される

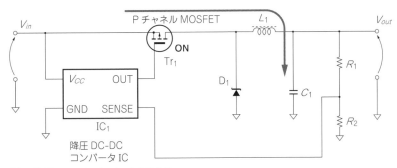

図7 降圧DC-DCコンバータの動作①
スイッチングMOSFET Tr_1がONするとインダクタL_1を通して電流が流れてインダクタに電磁エネルギが蓄積される．その電流はそのまま出力コンデンサC_1を充電する

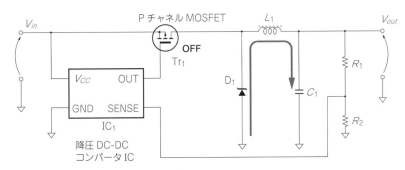

図8 降圧DC-DCコンバータの動作②
スイッチングMOSFET Tr_1がOFFすると，インダクタL_1は電流を流し続けようとするが，FETがOFFで電流が流せないためショットキー・バリア・ダイオードを経由する電流経路として電流が流れてコンデンサC_1を充電する．DC-DCコンバータ制御ICのSENSE入力で出力電圧をモニタし，電圧が一定になるようにスイッチングFETのON/OFFのタイミング（デューティ，周波数）を自動調整する

ただし，SW_1，SW_2を元に戻すとA点の電圧はV_{in}に戻ってしまうので，切り替えるまえにSW_3をONして溜まった電圧をC_2に充電します（図6）．よって，C_2には常にV_{in}の2倍の電圧が充電されます．

この方式は簡単で，電磁エネルギを発生しないため，不要な電磁放射による他の回路への影響がなく，回路も簡単で小型化できます．また，SW_1とSW_2の接続を工夫するとGND以下のマイナスの電圧も発生できるうえ，C_1とC_2の組み合わせの段数を増やすと3倍，4倍と整数倍の昇圧が可能です．

ただし，出力電流を大きく取るためには大容量の急速充電可能なコンデンサを高速スイッチングする必要があるうえ，任意の電圧を設定できないため，インダクタ型に比べると制約があります．

4-4 インダクタ型降圧DC-DCコンバータの動作原理

降圧型DC-DCコンバータは昇圧型よりも理解は簡単です．

MOSFETがONすると負荷側に向かってL_1を通し

て電流が流れ，C_1を充電します（**図7**）．このまま放置すると負荷の電圧が上昇して入力電圧と同じになってしまうため，MOSFETをOFFします．

　すると，コイルに蓄積された電磁エネルギによってコイルは電流を流し続けようとしますが，MOSFETはOFFなのでダイオードを通してGNDから電流を流す電流経路ができます（**図8**）．

　出力電圧が安定するように抵抗で分圧して制御ICでモニタし，MOSFETのON/OFFのタイミング（デューティ比，周波数）を調整して出力電圧が一定になるようにフィードバック制御します．この部分の働きはシリーズ・レギュレータと同じです．

● 降圧DC-DCコンバータは昇圧DC-DCコンバータよりも高効率

　昇圧DC-DCコンバータではスイッチングMOSFETがONの状態では電流がGNDに流れてしまい，負荷側に電流が供給されないのに対して，降圧型DC-DCコンバータはMOSFETがON/OFFの両方の状態で負荷側へ途断なく電流が供給されているため，昇圧DC-DCコンバータに比べて高い効率が可能です．

　低消費電力が求められるポータブル機器では，電池（1.5 V × 3 ＝ 4.5 V，リチウム・イオン電池4.2 V）などから3.3 Vや1.8 Vの電源を作り出すために，高効率の降圧DC-DCコンバータが用いられます．

　発電デバイスの起電力は一般的に小さいため，昇圧DC-DCコンバータを高効率で使いこなす工夫が求められます．

4-5　昇圧DC-DCコンバータのさらなる低消費電力化の工夫

　これらのDC-DCコンバータを用いたシステムを低消費電力化するためには，いくつかの工夫が必要です．

（1）PFM/PWM駆動DC-DCコンバータの採用
（2）自己消費電力の小さなDC-DCコンバータの採用
（3）逆リーク電流の小さなショットキー・バリア・ダイオードの採用

● PFM/PWM駆動タイプの採用

　DC-DCコンバータには，PWM（Pulse Width Modulation）タイプとPFM（Pulse Frequency Modulation）タイプの二つの方式が存在します．

　PWMタイプは周波数は固定で，スイッチングMOSFETのデューティ比を変化させることで出力電圧を制御し，PFMタイプはスイッチング周波数そのものを変化させます．

　低消費電力システムではPWM/PFM自動切り替えタイプのDC-DCコンバータを用いることで，特に低消費電流時のDC-DCコンバータの消費電流を低く抑えることができます．

　トレックス・セミコンダクターの昇圧DC-DCコンバータIC XC9128（PWM/PFM自動切り替え）を例に比較してみます．**図9**に，PWM駆動とPFM駆動での効率の違いを示します．

　PWM駆動では軽負荷時でも固定周波数でスイッチングしますので，PWMの最小のパルス幅でスイッチングMOSFETに電流が流れてしまい，効率が悪化します．それに対してPFM駆動では，軽負荷時にはスイッチング周波数が下がり，スイッチングMOSFETの動作回数が減少するため，大幅に効率を改善できます．

　このICでは負荷電流が10 mA以下の状態ではPWM駆動時の効率が5 %以下であるのに対して，PFM駆動では60 %以上を維持しています．これにより無駄な電流を削減できます．

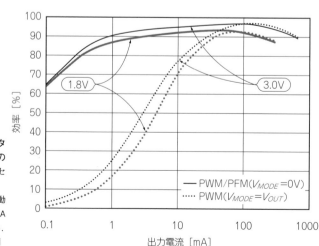

図9　昇圧DC-DCコンバータのPWM/PFM駆動による効率の違い（XC9128，トレックス・セミコンダクター）
PWM/PFM駆動（実線）はPWM駆動（点線）に比べると負荷電流10 mA以下で効率に大きな差が発生する．軽負荷の機器ではPFM駆動が有利

● 自己消費電力の小さいタイプの採用

最近のDC-DCコンバータ制御ICは，スイッチング周波数が数百k～1 MHz以上のものも登場しています．周波数を上げるとコイルやコンデンサを小さくできる効果はある一方で，DC-DCコンバータ制御ICの動作電流も増加します．

したがって，ロー・パワー化を必要とするシステムでは負荷に応じた低速スイッチング周波数のDC-DCコンバータを選ぶと自己消費電力を減らすことができます．

● 逆リーク電流の小さなショットキー・バリア・ダイオードの採用

DC-DCコンバータでは一般的に，整流用にショットキー・バリア・ダイオード(Schottky barrier diode)を使用します．ショットキー・バリア・ダイオードはスイッチング速度が速く，V_F(順方向電圧)も低いため，良いことづくめのようですが，実は逆電流(リーク)が大きいという欠点があり，選定にあたっては注意が必要です．

このリーク電流は，デバイスの順方向電流が大きいほど，かつ温度が高いほど大きな電流が流れます．

リークがあるとせっかく昇圧した電圧が入力側に逆流してしまい，特に軽負荷時には負荷電流に対する無効なリーク電流が大きな割合を占めてしまうため効率悪化の原因となります．最近はリーク電流が0.3 μAという超低リーク品もあり(XBS013R1DR-G，トレックス・セミコンダクター)，軽負荷時の効率改善に効果があります(図10)．

4-6　0.9 V以下から昇圧できる発電デバイス用DC-DCコンバータIC

出力電圧が低い発電デバイスに対応するための，0.9 Vから昇圧可能な代表的な低消費電力DC-DCコンバータICを表1にまとめました．

固定電圧出力タイプ，外付け抵抗による電圧可変タイプ，PWM/PFM自動切り替えタイプ，スイッチングMOSFET内蔵/外付けタイプ，高速スイッチング・タイプなど，要求される用途に応じてさまざまなICが発売されています．

目的に合ったICを選ぶことで，さらなる低消費電力化に役立ててください．

4-7　ユニークな電源ICの紹介

最近は，電源ICメーカ各社が微小電圧から昇圧できるICを発表しています．以下に，そのいくつかを紹介します．

■ 0.3 Vから昇圧できるS-882Z[注]

このICは，図11のように外付けの昇圧DC-DCコンバータと組み合わせて使われます．

各社から，0.9 Vから動作可能な昇圧DC-DCコンバータが発売されていますが，これはコンバータ内部の発振回路，OPアンプなどの動作電圧限界が0.9 V近辺のためで，それ以下では物理的にこれらの回路が動作しません．

ところが，太陽電池，圧電デバイスなどは利用できる電圧が0.9 V以下である場合もよくあり，この電圧をいかにしてマイコンを駆動できる1.8 V以上の電圧に昇圧できるかが鍵になります．

● 特殊チャージ・ポンプでDC-DCコンバータ駆動電源を別途昇圧供給

ここで昇圧DC-DCコンバータの回路構成に再度着目してみると，昇圧回路そのものはNチャネルのスイ

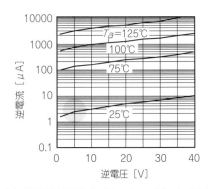
(a) XBS304S17R-G (トレックス・セミコンダクター)
(定格 3A, 5V 時逆リーク電流 =2.5μA)

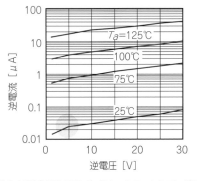
(b) XBS013R1DR-G (トレックス・セミコンダクター)
(定格 0.1A, 5V 時逆リーク電流 =0.025μA)

図10　ショットキー・バリア・ダイオードの逆リーク電流比較
タイプによって大きな差があり，DC-DCコンバータに使うと軽負荷時の効率に影響する

注：2015年3月時点で販売終了．

ッチング・トランジスタをON/OFFしてコイルへ流れる電流をスイッチングするだけです．したがって，スイッチング・トランジスタと発振回路，誤差増幅器などを別電源で駆動することができれば，入力電圧は原理的に0.9V以下からでも動作可能です．

S-882Zは，SoI(Silicon on Insulator)技術を使うことによって，0.3Vという低電圧で動作するチャージ・ポンプを実現し，外付けDC-DCコンバータへの電源電圧を供給可能としたものです．

● 動作説明

図12にブロック図を示します．

V_{in}に0.3V以上の電圧が与えられると内部のチャージ・ポンプが動作し，CPOに接続された外付けキャパシタC_{CPO}を充電します．この外付けキャパシタC_{CPO}の電圧は徐々に上昇し，一定電圧(S-882Z18では1.8V)に達するとIC内部のスイッチM_1がONし，OUT端子に蓄積された電圧が出力されます．OUT端子は外付け昇圧DC-DCコンバータの電源に接続され，外付けコンバータが昇圧動作を開始します．

ひとたび外付けのDC-DCコンバータが動作開始してしまえば，コンバータから安定して電圧が供給できるのでS-882Zの役割は終わりです．V_M端子で外付けコンバータの出力をモニタし，1.9V以上の出力を

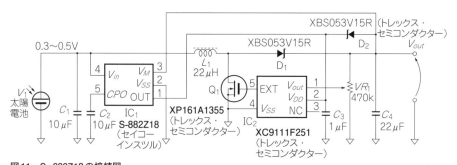

図11 S-882Z18の接続図
外付けのDC-DCコンバータと組み合わせて使用する

表1 0.9V以下から昇圧するDC-DCコンバータ

型 名	入力電圧範囲[V]	出力電圧[V]	出力電流[A]	スイッチング周波数[kHz]	制御方式	MOSFET
XC9103/04/05	0.9～10	1.5～30	−	100, 180, 300, 500	PWM, PWM/PFM	外付
XC9106/07	0.9～10	1.5～30	−	100, 300	PWM, PWM/PFM	外付
XC9110C/E, 9111A/C/E	0.9～10	1.5～7	0.1	100, 180	PFM	内蔵
XC9110D/F, 9111/B/D/F	0.9～10	1.5～7	−	100, 180	PFM	外付
XC9120/21/22	0.9～6.0	1.5～30	−	100	PWM, PWM/PFM	外付
XC9128/29	0.8～6.0	1.8～5.3	1	1.2 MHz	PWM, PWM/PFM	内蔵
S-8351/8352	0.9～10	1.5～6.5	0.091～0.246	100	PFM	内蔵/外付
S-8353/54	0.9～10	1.5～6.5	0.128～0.344	30, 50, 250	PWM, PWM/PFM	内蔵
S-8363	0.9～4.5	1.8～5.0	0.3	1.2 MHz	PWM/PFM	内蔵
S-8355～58	0.9～10	1.5～6.5	−	100, 250, 300, 600	PWM, PWM/PFM	外付
S-8340/41	0.9～6.0	2.5～6.0	−	300, 600	PWM, PWM/PFM	外付
TPS61200/201/202	0.3～5.5	1.8～5.5	1.35	1.4 MHz	PWM	内蔵
TPS61100/103/106/107	0.8～3.3	1.5～3.3	0.27	800	PWM	内蔵
TPS61010～16	0.8～3.3	1.5～3.3	1	500	PWM	内蔵
TPS61000～07	0.8～3.3	1.5～3.3	0.5～1.1	500	PWM	内蔵
TPS61020/24～29	0.9～6.5	1.8～5.5	0.8～1.5	600	PWM	内蔵
TPS61070/71/72/73	0.9～6.5	1.8～5.5	0.6	600, 1.2 MHz	PWM	内蔵
TPS60300/01/02/03	0.9～1.8	1.8～3.6	0.02	700	−	−
LTC3400	0.85～5.0	2.5～5.0	0.85	1.2 MHz	PWM	内蔵
LTC3401	0.5～5.0	2.6～5.0	1	3 MHz	PWM	内蔵
MAX1708	0.7～5.0	2.5～5.0	2	600	PWM	内蔵
MAX1947	0.7～3.6	1.8～3.3	0.25	2 MHz	PWM	内蔵

＊▶ Torex：トレックス・セミコンダクター，SII：セイコーインスツル，TI：テキサス・インスツルメンツ，

COMP$_2$で検出したらチャージ・ポンプは停止し，S-882Zは動作停止します．

使用上の注意として，昇圧DC-DCコンバータを安定に動作させるために，CPOに接続されるコンデンサC_2はコンバータの電源供給用コンデンサC_3の10倍程度の容量をもつ必要があります．

● 太陽電池セル1枚で3.3Vの昇圧出力を確認

実際に，S-882Zを太陽電池セル（定格0.5V出力）に接続して，動作を確認してみました（**写真1**）．

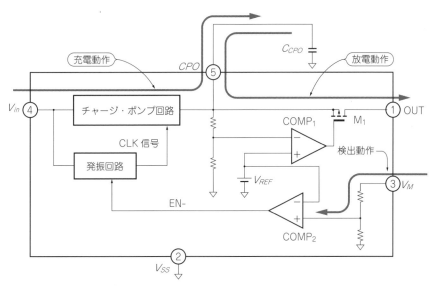

図12　S-882Z18の内部ブロック図

動作電流 [μA]	スタンバイ電流 [μA]	パッケージ	備考	メーカ*
17	1	SOT-25/USP-6B	外部抵抗で電圧設定	
14	1	SOT-25/USP-6B	外部抵抗で電圧設定	
2	0.5	SOT-23/SOT-25/SOT-89/USP-6C		Torex
2	0.5	SOT-23/SOT-25/SOT-89/USP-6C		
13	1	SOT-25/USP-6C		
30	2	MSOP-10, USP-10B, SOP-8		
23.2	0.5	SOT-23-3/SOT-23-5/SOT-89		
18.7	0.5	SOT-23-3/SOT-23-5/SOT-89		
450	150	SNT-6A/SOT-23-6		SII
25.9	0.5	SOT-23-3/SOT-23-5/SOT-89-3/6-SNB		
350	3	8-TSSOP		
50	1	QFN-10		
65	0.5	20-TSSOP/24-QFN	2chのLDO内蔵	
31	1	10-MSOP	外部抵抗で電圧設定	TI
44	0.2	10-MSOP	外部抵抗で電圧設定	
25	0.1	10-QFN	外部抵抗で電圧設定	
19	0.5	6-TSOT-23	外部抵抗で電圧設定	
35	0.05	10-MSOP	チャージ・ポンプ	
19	0.01	Thin SOT	外部抵抗で電圧設定	LT
38	0.1	10-MSOP	外部抵抗で電圧設定	
200	0.1	16-QSOP	外部抵抗で電圧設定	MAXIM
70	2	8-TDFN		

LT：リニアテクノロジー，MAXIM：マキシム・ジャパン

使用した太陽電池セルは図13のような特性をもち，60 W電球直下で0.35 V時に約30 mAの電流が取れます．なお，使用するDC-DCコンバータは，電源端子と電圧検出入力端子が分離したタイプである必要があります．

今回は，昇圧DC-DCコンバータとしてトレックス・セミコンダクターのXC9111F251MR（PFM 100 kHz）を外付けFETドライブで用いました．

太陽電池による発生電圧が0.35 Vのときに，3.3 V/1.2 mAの出力を取り出すことができました．このときの効率は約45%です．

太陽電池セルは直列接続すると電圧を高く取ることができますが，一部のセルに十分に光が与えられないと，そのセルがボトルネックとなって十分な電流を取り出すことができません．

したがって，単セルを大きく取ったほうがエネルギを十分に取り出せるのですが，今までは0.3 V程度で昇圧できるDC-DCコンバータが困難であったため実現が難しかった問題を，このICはクリアできるものと思います．

なお，定電圧電源を用いて入力電圧に対する効率を測定した結果を表2に示します．低電圧であるほど効率は低下しますが，これは以下の理由によるものと思われます．

▶性能を十分に出すにはオン抵抗の小さなスイッチングFETが必要

当初，スイッチングFET内蔵タイプの昇圧DC-DCコンバータを使用したところ，思ったような出力が得られませんでした．理由を調査したところ，DC-DCコンバータ内蔵FETはオン抵抗が約3Ω程度と比較的大きいため，特に低電圧領域でスイッチングするとパワー・インダクタに十分な電流エネルギが蓄えられないことがわかりました．

外付けFETにトレックス・セミコンダクターのXP161A1355（オン抵抗0.15 Ω @ V_{GS} = 1.5 V）を用いたところ，きれいに0.3 V入力から3.3 V/1.5 mAの出力を取り出すことができました．オン抵抗の小さなFET，パワー・インダクタを使うことで，さらに出力電流を取り出すことが可能と思われます．

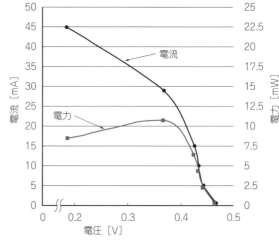

図13 実験に使用した太陽電池のI-V特性

写真1 太陽電池を接続した評価ボードの外観

表2 図11の構成での実験結果

入力電圧 [V]	入力電流 [mA]	出力電流 [mA] @出力3.3V	効率 [%]
0.30	33.00	1.46	48.67
0.40	44.00	2.86	53.63
0.50	61.00	5.60	60.59
0.60	69.00	7.90	62.97
0.70	76.00	10.30	63.89
1.00	84.00	17.30	67.96

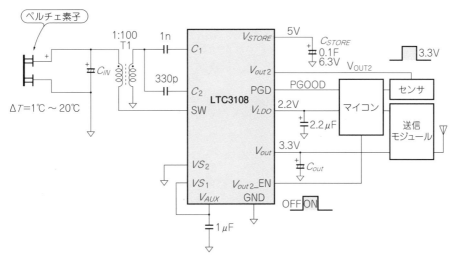

図14 LTC3108でペルチェ素子を使用するときのシステム構成図
マイコン，センサ，ワイヤレス・モジュールを接続している

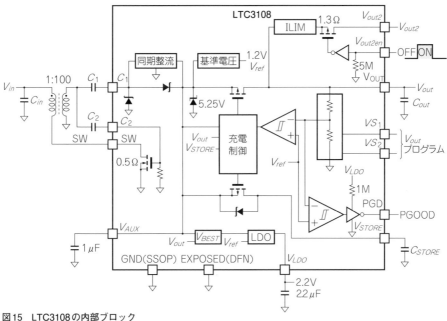

図15 LTC3108の内部ブロック

■ 20 mVから昇圧できるLTC3108

 太陽電池セルは1セル当たり0.5 V程度の電圧が取れますが，そのほかの環境発電素子であるペルチェ素子などでは起電力がさらに低いです．それらの超低圧発電素子のエネルギをシステムが動作可能な1.8 V以上に変換するために，20 mVという超低電圧からでも昇圧できるレギュレータがリニアテクノロジー社から発売されました．

● 動作説明

 図14にシステム接続図，図15にIC内部のブロック図を示します．

 0.3 Vまでは何とか回路上の工夫で外付けのDC-DCコンバータで昇圧を行うことができましたが，さすがに20 mVとなると単純なスイッチング方式の昇圧回路では実現困難です．このICでは高周波トランスを用いて自己共振型の発振回路を構成し，入力デバイスの直流電圧を交流変換してトランス昇圧を行っています．そのため内部には固定発振器はもっておらず，

外付けのトランスの2次巻き線インダクタンスとC_2によって発振周波数が決まります．20mVでの昇圧には1：100の巻き線比のトランスを用います．ペルチェ素子の出力インピーダンスは数Ωと非常に低いため，トランスのマッチングが悪いと効率が悪化します．

トランスで100倍に昇圧された2次側交流電圧は内部で整流され，さらに内部チャージ・ポンプでマイコン駆動用電源2.2Vと出力電圧設定可能な3.3Vの電圧を生成しています．

入力はペルチェ素子，太陽電池などの低電圧の直流電圧源が使用可能ですが，IC内部に整流器をもつので交流電界エネルギなどの入力も可能です．

● 昇圧用に特殊トランスが必要

このICの性能を十分に発揮させるためには外付けの高周波トランスが必要です．今回は，動作確認用にコイルクラフト社のLPR6235-752SML（1：100）を用いました．外形図を**図16**に，外観を**写真2**に示します．**表3**におもな電気特性を示します．入力デバイスの電圧に応じて，巻き線比1：50，1：20などを使い分けることができます．

サンプルはコイルクラフト社のWEBサイトから無償で入手できます（各2個まで）．

http://www.coilcraft.com/

● 人体発電で3.3Vの電圧が得られた

写真3のように，入力に手元にあったペルチェ素子を接続し，手のひら（36℃）を当ててみました．発生電圧約80mVに対して，3.3V/100μAの連続出力を確認できました（**表4**）．

なお，この評価ボードの入力に定電圧電源を接続して効率を確認しました．効率は，LT3108の資料にも示されているように，入力電圧が低いほうが高いという結果が得られました（**図17**）．**図18**にC_1端子の波形を示します．

この実験から，効率そのものは一般的な昇圧DC-DCコンバータには劣りますが，わずか30mVという微弱電圧からでもロジック駆動用の3.3V電源が得られることがわかりました．接続して使えるデバイスは限られますが，出力電圧を大容量コンデンサに一時的に充電することによって，さまざまなアプリケーションが考えられると思います．

■ 圧電素子向けの降圧型LTC3588

このICは圧電素子を用いた振動エネルギ電源用に開発されました．システム構成図を**図19**に，内部ブロックを**図20**に示します．

圧電素子は，電圧は取れるが電流が取れない，いわば高出力インピーダンス電源です．このデバイスから，いかにしてマイコンなどに使える低インピーダンス電力を供給するかがキーになります．

なお，このデバイスは先に説明した昇圧DC-DCコンバータとは異なり，降圧DC-DCコンバータですので，入力デバイスの発電電圧は出力電圧以上であることが必要です．

● 圧電素子の発生電圧は交流

図21は，セラミック・ブザーに物体を落下したときの波形です．圧電素子の発電電圧は，ストレスの印加/復帰によって交流となります．よって，交流電圧を効率よく整流するためIC内部にブリッジ型の整流器をもっています．

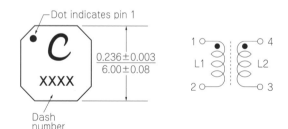

図16 実験に使ったトランスの外形

写真2 実験に使ったトランスの外観

表3 実験に使ったトランスの仕様（コイルクラフト社，LPR6235-752SML）

部品番号	巻き線比	1次巻き線インダクタンス[μH]	最大直流抵抗[Ω]		自己共振周波数[kHz]	飽和電流[A]
			1次	2次		
LPR6235-253PML_	1：20	25	0.200	58	580	0.7
LPR6235-123QML_	1：50	12.5	0.080	200	382	0.9
LPR6235-752RML_	1：90	7.5	0.085	267	257	1.6
LPR6235-752SML_	1：100	7.5	0.085	305	244	1.6

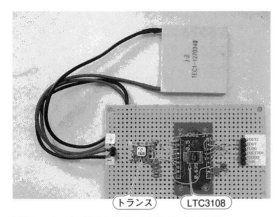

写真3 ペルチェ素子を接続した評価ボードの外観

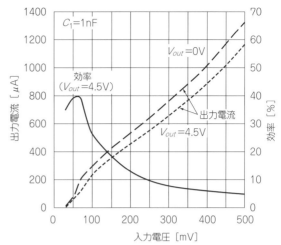

図17 LTC3108で1：100のトランスを使用したときの変換効率

表4 LTC3108の効率測定結果
入力電圧が低いほうが高い効率が得られる

入力電圧 [mV]	入力電流 [mA]	出力電流(@3.3V) [μA]	効率 [％]
30	8	30	41
60	13	60	25
80	18	100	18

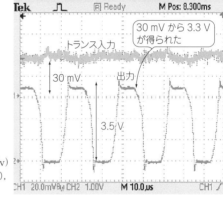

図18 C_1端子のスイッチング波形（10 μs/div）
ch1：トランス入力電圧(20 mV/div, DC 35 mV),
ch2：トランス2次側電圧(1 V/div, 3.5 V$_{P-P}$)

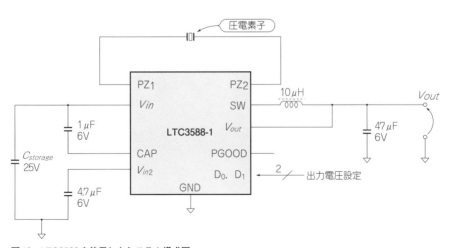

図19 LTC3588を使用したシステム構成図

4-7 ユニークな電源ICの紹介

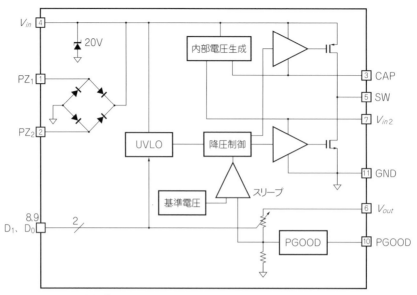

図20 LTC3588の内部ブロック

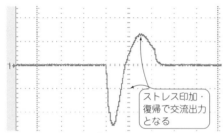

図21 セラミック・ブザーに75 gの物体を10 cmから落下したときの発電波形
（負荷抵抗10 kΩ, 5 V/div, 5 ms/div）

図22 $C_{storage}$への電荷蓄積波形
（500 mV/div, 1 sec/div）

　ブリッジで整流された電圧は外付けのキャパシタ$C_{storage}$に充電され, インピーダンス変換されて降圧DC-DCコンバータの入力電圧として使用されます. $C_{storage}$への電圧は圧電素子へのストレスに伴い徐々に上昇しますが, 20 Vを越えると内部ツェナーが働いてリミットをかけます.

　LTC3588は約1 VのヒステリシスをもつUVLOを内蔵しており, ヒステリシス電圧幅内で降圧DC-DCコンバータを駆動します. 具体的には, 充電電圧がUVLOの上側の閾値を越えると降圧DC-DCコンバータが動作を開始し, 出力に安定化電圧を供給します. 一方で放電に伴い, 入力キャパシタの電圧は低下しますので, UVLOの下側の閾値まで下がるとUVLOが働いてDC-DCコンバータをOFFします.

　その後は, 負荷に接続されたマイコンなどの回路は出力コンデンサに蓄積された電圧で駆動されますが, 徐々に電圧が下がって設定電圧の92%になるとPGOOD信号が"L"になるので, 負荷側のマイコンに電圧低下を知らせることでマイコンは自身の制御を停止し, システムを安定に動作させることができます.

　そのため, 入力側に十分なエネルギ供給能力がないと, 負荷側の連続動作はできませんので, 双方の負荷配分を十分に配慮する必要があります. 負荷側の機器を連続動作させたいときは, 入力側のコンデンサを大きく取るとよいでしょう. なお, 出力電圧は外部設定端子により1.8 V, 2.5 V, 3.3 V, 3.6 Vから一つの電圧を選ぶことができます.

● 発生電圧はコンデンサに累積される
　写真4のように評価ボードに接続した圧電素子への連続衝撃印加による, 電荷蓄積コンデンサ$C_{storage}$（22 μF）の電圧蓄積波形を図22に示します. 1回の衝撃あたり0.25 Vの電圧が上昇していますので,

$$Q = CV = 22\,\mu F \times 0.25\,V = 5.5\,\mu C$$

の電荷が蓄えられると考えられます.

　2次側に接続されたマイコンの負荷電流が, 0.1 mA,

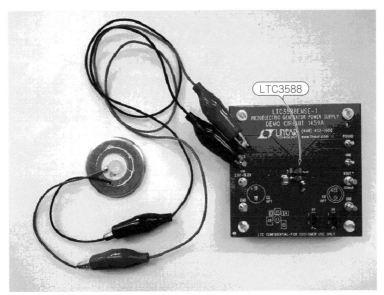

写真4 圧電素子を接続したLTC3588評価ボード

100 msとすると，必要な電荷量は$Q = IT = 10\ \mu C$のため，DC-DCコンバータの効率を90％として，$11\ \mu C$の電荷量が必要です．したがって，$11 \div 5.5 = 2$回の衝撃印加でマイコン駆動に必要なエネルギが蓄積されることがわかります．

ただし，DC-DCコンバータはヒステリシスの上限5 Vに達しないと動作しないため，動作準備のために別途$Q = CV = 22\ \mu F \times 5\ V = 110\ \mu C$の電荷が必要です．

よって，チャージがゼロの状態からは，$(110+11) \div 5.5 = 22$回の衝撃印加で，マイコンを0.1秒間駆動できることがわかります．$C_{storage}$の電荷が残っていれば，それ以降は2回の衝撃で0.1秒間駆動できます．

● 交流電圧源であれば幅広く応用できる

LTC3588は入力に100 MHz近くまで対応できる広帯域の整流ブリッジをもつため，圧電素子に限らず，交流電圧源であればさまざまな入力が可能です．

例えば，自転車のダイナモなどによる人力，風力，水力発電や，スピーカのムービング・コイルによる音力発電，蛍光灯インバータなどの高周波スイッチング電界による電界発電などへの幅広い応用が可能と思われます．

◆参考文献◆

(1) セイコーエプソン：マイクロコントローラ ウェブ・サイト．
(2) マイクロチップ テクノロジー：PIC16LF1827データシート．
(3) テキサス・インスツルメンツ：MSP430G2331データシート．
(4) NXPセミコンダクターズ：LPC1114データシート．
(5) エルピーダメモリ；技術資料　Mobile RAM．
(6) Ramtron International Corporation；F-RAM Technology Brief．
(7) Everspin Technologies, Inc；MRAM Technical Guide．
(8) トレックス・セミコンダクター；ウェブ・サイト．
(9) セイコーインスツル；半導体事業部 ウェブ・サイト．
(10) セイコーインスツル；S-997Zデータシート．
(11) テキサス・インスツルメンツ；電源IC ウェブ・サイト．
(12) リニアテクノロジー；スイッチング・レギュレータ ウェブ・サイト．
(13) リニアテクノロジー；LTC3108データシート．
(14) リニアテクノロジー；LTC3588データシート．
(15) Coilcraft；ウェブ・サイト．
(16) マキシム・ジャパン；パワーおよびバッテリ・マネジメント ウェブ・サイト．

(初出：「トランジスタ技術」2010年11月号 別冊付録)

索 引

【記号・数字】

5HR	27
5時間率容量	27

【アルファベット】

ATtiny861A	138
BQ29200	85
BQ77PL900	85
C	11
C8051F930	139
CCA	30
CCCV充電	11, 51
CID	14, 19
CMOS IC	136
DOD	31
DPD	144
DRAM	143
EDLC	110
eneloop	35
EPROM	145
FRAM	146
HALTモード	141
LM3489	101
LPC1114	139
LT3650	47
LTC1540	105
LTC3108	161
LTC3588	162
MAX17048	58
MAX8627	55
MAX8903	52
MCP73861	66
MM3280	47
MM3474	86
MM3513	85
MPPT	103
MRAM	149
MSP430G2331	139
NAND型フラッシュROM	145
NOR型フラッシュROM	145
OCV	59
PASR	143
PDS	145
PFM	156
PIC16LF1827	138
PTC	14, 19
PWM	156
R5432V	85
RC	29
S1C17001	139
S1C63016	138
S-8209	85
S-882Z	157
SCiB	9
SOC	58
SRAM	143
UltraBattery	33
USBポータブル電源	50
XC9111F251	160
XC9128	156

【あ・ア行】

圧電素子	162
インダクタ型昇圧DC-DCコンバータ	153
液状	17
エボルタ	39
円筒形	16, 19
オリビン型系	17
温度特性	10

【か・カ行】

回生エネルギ	116
回復容量	12
角形	16, 19
過充電	14
過充電保護	45
過電流保護	46
過放電保護	46, 104
環境規制物質	9
乾電池互換タイプ	38
キャパシタ	97
キャパシタ内蔵タイプ	33
急速充電	14, 47
降圧DC-DCコンバータ	156
高効率DC-DCコンバータ	152
高速充電器	123
コールド・クランキング・アンプス	30
コバルト酸系	16
混合系	17

【さ・サ行】

- サーミスタ··53
- サイクル耐久試験·······································39
- サイクル特性·····································9, 11, 31
- サルフェーション··32
- 残量管理···57
- 残量管理IC···59
- 磁気抵抗···150
- 自己放電···9, 35
- 質量エネルギ密度·······································45
- 自動温度補償セルフ・リフレッシュ················144
- 充放電シミュレーション······························114
- 重量エネルギ密度··8
- 昇圧型DC-DCコンバータ·····························55
- 消費電力···136
- ショート··14
- ショート保護··46
- ショットキー・バリア・ダイオード··················157
- シリアルEEPROM·····································146
- 水素吸蔵合金··37
- スマートフォン··63
- スリープ・モード··140
- 正極材料···16
- 制御弁式···89
- セパレータ・メルトダウン······························19
- セル・バランス···85

【た・タ行】

- 体積エネルギ密度·································8, 45
- 太陽電池···100
- ダブル・クロック··141
- 端子電圧··6
- 炭素··17
- チタン酸リチウム··17
- チャージ・ポンプ型昇圧DC-DCコンバータ······154
- 超格子構造···37
- 直列接続···85
- 継ぎ足し充電··37
- ディープ・パワー・ダウン····························144
- 低消費電力マイコン···································138
- 低消費電力メモリ······································143
- 定電圧充電···47
- 定電流充電···47
- 電解液··17
- 電気二重層キャパシタ······················97, 110, 123
- 電動車いす···116
- 電流積分···57
- 電流バイパス回路······································124
- 動作電圧範囲··7
- トップオフ・モード······································55

【な・ナ行】

- 鉛蓄電池···27, 87
- 鉛蓄電池＋キャパシタ································116
- ニッケル酸系···17
- ニッケル水素蓄電池·······························35, 39
- 燃料電池＋キャパシタ································120

【は・ハ行】

- パーシャル・アレイ・セルフ・リフレッシュ·····143
- 白色硫酸鉛化··32
- 発火··13
- バックアップ電源··87
- バッテリ・モデル・データ······························58
- バランス回路···84
- 負極材料···17
- フラッシュROM···145
- プログラマブル・ドライバ・ストレングス········145
- 分極反転···147
- 並列モニタ···102
- ペルチェ素子··161
- ベント式··89
- 放電曲線··6
- 放電時間··6
- 放電終止電圧··6
- 放電深度···31
- 放電容量··6
- 放電レート···10
- 防爆弁··19
- 保護回路···13
- 補充電··88
- ポリマ状···17

【ま・マ行】

- 前調整充電···47
- マスクROM··146
- マルチクロック··141
- マンガン酸系···16
- メモリ効果··9, 37
- モバイルSDRAM······································143

【や・ヤ行】

- 容量··11

【ら・ラ行】

- ラゴーン・プロット······································98
- ラダー・チャート··92
- ラミネート・タイプ································16, 19
- リーク電流···136
- リザーブ・キャパシティ·······························29
- リチウム・イオン・キャパシタ························97
- リチウム・イオン蓄電池···················8, 45, 66, 84
- リチウム・イオン蓄電池のシミュレーション·······20
- リモート・センシング·································102

〈監修者紹介〉

梅前 尚(うめざき・ひさし)

　1985年に田淵電機株式会社入社,AV関連機器の組み込み用電源やビデオ・カメラ用充電器など電源回路設計開発に従事.住宅用太陽光発電システムのパワー・コンディショナ開発にも携わる.2002年より株式会社タムラ製作所にて,DVDプレーヤ・レコーダなどの機器組み込み用電源設計に従事.2007年にピー・エス・エンジニアリング株式会社を設立,現在に至る.

- ●本書記載の社名,製品名について ── 本書に記載されている社名および製品名は,一般に開発メーカーの登録商標または商標です.なお,本文中では™,®,©の各表示を明記していません.
- ●本書掲載記事の利用についてのご注意 ── 本書掲載記事は著作権法により保護され,また産業財産権が確立されている場合があります.したがって,記事として掲載された技術情報をもとに製品化をするには,著作権者および産業財産権者の許可が必要です.また,掲載された技術情報を利用することにより発生した損害などに関して,CQ出版社および著作権者ならびに産業財産権者は責任を負いかねますのでご了承ください.
- ●本書に関するご質問について ── 文章,数式などの記述上の不明点についてのご質問は,必ず往復はがきか返信用封筒を同封した封書でお願いいたします.勝手ながら,電話でのお問い合わせには応じかねます.ご質問は著者に回送し直接回答していただきますので,多少時間がかかります.また,本書の記載範囲を越えるご質問には応じられませんので,ご了承ください.
- ●本書の複製等について ── 本書のコピー,スキャン,デジタル化等の無断複製は著作権法上での例外を除き禁じられています.本書を代行業者等の第三者に依頼してスキャンやデジタル化することは,たとえ個人や家庭内の利用でも認められておりません.

JCOPY 〈(社)出版者著作権管理機構委託出版物〉
本書の全部または一部を無断で複写複製(コピー)することは,著作権法上での例外を除き,禁じられています.本書からの複製を希望される場合は,(社)出版者著作権管理機構(TEL:03-3513-6969)にご連絡ください.

Liイオン/鉛/NiMH蓄電池の充電&電源技術

編集	トランジスタ技術SPECIAL編集部	2016年7月1日 初版発行
発行人	寺前 裕司	2019年10月1日 第2版発行
発行所	CQ出版株式会社	©CQ出版株式会社 2016
	〒112-8619 東京都文京区千石4-29-14	(無断転載を禁じます)
電話	編集 03-5395-2148	定価は裏表紙に表示してあります
	広告 03-5395-2131	乱丁,落丁本はお取り替えします
	販売 03-5395-2141	

編集担当者 仲井 健太
DTP・印刷・製本 三晃印刷株式会社
Printed in Japan